普通高等教育计算机基础课程规划教材

数据库技术与应用
（Access 2010）

冯博琴　贾应智　编著

U0316503

中国铁道出版社有限公司
CHINA RAILWAY PUBLISHING HOUSE CO., LTD.

内 容 简 介

本书以目前普遍使用的 Access 2010 版本为基础编写，全书共分 7 章，主要内容包括：数据库基础、表的创建和使用、查询、窗体、报表、宏、模块和 VBA 编程。

本书编写结构合理、层次分明、语言清晰简明，难点分散，采用较多的实例详细讲解了数据库中各个对象的具体操作。在每一章的末尾，收集了较多的习题，可帮助读者在短时间内把握主要内容、掌握知识要点。

本书适合作为各类普通高等院校数据库应用课程的教材，也可以作为全国计算机等级考试二级 Access 的教材，以及培训班的教学用书或自学参考书。

图书在版编目（CIP）数据

数据库技术与应用：Access 2010/冯博琴，贾应智
编著. —北京：中国铁道出版社，2014.10 （2022.3 重印）
普通高等教育计算机基础课程规划教材
ISBN 978-7-113-19239-6

Ⅰ. ①数… Ⅱ. ①冯… ②贾… Ⅲ. ①关系数据库系
统 - 程序设计 - 高等学校 - 教材 Ⅳ. ①TP311.138

中国版本图书馆 CIP 数据核字 (2014) 第 210513 号

书 名：	数据库技术与应用（Access 2010）		
作 者：	冯博琴 贾应智		

策 划：	周海燕	编辑部电话：（010）51873202
责任编辑：	周海燕 彭立辉	
封面设计：	付 巍	
封面制作：	白 雪	
责任校对：	王 杰	
责任印制：	樊启鹏	

出版发行：中国铁道出版社有限公司（100054，北京市西城区右安门西街 8 号）
网 址：http://www.tdpress.com/51eds/
印 刷：北京富资园科技发展有限公司
版 次：2014 年 10 月第 1 版 2022 年 3 月第 2 次印刷
开 本：787 mm×1092 mm 1/16 印张：16.5 字数：413 千
书 号：ISBN 978-7-113-19239-6
定 价：32.00 元

关系型数据库管理系统 Access 是 Microsoft 公司推出的 Office 办公软件中的一个重要组成部分，使用该软件可以有效地组织、管理数据，方便地开发中小型应用程序。该软件具有界面友好、功能强大、方便易学、数据共享的特点。

目前普遍使用的 Access 版本是 2010 版，在程序界面、文件格式、数据类型、操作方法上，该版本与以往的版本之间都有较大的差别。

本书全面介绍 Access 2010 软件的主要功能与操作，内容包括：数据库基础、表的创建和使用、查询、窗体、报表、宏、模块和 VBA 编程。其中，第 1 章介绍了数据库的基本概念和基本原理，第 2 章~第 7 章分别介绍了 Access 2010 数据库中各个对象的创建和使用技能。

书中用了较多的实例详细讲解了每一种对象及各种操作的具体过程和操作中的注意事项，所有的例题均在 Access 2010 环境下操作或调试通过。

在每一章末尾，收集了较多数量的习题，题型有选择题、填空题、简答题和操作题，认真完成这些题目可以较好地掌握和巩固所学的内容。

本书编写结构合理、思路清晰、语言简明、难点分散，通过教材的详尽介绍，再经过大量例题的讲解分析和章后习题的实践，使读者能较快地掌握 Access 的使用方法，从而掌握开发小型应用系统的能力。

2013 年，教育部考试中心颁布了全国计算机等级考试二级 Access 的最新大纲，即 2013 版大纲，新大纲采用的软件平台为 Access 2010，本书的内容完全符合最新大纲的要求。因此，本书除了适合作为高等院校数据库应用课程的教材之外，也可以作为二级 Access 考试用书。

本书由冯博琴、贾应智编著，在编写过程中得到了西安交通大学计算机教学实验中心老师的帮助，并得到了中国铁道出版社编辑的大力支持和协助，在此表示衷心的感谢。

诚恳欢迎各位读者对本书提出宝贵意见，有了读者的支持和帮助，本书才可得到进一步的充实和完善，来信请发送到：ying.zhi.jia@mail.xjtu.edu.cn。

编者　于西安交通大学

2014 年 7 月

目 录

CONTENTS

第 **1** 章 数据库基础

学习目标

- 掌握数据库管理系统的基本概念。
- 掌握关系模型的概念和特点。
- 掌握关系数据库的完整性约束规则。
- 掌握 SQL 中查询的使用。
- 熟悉 Access 2010 数据库中的各个对象。
- 掌握数据库的创建方法。
- 掌握数据库中对象的组织与基本操作。

数据库技术是计算机技术的一个重要分支，主要包括三部分内容：一是按特定的组织形式将数据组织在一起的数据库；二是用来实现数据管理和应用系统开发的系统软件，即数据库管理系统；三是利用数据库和数据库管理系统开发的应用程序。本书着重介绍数据库的概念、数据库管理系统软件 Access 的使用。

1.1 数据库和数据库管理系统

本节先介绍数据管理技术的发展，然后引出数据库的概念。

1.1.1 数据和数据管理

1. 信息和数据

信息是对现实世界中事物的存在方式或运动状态的反映；数据则是用来描述现实世界事物的符号记录形式，是利用物理符号记录下来的可以识别的信息，这里的物理符号包括数字、文字、图形、图像、声音和其他的特殊符号。数据的概念包括两方面：一是描述事物特性的数据内容；二是存储在某一种媒体上的数据形式。

数据和信息之间的关系非常密切，可以这样说，数据是信息的符号表示或载体，信息则是数据的内涵，是对数据的语义解释。在某些不需要严格区分的场合，可以将两者不加区别地使用，例如，将信息处理也说成是数据处理。

2. 数据处理和数据管理

数据处理是指将数据转换成信息的过程，从数据处理的角度来看，信息是一种被加工成特定形式的数据，这种数据形式是数据接收者希望得到的。

数据处理包括对各种形式的数据进行采集、存储、加工和传输等一系列活动。其目的之一是从大量原始的数据中抽取、推导出对人们有价值的信息，然后利用信息作为行动和决策的依据；另一目的是为了借助计算机科学地保存和管理复杂的、大量的数据，以便人们能够方便而充分地利用这些宝贵的信息资源。

数据管理是数据处理的核心，是指对数据的组织、分类、编码、存储、检索和维护等各个环节的操作。

1.1.2 数据管理技术的发展

随着计算机硬件技术、软件技术和计算机应用范围的不断发展，计算机数据管理也经历了由低级到高级的发展过程，这一过程大致经历了手工管理、文件系统和数据库系统 3 个阶段。

1. 手工管理阶段

20 世纪 50 年代以前，计算机主要用于数值计算。从当时的硬件看，外存只有纸带、卡片、磁带，没有直接存取设备；从软件看，没有操作系统以及管理数据的软件，事实上也就没有形成软件的整体概念；从数据看，处理的数据量小，由用户直接管理，数据之间缺乏逻辑组织，数据依赖于特定的应用程序，缺乏独立性，如图 1–1 所示。

图 1–1　手工管理阶段

这一时期数据管理的主要特点如下：

① 数据不保存，应用程序在执行时输入数据，程序结束时输出结果，随着计算过程的完成，数据与程序所占空间也被释放，这样，一个应用程序的数据无法被其他程序重复使用，不能实现数据的共享。

② 数据与程序不可分割，没有专门的软件进行数据管理，数据的存储结构、存取方法和输入/输出方式完全由程序员自行完成。

③ 各程序所用的数据彼此独立，数据之间没有联系，程序和程序之间存在大量的数据冗余。

2. 文件系统阶段

20 世纪 50 年代后期到 60 年代中期，出现了磁鼓、磁盘等直接存取数据的存储设备。软件技术也得到较大的发展，出现了操作系统和各种高级程序设计语言，操作系统中有了文件管理系统专门负责数据和文件的管理，出现了 FORTRAN、ALGOL、COBOL 等高级程序设计语言，计算机的应用领域也扩大到了数据处理。

操作系统中的文件系统把计算机中的数据组织成相互独立的数据文件，系统可以按照文件的名称对文件中的数据进行存取，并可以实现对文件的修改、插入和删除。文件系统实现了记录内的结构化，即给出了记录内各种数据间的关系。但是，从整体来看文件是无结构的，如图 1–2 所示。

这一时期数据管理技术的主要优点如下：

① 程序和数据分开存储，数据以文件的形式长期保存在外存储器上，程序和数据有了一定的独立性。

② 数据文件的读取由操作系统通过文件名来实现，程序员不必关心数据在存储器上的地

址以及在内外存之间交换数据的具体过程。

③　一个应用程序可使用多个数据文件，一个数据文件也可以被多个应用程序所使用，实现了数据的共享。

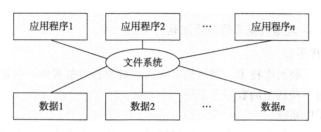

图 1-2　文件管理阶段

但是，当管理的数据规模扩大后，要处理的数据量剧增，这时，文件系统的管理方法就暴露出如下缺陷：

①　数据冗余性：由于文件之间缺乏联系，造成每个应用程序都有对应的数据文件，从而有可能造成同样的数据在多个文件中重复存储。

②　数据不一致性：由于数据的冗余，在对数据进行更新时极有可能造成同样的数据在不同的文件中不一样。

因此，文件处理方式适合处理数据量较小的情况，对于大规模数据的处理，就要使用数据库的方法。

3．数据库系统阶段

20 世纪 60 年代后期开始，计算机硬件、软件的快速发展，促进了数据管理技术的发展，先是将数据有组织、有结构地存放在计算机内形成数据库，然后是有了对数据库进行统一管理和控制的系统软件，这就是数据库管理系统，如图 1-3 所示。

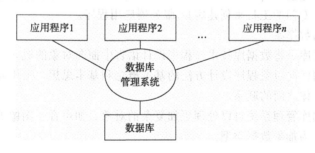

图 1-3　数据库系统阶段

这一时期数据管理技术的主要特点如下：

①　数据以数据库的形式保存，在建立数据库时，以全局的观点组织数据库中的数据，这样，可以最大限度减少数据的冗余。

②　数据和程序之间彼此独立，具有较高的数据独立性，数据不再面向某个特定的应用程序，而是面向整个系统，从而实现了数据的共享，数据成为多个用户或程序共享的资源，并且避免了数据的不一致性。

③　在数据库中，数据按一定的数据模型进行组织，这样，数据库系统不仅可以表示事物内部数据项之间的关系，也可以表示事物与事物之间的联系，从而反映出现实世界中事物之间

的联系。

④ 对数据库进行建立、管理使用专门的软件，这就是数据库管理系统，数据库管理系统在对数据库使用的同时还提供了各种控制功能，例如并发控制功能、数据的安全性控制功能和完整性控制功能。

本书介绍的 Access 就是数据库管理系统软件中的一种。

4. 新型的数据库系统

随着计算机技术、数据库技术、网络技术和面向对象技术的发展，数据库技术也有了较大的发展，产生了下面一些新型的数据库系统。

（1）分布式数据库系统

分布式数据库系统是数据库技术和计算机网络技术相结合产生的，20 世纪 70 年代之前的数据库系统大多是集中式的，网络技术的发展为数据库提供了分布式的运行环境。

分布式数据库系统在物理上是分布的，即数据分布在计算机网络的不同计算机上，而逻辑上可以是集中的，也可以是分布的。

在逻辑上集中的分布式数据库系统中，全局数据模式合理地分布在多个计算机网络的不同结点上，但是同时受到分布式数据库管理系统的统一控制和管理，对用户来说不会感到数据的分布性。

逻辑上分布的分布式数据库结构中，各个结点都有独立的集中式数据库系统，这些数据库系统管理着各自的数据库。将这些数据库系统通过网络连接起来，各个结点上的计算机可以利用网络通信功能访问其他结点上的数据库资源，这样，一个结点可以使用的数据包括本地结点的数据和本地结点共享的其他结点的数据，这种结构有利于数据库的集成、扩展和重新配置。

目前使用较多的是基于客户/服务器（Client/Server，C/S）的结构，在 C/S 结构中，将应用程序分布到客户的计算机和服务器上，将数据库管理系统和数据库存放到服务器上，客户端的程序使用开放数据库连接（Open DataBase Connectivity，ODBC）技术访问远程数据库。

Access 也提供了专门的工具来创建客户/服务器应用程序。

（2）面向对象的数据库

面向对象的数据库是将数据库技术与程序设计语言中面向对象的概念相结合而产生的，面向对象的数据库使用面向对象程序设计方法的基本概念和基本思想，采用面向对象的观点描述现实世界的实体及实体之间的联系。

面向对象的数据库管理系统可以处理更加复杂的对象，如声音、图像等。这些对象在面向对象的技术中被定义为抽象数据类型。

1.1.3　数据库管理系统

下面介绍在数据库系统中很重要的几个相互关联而又有区别的基本概念，以及数据库管理系统的组成和功能。

1. 数据库管理系统中用到的术语

（1）数据库

数据库（DataBase，DB）是指以文件形式按特定的组织方式将数据保存在存储介质上。因此，在数据库中，不仅包含数据本身，也包含数据之间的联系。数据的组织按特定的形式进行，这种形式称为数据模型，从而保证有最小的冗余度，常见的数据模型有层次模型、网状模型和关系模型。

（2）数据库管理系统

数据库管理系统（DataBase Management System，DBMS）是对数据库进行管理的系统软件，它以统一的方式管理和维护数据库，接收和完成用户提出的访问数据的各种请求。数据库管理系统是数据库系统中最重要的软件系统，是用户和数据库的接口，应用程序通过数据库管理系统和数据库打交道，在这一系统中，用户不必关心数据在存储介质上的具体存储结构。

数据库管理系统除了数据管理功能以外，还有开发应用程序的功能。也就是说，通过数据库管理系统可以开发满足用户需要的应用系统，它是开发管理信息系统的重要工具。

（3）应用程序

应用程序是指系统开发人员使用数据库管理系统并利用数据库资源开发的、应用于某一个实际问题的应用软件，例如，教务处的学生成绩管理系统、图书馆图书借阅管理系统、工资管理系统等。

（4）数据库管理员

数据库管理员（DataBase Administrator，DBA）的主要任务是负责维护和管理数据库资源、确定用户需求，设计、实现数据库。

（5）数据库系统

数据库系统（DataBase System，DBS）是指拥有数据库技术支持的计算机系统，它可以实现有组织地、动态地存储大量相关数据，提供数据处理和信息资源共享服务。一个完整的数据库系统由硬件、操作系统、数据库管理系统、开发工具软件、应用程序等部分组成，它们之间的关系如图 1-4 所示。

2. 数据库管理系统的组成和主要功能

显然，数据库管理系统是数据库系统的核心，主要目的就是保证用户方便地共享数据资源。不同的数据库管理系统软件要求的硬件环境、软件环境不同，其组成和功能也不同，但通常都具有以下几个主要部分，各部分分别完成不同的功能。

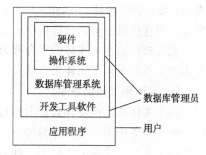

图 1-4　数据库系统的组成

（1）数据定义

DBMS 提供了数据定义语言（Data Definition Language，DDL），用户通过它可以方便地对数据库中的相关内容进行定义。例如，可以定义数据库的结构（包括数据库、数据表）、数据的完整性约束条件。

（2）数据操纵

DBMS 提供了数据操纵语言（Data Manipulation Language，DML），可以实现对数据库的基本操作。例如，实现对数据库中数据的插入、修改、删除和查询等基本操作。

（3）运行控制

运行控制包括并发控制、安全性检查、完整性约束条件的检查和执行、数据库的内部维护（例如，索引的自动维护）等，其中的并发控制是指处理多个用户同时使用某些数据时可能产生的问题。

所有数据库的操作都要在这些控制程序的统一管理下进行，以保证数据的安全性、完整性以及多个用户对数据库的并发使用。

（4）建立和维护数据库

数据库的建立功能包括数据库初始数据的输入、转换功能，数据库的维护包括数据库的转储、恢复功能，数据库的重新组织功能和性能监视、分析功能等。这些功能通常是由一些实用程序完成的。

1.1.4 实体及其联系

现实世界中存在着各种不同的事物，各种事物之间存在着相互的联系，计算机内处理的各种数据实际上是客观存在的不同事物及事物之间联系在计算机中的表示。先看客观世界中的实体和实体集的概念。

1. 实体和实体集

实体是客观存在并且可以相互区别的事物。实体可以是具体的事物，比如一个学生、一辆自行车、一本图书等，也可以是抽象的事物，比如一次考试、一场比赛等。

不同的事物是用不同的特征来区分的，在实体中事物的特征用属性表示，即用实体的属性来描述实体的特性。例如，学生实体可以用学号、姓名、性别、年龄、政治面貌等属性描述；考试实体可以用考试科目、考试时间、考试地点、考生班级等属性描述。

对一个具体的实体来说，它的每个属性是用具体的值来表示的。例如，某个学生具体的属性值可以是（20120001，王平，男，19，团员），而另一个学生具体的属性值可以是（20120002，李玲，女，19，团员）。因此，一个具体的实体是若干个属性值组成的，即一个实体是属性值的集合，而这些属性值在计算机中可以用不同的数据类型来保存。

具有相同属性的实体的集合称为实体集，例如，若干个学生实体构成了学生实体集，若干本图书实体构成图书实体集，而实体集中的某个实体则称为这个实体集的一个实例。

2. 实体集之间的联系

两个实体集之间实体数量上的对应关系称为联系，它反映了客观事物之间的相互联系。根据一个实体集中的每个实体与另一个实体集中的实体可能出现的数目上的对应关系，可以将两个实体集之间的联系分为以下 3 种类型：

（1）一对一联系

如果实体集 E_1 中的每一个实体至多和实体集 E_2 中的一个实体有联系，反之亦然，则称 E_1 和 E_2 是一对一的联系，表示为 1:1。

例如，实体集正校长和实体集学校之间的联系是一对一的联系，因为一位正校长负责一个学校，而一个学校也只有一位正校长。

（2）一对多联系

如果实体集 E_1 中存在的每个实体与实体集 E_1 中的多个实体有联系，而实体集 E_2 中的每一个实体最多和实体集 E_1 中的一个实体有联系，则称 E_1 和 E_2 之间是一对多的联系。其中，E_1 称为一方，E_2 称为多方，表示为 1:n。

例如，实体集学校和实体集学生之间是一对多的联系，一方是实体集学校，多方是实体集学生，因为一个学校有多个学生，而一个学生只属于一个学校。

（3）多对多联系

如果实体集 E_1 中存在的每个实体与实体集 E_2 中的多个实体有联系，反之，实体集 E_2 存在的每个实体与实体集 E_1 中的多个实体有联系，则称 E_1 和 E_2 之间是多对多的联系，表示为 $m:n$。

例如，实体集学生和实体集课程之间通过选修联系起来时，由于一个学生可以选修多门课程，而一门课程也可以由多个学生选修，因此，它们之间就是多对多的联系。

1.1.5 数据模型

数据库中同时保存了数据和数据之间的联系，其中数据之间的联系是用数据模型表示的，即在数据库中用数据模型表示实体及实体间的联系。目前，数据库中采用的数据模型有 3 种，即层次模型、网状模型和关系模型，同样，基于某种数据模型的数据库管理系统相应地也分为 3 种。

1. 层次模型

层次模型是数据库系统中最早出现的数据模型，层次模型用树形结构组织数据，可以表示数据之间的多级层次结构。

在树形结构中，各个实体被表示为结点，树形结构特点如下：

① 整个结构中只有一个称为根结点的最高结点，它没有上级结点。

② 其余结点有而且仅有一个上级结点，相邻的上级结点和下级结点之间表示了一对多的联系。

在现实世界中存在着大量的可以用层次结构表示的实体，例如，单位的行政组织机构、家族的辈分关系等。图 1-5 所示为某大学的层次结构。

以层次模型为基础的数据库管理系统典型代表是 IBM 公司的 IMS（Information Management System）。

图 1-5　层次结构

2. 网状模型

网状模型使用图的方法来表示数据之间的关系，它在以下两个方面突破了层次模型的限制：

① 允许结点有多于一个的上级结点。

② 可以有一个以上的结点没有上级结点。

网状模型可以表示多对多的联系，但数据结构的实现比较复杂。

网状数据模型的典型代表是 DBTG 系统，它是 20 世纪 70 年代数据系统语言协会 CODAYSYL 下属的数据库任务组（DataBase Task Group，DBTG）提出的一个系统方案，也称为 CODAYSYL 系统。

3. 关系模型

美国 IBM 公司的研究员 E.F.Codd 于 1970 年发表了题为《大型共享系统的关系数据库的关系模型》的论文，首次提出了数据库系统的关系模型。

关系模型中，无论是实体还是实体之间的联系都可以用二维表格的形式来形象地表示，在实际的关系模型中，操作的对象和运算的结果都用二维表表示，每一个二维表代表了一个关系。

以关系模型为基础的关系数据库有其完备的关系代数理论基础，又有说明性的查询语言支持，并且模型简单、使用方便，因此得到了广泛的应用。

1.2　关系数据库

20 世纪 80 年代以来，计算机厂商推出的数据库管理系统几乎都支持关系模型，例如 Oracle、

Sybase、DB2、SQL Server、Visual FoxPro 等，本书使用的 Access 也是其中之一。

1.2.1　关系模型

1. 关系模型中常用的术语

前面讲过，关系模型用二维表格的形式描述相关的数据，图 1-6 所示的学生情况表就是一个关系，关系名为 student。

关系名：student

学号	姓名	性别	年龄	
99001	张平	男	18	←属性（字段）
99002	李利	男	17	←元组（记录）
99003	周化	女	20	

图 1-6　关系模型的组成

在使用关系模型时，经常用到下面的一些术语。

（1）属性和字段

在一个二维表中，垂直方向的每一列称为一个属性，在数据库文件中一个属性对应一个字段。每一列有一个属性名，即字段名。例如，表 student 中有 4 个字段，分别是"学号""姓名""性别"和"年龄"。

（2）域

域是二维表中各个属性的取值范围，例如学生的年龄范围可以在 14~25 之间。

（3）表结构

表结构是二维表中的第一行，表示组成该表的各个字段名称，在数据库文件中，还应具体指出各个字段的数据类型、取值范围和宽度等，这些合称为字段的属性。

（4）元组和记录

二维表中，从第二行起的每一行称为一个元组，元组与数据库文件中的一条具体记录相对应。例如，表 student 中有 3 条记录。

这里的术语和前面介绍的其他概念之间的对应关系如表 1-1 所示。

表 1-1　不同领域中术语的对应关系

信息世界	关系模型	数据库文件
实体	元组	记录
实体集	关系	数据表
特征或性质	属性	字段

（5）属性值

二维表中行和列的交叉位置对应的是某个属性的值。

（6）关系模式

关系模式是指对关系结构的描述，表示为如下的格式：

关系名（属性 1，属性 2，属性 3，…，属性 n）

例如，图 1-6 的关系模式可以表示为：

student（学号，姓名，性别，年龄）

又如，一个课程关系模式可以表示为：

course(课号，课程名，任课教师)

（7）候选键

在一个关系中可以用来唯一地标识一个元组的属性或属性组（属性集合），称为候选键。

例如，在关系 student 中，属性"学号"可以作为候选键，如果关系中还有一个"身份证号"字段，该字段也可以作为候选键，这样关系 student 中就有了两个候选键。

【例 1.1】确定下列选修成绩的关系 score(学号，课号，成绩)中的候选键。

学号	课号	成绩
99001	C01	90
99001	C02	89
99002	C02	90

在这个关系中，单独的任何一个属性都不能唯一地标识每个元组，只有将学号和课号组合起来才能区分每个元组，因此，该关系中的候选键是两个属性"学号"和"课号"的组合。

（8）主关键字（主键）

主键是指从若干个候选键中指定的某一个，用来标识元组。

（9）外部关键字

如果一个二维表（关系）中的某个字段不是本表的主键或候选键，而是另外一个表的主关键或候选键，则该字段（属性）称为外部关键字，简称外键。

例如，在关系 score 中，候选键是属性组（学号，课号），"学号"不是 score 的主键，而是关系 student 的主键，因此，在关系 score 中"学号"称为外键。

（10）主表和从表

主表和从表是指通过外键相关联的两个表，其中以外键作为主键的表称为主表，外键所在的表称为从表。

例如，两个关系 student 和 score 通过外键"学号"相关联，以"学号"作为主键的关系 student 称为主表，而以"学号"作为外键的关系 score 则是从表。

2．关系数据模型的特点

关系模型的结构简单，通常具有以下特点：

① 关系中的每一列不可再分。每一列不可再分要求关系必须规范化，即每个属性都是不能再进行分割的单元。例如，下面的表格就不是规范化的关系：

姓名	应发工资			应扣工资		实发
	基本工资	工龄工资	奖金	水费	电费	

上面表格中的"应发工资"一栏下面分成了三栏，"应扣工资"一栏在下面分成了两栏，将其改成下面的形式就是规范化的关系。

姓名	基本工资	工龄工资	奖金	水费	电费	实发

② 同一个关系中不能出现相同的属性名，即不允许有相同的字段名。

③ 关系中不允许有完全相同的元组（记录）。

④ 关系中任意交换两行位置不影响数据的实际含义。

⑤　关系中任意交换两列位置也不影响数据的实际含义。

3．实际的关系模型和表间关系

一个关系模式表示一个二维表，在 Access 中用一个数据表来表示。一个具体的关系模型是由若干个关系模式组成的，例如在 Access 中若干个有联系的数据表包含在同一个数据库文件中。这样，一个数据库中各个表之间通过公共字段联系起来。下面通过两个例子说明关系模型的组成以及模型中各模式之间的联系。

【例 1.2】学生数据库中有两个数据表表示学生的信息，分别是"基本情况"表和"学生成绩"表：

　　基本情况（学号，姓名，性别，年龄，通信地址）

　　学生成绩（学号，姓名，数学，物理，化学）

在这两个表中，都可以用"学号"字段作为主键，这两个表通过公共的字段"学号"联系起来，构成了学生数据库。

在 Access 中，通过主键联系的两个表之间是"一对一"的联系。

【例 1.3】某个教学管理的数据库中有 3 个数据表，分别是"学生"表、"课程"表和"选修成绩"表，其表结构如下：

　　学生（学号，姓名，性别，年龄，通信地址）

　　课程（课号，课程名称，任课教师）

　　选修成绩（学号，课号，成绩）

在"学生"表中，可以用"学号"字段作为主键，"课程"表中用"课号"作为主键，而在"选修成绩"表中，作为主键的只能是"学号"和"课号"的组合。

由于"学号"字段是"学生"表中的主键，在"选修成绩"表中不是主键，这样，"学号"可以作为"选修成绩"表的外键，从而将"学生"表和"选修成绩"表联系起来，它们之间构成一对多的联系。

同样，由于"课号"字段是"课程"表中的主键，在"选修成绩"表中不是主键，这样，"课号"可以作为"选修成绩"表的外键，从而将"课程"表和"选修成绩"表联系起来，它们之间也是一对多的联系。

在 Access 中，通过外键联系起来的两个表之间是"一对多"的联系。

从实体集的角度上看，"学生"实体集和"课程"实体集之间是多对多的联系，显然，在数据库中，"学生"表和"课程"表是通过"选修成绩"表联系起来的，即两个表之间的多对多关系可以通过两个一对多的关系联系起来，这里的"选修成绩"表就是它们之间的联系纽带。

通过这两个例子可以看出，一个关系模型中的各个关系模式不是独立存在的，即一个数据库中各个数据表不是独立存在的，它们之间通过某些字段联系在一起，因此，在数据库设计的时候，就要确定每个数据库中包括的数据表以及各个表间的联系方式。

1.2.2　关系运算

在对关系数据库进行查询时，实际上对关系进行的是一系列的关系运算，关系的基本运算有两类：一类是传统的集合运算，包括并、差、交等；另一类是专门的关系运算，包括选择、投影、连接等。对于比较复杂的查询操作可由几个基本运算组合实现。

1．传统的集合运算

进行并、交、差这几个传统的集合运算时，要求参与运算的两个关系具有相同的关系模式，即相同的表结构。

例如，下面的两个关系 R 和 S，分别代表了选修"程序设计"和"数据库"的学生。

关系 R：选修"程序设计"的学生

学号	姓名
2014001	张利
2014002	李平
2014003	王名

关系 S：选修"数据库"的学生

学号	姓名
2014001	张利
2014003	王名
2014004	吴化

（1）并

两个具有相同结构的关系进行的并运算是将两个关系中的所有元组组成新的关系，例如，R 和 S 的并运算 R∪S 的运算结果表示查询选修了课程的学生。

在进行并运算时，运算结果中要消除重复的元组。

（2）差

两个具有相同结构的关系 R 和 S 进行差运算，R 与 S 的差 R–S 由属于 R 但不属于 S 的元组组成，即从 R 中去掉 S 中也有的元组，而 S 与 R 的差 S–R 则由属于 S 但不属于 R 的元组组成，即从 S 中去掉 R 中也有的元组。

例如，R–S 表示选修了"程序设计"但没有选修"数据库"的学生，即只选修了"程序设计"的学生，而 S–R 表示选修了"数据库"但没有选修"程序设计"的学生，即只选修了"数据库"的学生。

（3）交

两个具有相同结构的关系 R 和 S 进行交运算，其结果由既属于 R 又属于 S 的元组组成，即 R 和 S 中共同的元组。

例如，R 和 S 的交 R∩S 表示既选修了"程序设计"又选修了"数据库"的学生。

【例 1.4】 关系 R 和 S 的并、差、交运算的结果如下：

R∪S

学号	姓名
2014001	张利
2014002	李平
2014003	王名
2014004	吴化

R–S

学号	姓名
2014002	李平

R∩S

学号	姓名
2014001	张利
2014003	王名

2．专门的关系运算

（1）选择

选择是从指定的关系中选择满足给定条件的元组组成新的关系。

【例 1.5】 从关系 $score_1$ 中选择数学大于 90 的元组组成新的关系 S_1。

关系 score₁

学号	姓名	数学	英语
2014162	陆华	96	92
2014104	王华	91	92
2014105	郭勇	89	96

关系 S_1

学号	姓名	数学	英语
2014162	陆华	96	92
2014104	王华	91	92

（2）投影

投影是从指定关系的属性集合中选取若干个属性组成新的关系。

【例 1.6】从关系 score₁ 中选择"学号""姓名""数学"组成新的关系 S_2。

选择和投影运算的操作对象只有一个关系表，选择是对表的横向选择，而投影则是对表的纵向切割。

关系 S_2

学号	姓名	数学
2014162	陆华	96
2014104	王华	91
2014105	郭勇	89

（3）连接

连接运算在两个表之间进行，是将两个关系模式拼接成一个更宽的关系模式，生成的新关系中包含满足连接条件的所有元组，而新关系中的属性是原来两个关系中的所有属性。

【例 1.7】关系 R 和 S 的数据如下，对 R 和 S 进行连接，连接条件是 R 的第二列小于 S 的第一列，连接结果显示在右边。

关系 R

A	B	C
1	2	3
4	5	6
7	8	9

连接的结果→

A	B	C	D	E
1	2	3	3	1
1	2	3	6	2
4	5	6	6	2

关系 S

D	E
3	1
6	2

本例中连接条件是 $B<D$，连接条件中包含了两个关系中的字段名，如果是按字段值相等进行连接，则称为等值连接。

（4）自然连接

自然连接是连接的一个特例，如果按照两个关系中同名字段进行等值连接，连接的结果中消除同名的属性，即同名属性中只保留一个，这种连接称为等值连接。

【例 1.8】将关系 score₁ 和 score₂ 按相同学号的元组合并组成新的关系 S_3。

关系 score₂

学号	姓名	体育
2014162	陆华	良
2014104	王华	良
2014107	刘平	优

关系 score₁

学号	姓名	数学	英语
2014162	陆华	96	92
2014104	王华	91	92
2014105	郭勇	89	96

关系 S_3

学号	姓名	数学	英语	体育
2014162	陆华	96	92	良
2014104	王华	91	92	良

自然连接是最常用的一种连接。

1.2.3　关系的完整性约束规则

在关系数据库理论中，有三类完整性约束规则，分别是实体完整性约束规则、参照完整性约束规则和用户定义的完整性约束规则。

1．实体完整性

由于主键的一个重要作用就是标识每条记录，这样，关系的实体完整性约束规则要求一个关系（即二维表）中的记录在组成的主键上不允许出现两条记录的主键值相同，也就是说，既不能有空值，也不能有重复值。

例如，在例 1.5 中的关系 $score_1$ 中，字段"学号"作为主键，其值不能为空，也不能有两条记录的学号值相同。

而在例 1.1 中的关系 score 中，其主键是学号和课号的组合，因此，在这个关系中，这两个字段的值不能为空，两个字段的值也不允许同时相同。

2．用户定义的完整性

用户定义的完整性是针对某一个字段的数据取值设置具体的约束条件，Access 也提供了定义和检验该类完整性的方法。

例如，可以将学生的"年龄"字段值定义为 18~22 之间，将"性别"字段定义为分别取两个值"男"或"女"。

3．参照完整性

参照完整性是相关联的两个表之间的约束。具体地说，就是对于具有主从关系的两个表，从表中每条记录外键的值必须是主表中存在的，因此，如果在两个表之间建立了关联关系，那么对一个表进行操作要影响到另一个表中的记录。

例如，如果在学生表和选修课之间用学号建立关联，学生表是主表，选修课是从表，那么，在向从表中输入一条新记录时，系统要检查新记录的学号值在主表中是否存在，如果存在，则允许执行输入操作，否则拒绝输入；如果要修改从表中学号的值，也要检查修改后的学号是否在主表中存在，这就是参照完整性。

参照完整性还体现在对主表中记录进行删除和修改操作时对从表的影响。例如，如果删除主表中的一条记录，则从表中凡是外键的值与主表的主键值相同的记录也会被同时删除，这就是级联删除相关记录；如果修改主表中主键的值，则从表中相应记录的外键值也随之被修改，这就是级联更新相关字段。

1.3　SQL 基本命令

结构化查询语言（Structured Query Language，SQL）是关系数据库系统中应用广泛的数据库查询语言，它是关系数据库的标准语言。

1.3.1　SQL 简介

SQL 语法结构简单、使用方便，很多的关系数据库产品都支持 SQL，但使用方法不完全一样，例如 FoxPro 中，可以在程序的命令窗口中混合使用 FoxPro 的命令和 SQL 命令，而在 Access

中，则是在交互式查询窗口 RQBE 中使用 SQL。

1．SQL 的特点

① 功能强大：SQL 包括数据定义、数据查询、数据操纵和数据控制等方面的功能，其核心是查询功能，它可以完成数据库活动中的全部工作。

② 非过程化的语言：SQL 不必一步一步告诉计算机"如何去做"，只需告诉计算机"做什么"。

③ 简洁容易：SQL 用为数不多的几条命令实现强大的功能，此外，SQL 非常接近英文自然语言，容易学习和使用。

④ 使用方便：SQL 既可以直接以命令方式交互使用，也可以嵌入到程序设计语言中以程序方式使用，这两种方式的语法基本是一致的。

2．SQL 的命令分类

SQL 中有许多条命令，按命令的功能可以分为以下 4 类：

① 用于数据定义：CREATE、DROP、ALTER。

② 用于数据修改：INSERT、UPDATE、DELETE。

③ 用于数据查询：SELECT。

④ 用于数据控制：GRANT、REVOKE。

以上 4 类中，使用最多的是查询命令 SELECT，Access 可以使用的是前 3 类。

1.3.2　SQL 的基本查询语句 SELECT

SQL 的核心是查询，SQL 的所有查询都是使用 SELECT 命令实现的，它的不同功能体现在不同的子句中，完整的 SQL 命令格式非常复杂，其主要组成部分的语法格式如下：

```
SELECT [ALL|DISTINCT] *|字段列表
        FROM 表名
    [WHERE 条件表达式]
    [ORDER BY 列名[ASC|DESC]]
```

各部分作用如下：

① SELECT：用来指出查询的输出字段。其中：

● ALL：表示显示所有符合条件的记录，这是默认值。

● DISTINCT：表示检索的结果中不包括重复的元组。

● 字段列表：指定要输出的各个字段，各字段名之间用逗号隔开。

● *：指定显示所有的字段。

② FROM 子句：指出用于查询的数据来源。

③ WHERE 子句：用来指出查询的条件，在 WHERE 子句后面是查询的条件，可以是关系表达式、逻辑表达式，表达式中也可以使用通配符。

④ ORDER BY 子句：用来指出输出结果按指定的列名进行升序或降序排列。

以下所用例子来自两个数据表，假定两个表中都是以"学号"字段为主关键字段。

"学生成绩"数据表中有"学号""班级""姓名""数学""物理"和"化学"字段，前 3 个为字符型，后 3 个为数值型。

"基本情况"表中有"学号""姓名""性别""籍贯""年龄"3 个字段，前 4 个为字符型，年龄为数值型。

1. 简单查询

简单查询是基于单个表的查询，即查询结果来自一个表，其中由 SELECT 和 FROM 构成无条件查询，由 SELECT、FROM 和 WHERE 构成条件查询。

【例 1.9】用 SELECT 命令完成以下不同的查询。

① 显示"基本情况"表中的所有记录。

```
SELECT 学号，姓名，性别，籍贯，年龄 FROM 基本情况
或 SELECT * FROM 基本情况
```

② 显示指定的字段。

```
SELECT 学号，姓名 FROM 基本情况
```

③ 显示"基本情况"表中年龄为 20 的女生的记录。

```
SELECT * FROM 基本情况 WHERE 年龄=20 AND 性别="女"
```

④ 显示三门课程都及格的记录。

```
SELECT * FROM 学生成绩 WHERE 数学>=60 AND 物理>=60 AND 化学>=60
```

⑤ 按年龄降序显示"基本情况"表中的所有记录。

```
SELECT * FROM 基本情况 ORDER BY 年龄 DESC
```

⑥ 显示"基本情况"表中年龄在 19~20 之间的所有记录。

```
SELECT * FROM 基本情况 WHERE 年龄>=19 AND 年龄<=20
或 SELECT * FROM 基本情况 WHERE 年龄 BETWEEN 19 AND 20
```

⑦ 用 DISTINCT 指定显示不重复的值。

```
SELECT DISTINCT 数学 FROM 学生成绩 WHERE 数学>80
```

⑧ 使用表示集合的运算符，显示籍贯为"山西""河南"或"山东"的记录。

```
SELECT * FROM 基本情况 WHERE 籍贯 IN ("山西","河南","山东")
```

⑨ 使用通配符"?"，显示籍贯为"山西"或"山东"的记录。

```
SELECT * FROM 基本情况 WHERE 籍贯 LIKE "山%"
```

⑩ 使用通配符"*"，显示姓王的同学。

```
SELECT * FROM 基本情况 WHERE 姓名 LIKE "王*"
```

2. 简单的连接查询

连接查询是基于多个表的查询，要求在 WHERE 中指定两表之间的关系，即实现连接的条件。

【例 1.10】显示学生的"姓名""年龄"和"数学"，这 3 个字段来自两个表。

```
SELECT 姓名，年龄，数学 FROM 基本情况，学生成绩;
WHERE 基本情况.学号=学生成绩.学号
```

命令中的"基本情况.学号=学生成绩.学号"表示将两个表按相同学号进行连接，即等值连接。

3. 排序

可以用 ORDER BY 短语将查询结果排序。

【例 1.11】将查询结果按指定字段的顺序输出。

① 按"数学"字段升序排序（可省略 ASC）。

```
SELECT * FROM 学生成绩 ORDER BY 数学
```

② 按"数学"字段降序排序。

```
SELECT * FROM 学生成绩 ORDER BY 数学 DESC
```

③ 按多个字段排序，将"班级"作为主关键字，"数学"作为次关键字。

```
SELECT * FROM 学生成绩 ORDER BY 班级，数学
```

以上各例中使用的查询命令，均可以在 Access 建立查询使用的 SQL 视图窗口中直接输入并执行。

1.4 数据库的设计步骤

在使用具体的 DBMS 创建数据库之前，应根据用户的需求对数据库应用系统进行分析和研究，然后再按照一定的原则设计数据库中的具体内容。

数据库的设计一般要经过分析建立数据库的目的、确定数据库中的表、确定表中的字段、确定主关键字以及确定表间的关系等过程，如图 1-7 所示。

图 1-7　数据库的设计步骤

下面通过创建教学管理数据库的设计过程说明数据库设计的步骤和方法。

1．分析建立数据库的目的

在分析过程中，应与数据库的最终用户进行交流，了解用户的需求和现行工作的处理过程，共同讨论使用数据库应该解决的问题和完成的任务，同时尽量收集与当前处理有关的各种表格。

在需求分析中，要从以下三方面进行：

（1）信息需求

信息需求定义了数据库应用系统应该提供的所有信息。

为节省篇幅、简化问题，本题中设计的"教学管理"数据库的目的是教学信息的组织和管理，处理的主要信息包括教师信息、学生信息、课程信息、授课信息和选课信息。

（2）处理需求

处理需求表示对数据需要完成什么样的处理及处理的方式，也就是系统中数据处理的操作，应注意操作执行的场合、操作进行的频率和对数据的影响等。

（3）安全性和完整性需求

安全性包括设置登录用户和密码、用户的访问权限；完整性包括实体完整性约束规则、参照完整性约束规则和用户定义的完整性约束规则。

2．确定数据库中的表

一个数据库中要处理的数据很多，不可能将所有的数据放在同一张表中，确定数据库中的表就是指将收集到的信息使用几个表进行保存。

在确定时应保证每个表中只包含关于一个主题的信息，这样，每个主题的信息可以独立地维护，通常可以分别为每个实体集设计一个表。例如，分别将学生信息、教师信息、课程信息放在不同的表中，这样对某一类信息的修改不会影响到其他的信息。

一个表中描述的是一个实体集或实体集间的一种联系。

通过将不同的信息分散在不同的表中，可以使数据的组织和维护变得简单，同时也可以保证在此基础上建立的应用程序具有较高的性能。

根据上面的原则，确定在"教学管理"数据库中使用以下 5 个表，分别是教师表、学生表、课程表、授课表和选课表。

3．确定表中的字段

确定每个表中包括的字段应遵循下面的原则：

① 确定表中字段时，要保证一个表中的每个字段都是围绕着一个主题的。例如，学号、

姓名、性别、年龄等字段都是与学生信息有关的字段。

②　避免在表之间出现重复的字段。在表中除了为建立表间关系而保留的外部关键字外，尽量避免在多个表之中同时存在重复的字段，这样做的目的一是为了尽量减少数据的冗余，同时也是防止因插入、删除和更新数据时造成的数据不一致。

③　表中的字段所表示的数据应该是最原始的和最基本的，即不应包括可以推导或计算出的数据，也不应包括可以由基本数据组合得到的字段。

例如，总分字段可以通过各门课程成绩之和得到，而实发工资字段可以由应发的各项减去各个扣除项而得到，这些数据可以使用以后介绍的查询进行计算。

④　在为字段命名时，应符合所用的 DBMS 中对字段名的命名规则。

按照以上原则，确定教学管理数据库 5 个表中的各字段，如表 1-2 所示。

表 1-2　"教学管理"数据库中的表及各表中的字段

"教师"表	"学生"表	"课程"表	"选课"表	"授课"表
教师编号	学号	课号	学号	教师编号
姓名	姓名	课程名称	课号	课号
性别	性别	课程类型	成绩	上课教室
工作时间	年龄	学分		
学历	家庭通信地址			
职称	简历			
单位	照片			
联系电话				

注意到选课表中的"学号"和"课号"字段已经分别在学生表和课程表中出现，这里重复设置的目的就是为了在选课表和学生表、课程表之间建立关系。

同样，授课表中出现的"教师编号"字段在教师表中也已出现，目的也是为了在这两个表之间建立联系。

4. 确定主关键字

在一个表中确定主键，一个目的是保证实体的完整性，即主键的值不允许是空值或重复值，另一个目的是为了在不同的表之间建立联系。

在教师表中教师编号是主键，在学生表中学号是主键，在课程表中的课号是主键，在选课表可以是学号和课号的组合，而在授课表中可以是教师编号和课号的组合。

5. 确定表间的关系

这里要强调的是，表间关系要根据具体的问题来确定，绝不是不加区别地在任意两个表之间都建立关系。

由于实体集之间的关系有一对一、一对多和多对多 3 种，下面分析这几种不同的关系如何在数据库中实现。

（1）一对一联系

如果两个表之间存在一对一的联系，首先要考虑的是能否将这两个表合并为一张表，如果不行，再进行下面的处理。

如果两个表表示的是同一实体的不同的属性（字段），可以在两个表中使用同样的主键，例如，教师表和工资表可以通过教师编号进行联系。

如果两个表表示的是两个不同的实体，它们有不同的主键，这时，可以将一个表中的主键字段也保存在另一个表中，这样可以建立两个表之间的关系。

（2）一对多联系

两个表间存在一对多关系时，可以将一方的主键字段添加到多方的表中。例如，学生表和选课表之间存在着一对多的联系，所以要将学生表中的主键"学号"字段添加到选课表中。

（3）多对多联系

对于教学数据库中的学生表和课程表，由于一名学生可以选修多门课程，这样，学生表中每条记录，在课程表中可以有多条记录相对应，同样，由于每门课程可以被多名学生选修，则课程表中的每条记录，在学生表中也可以有多条记录与之对应，所以它们之间就是多对多的联系。

为保持它们之间多对多的联系，通常是创建第三个表，这个表中包含了两个表的主键字段，例如选课表，选课表中包括学生表的主键"学号"和课程表的主键"课号"，也包含自身的属性字段如成绩，选课表在这两表之间起到了纽带的作用。

同样，由于一位教师可以讲授多门课程，每门课程也可以安排给多位教师，教师表和课程表之间也是多对多的联系，授课表则在这两表之间起到了纽带的作用。

纽带表中不一定需要指定主键，如果需要，可以将它所联系的两个表的主键组合起来作为纽带表的主键。

这种方法实际上是将多对多的联系用两个一对多的联系代替。

先看学生表和选课表之间，由于学号字段是学生表的主键、选课表的外键，这两个表之间可以建立一对多的关系。

再看课程表和选课表之间，由于课号字段是课程表的主键、选课表的外键，这两个表之间也可以建立一对多的关系。

这样，学生表和课程表之间事实上也就通过选课表联系起来。

同样，教师表和课程表之间也是通过它们和授课表之间的一对多关系联系起来。

最终 5 个表之间的关系如图 1-8 所示，其中连接表间两端的"1"和"∞"分别表示两个表间一对多关系对应的一方和多方，具体的创建方法将在第 2 章详细介绍。

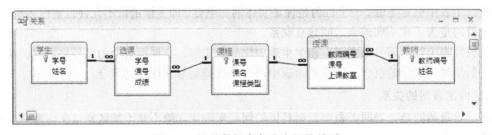

图 1-8　教学数据库各表之间的关系

经过以上设计后，还应该对数据库中的表、表中字段和表间关系进一步进行分析、完善，主要从下面几个方面检查是否需要进行修改。

① 是否漏掉了某些字段。

② 多个表中是否有重复的字段。

③ 表中包含的字段是否都是围绕一个实体的。

④ 每个表中的主关键字设计的是否合适。

如果确认设计符合要求，就可以在 Access 中创建数据库、表和表间关系。

1.5　Access 2010 数据库

目前，数据库管理系统软件有很多，例如 Oracle、Sybase、DB2、SQL Server、Access、Visual FoxPro 等，虽然这些产品的功能和规模不同，操作上差别也较大，但是，它们都是以关系模型为基础的，因此都属于关系型数据库管理系统。

本书要介绍的 Access 2010 中文版是 Microsoft 公司 Office 2010 办公套装软件的组件之一，是现在最为流行的桌面型数据库管理系统。本书以 Access 2010 为基础，这些基本操作同样适合在其他版本中的使用。

同以前的其他版本相比，Access 2010 增加了许多功能，其主要特点如下：

① 文本格式的变化。体现在可以创建在每个字段中存储多个值的查阅字段、安全的数据格式、用 accdb 取代以前版本的 mdb 文件扩展名。

② 程序窗口界面的变化。这是 Office 2010 各个组件中非常明显的变化，新界面中功能区代替了以前版本中的菜单和工具栏，增加了导航窗格和带有选项卡的窗口视图，极大地方便了用户对数据库对象的操作。

③ 使用导航窗格中组织项目。Access 2010 的导航窗格替代了早期版本中的"数据库窗口"工具，通过导航窗格管理、组织、使用数据库中的各个对象。

④ 不再支持数据访问页对象。

⑤ 新增布局视图，允许用户在浏览表、窗体或报表时，动态地对其进行修改。

Access 的一个数据库文件中既包含了该数据库中的所有数据表，也包含了由数据表所产生和建立的查询、窗体和报表等。

1.5.1　Access 的启动和退出

1. Access 2010 的窗口组成

由于 Access 2010 是 Office 2010 的一部分，在安装 Office 2010 时，Access 也随之被安装。如果已经成功地安装了 Office，按以下方法可以启动 Access。

选择"开始"→"所有程序"→"Microsoft Office"→"Microsoft Office Access 2010"命令，可以启动 Access 2010，启动后的窗口如图 1-9 所示。

该窗口从上到下由以下几部分组成：

① 最上边的标题栏显示最常用的几个按钮和当前数据库的名称。

② 标题栏下面是功能区：该区最左边为"文件"菜单，其他部分由各个选项卡组成，例如"开始"选项卡、"创建"选项卡等，每个选项卡中包含若干个命令按钮组成的分组，例如"开始"选项卡中的"视图"分组、"剪贴板"分组等。

③ "文件"菜单是 Access 2010 中唯一保留的菜单，其中有新建、打开、保存、对象另存为和退出等命令。

④ 功能区下方由三部分组成，从左到右分别是"文件"菜单、模板区和数据库区。"文件"菜单中有上述常用的命令；模板区显示了各种不同的数据库模板；数据库区用来对创建的新数据库选择保存路径和设置数据库名。

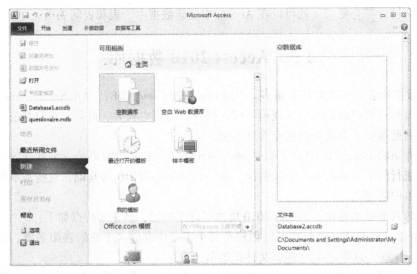

图 1-9　Access 的窗口

2．创建空白数据库

数据库是 Access 中的文档文件，Access 2010 中提供了两种方法创建数据库：一是使用模板创建数据库，建立所选择的数据库类型中的表、窗体和报表等；另一种方法是先创建一个空白数据库，然后再创建表、窗体、报表等各个对象。

【例 1.12】创建空白数据库"教学管理"。

操作步骤如下：

① 单击图 1-9 中模板区的"空数据库"按钮。

② 向窗口右侧"文件名"文本框内输入要创建的数据库文件的名称"教学管理"，如果创建数据库的位置不需要修改，则直接单击右下方的"创建"按钮，如果要改变存放位置，则单击右侧的文件夹按钮 📁，弹出"文件新建数据库"对话框。

③ 在对话框中选择新建数据库所在的位置，然后单击"创建"按钮，该数据库创建完毕。

创建空白数据库后的 Access 窗口如图 1-10 所示，这就是 Access 2010 的工作界面，左下方显示的"所有 Access 对象"就是导航区。在导航区可以看到，在创建的新数据库中，系统还自动创建了一个名为"表 1"的表，右侧显示，该表中目前只有一个名为 ID 的字段。

3．Access 2010 的工作界面

创建数据库后，进入了 Access 2010 的工作界面窗口，窗口组成如下：

（1）功能区

窗口上方为功能区，功能区由多个选项卡组成，例如，"开始"选项卡、"创建"选项卡、"外部数据"选项卡等，每个选项卡中包含了多个命令，这些命令以分组的方式进行组织。例如，图 1-10 中显示的是"字段"选项卡，该选项卡中的命令分为 5 组，分别是视图、添加和删除、属性、格式、字段验证，每个组中包含了若干个按钮，按钮分别对应了不同的命令。

双击某个选项卡的名称时，可以将该选项卡中的功能区隐藏起来，再次双击时又可以显示出来。

功能区中有些区域有下拉按钮 ▾，单击时可以打开一个下拉菜单，还有一些是指向右下方的箭头 ⌐，单击时可以打开一个用于设置的对话框。

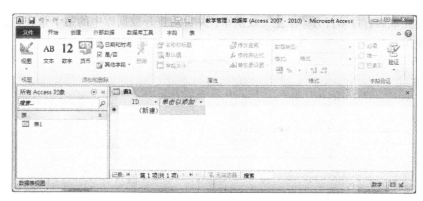

图 1-10　创建空数据库的窗口

（2）导航窗格和任务区

窗口功能区的下方由左右两部分组成，左边的导航窗格用来组织数据库中创建的对象，例如图 1-10 中显示的是名为"表 1"的表对象，右边称为工作区，是打开的某个对象，图 1-10 中打开的是"表 1"，该表中目前只有一个字段 ID，如果打开多个对象，则每个对象分别在不同的选项卡中。

（3）状态栏

窗口最下面一行为状态栏，图中左侧显示的是"数据表视图"，右侧有两个按钮，用于在"数据表视图"和"设计视图"之间进行切换。

4．使用模板创建数据库

Access 中提供了一些数据库的模板，使用这些模板可以快速创建数据库，也可以在因特网上搜索需要的模板，创建方法是从数据库提供的模板中找出与所建数据库相近的模板创建数据库，然后再对创建的数据库进行修改，直到满足要求。

【例 1.13】使用本地模板创建数据库"学生"。

操作步骤如下：

① 在图 1-9 中，单击"样本模板"按钮，窗口中间的列表框中显示出各种不同的模板，如图 1-11 所示。

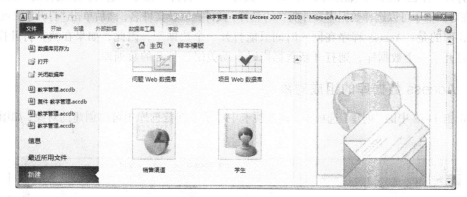

图 1-11　样本模板

② 单击图中的"学生"模板。

③ 在窗口右侧选择保存数据库文件的位置，并输入文件名"学生"，然后单击"创建"按钮。

④ 创建完成后，自动打开"学生"数据库，并自动打开数据库中的第 1 张表"学生列表"，如图 1-12 所示。

图 1-12　使用模板创建的"学生"数据库

Access 已为该类型的数据库创建了一些对象，例如图中的"学生列表""学生详细信息"等。

使用模板创建的数据库，所包含的表不一定完全符合需要，每个表中包含的字段也不一定完全符合需要，因此，在使用模板创建了数据库后，还要根据需要对其进行修改或增删，使其最终满足需要。

5. 关闭 Access

关闭 Access 和关闭其他应用程序的方法一样，可以使用以下方法之一：

① 单击窗口右上角的"关闭"按钮。

② 双击左上角的控制按钮 Ａ。

③ 单击左上角的控制按钮 Ａ，在打开的控制菜单中选择"关闭"命令。

④ 使用快捷键 Alt+F4。

6. 打开已创建的数据库

要打开一个已经创建的数据库，可选择"文件"→"打开"命令，这时，系统弹出"打开"对话框，在对话框中可以选择数据库文件所在的盘符、文件夹以及文件名，然后单击"打开"按钮即可。

要说明的是，Access 程序在同一时间只能打开一个数据库，因此，如果在执行打开操作之前已经打开了一个数据库，则打开新数据库时自动关闭已打开的数据库。

1.5.2　Access 数据库的组成对象

单击图 1-12 中的"创建"选项卡，该选项卡中显示了在数据库中可以创建的对象，如图 1-13 所示。

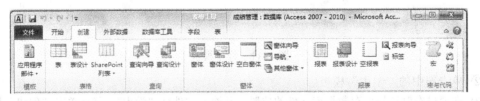

图 1-13　Access 数据库中的对象

　　图 1-13 中显示的 6 个分组中，2~5 组分别对应一个对象，最后一组包含两个对象，分别是宏和代码（即模块），所以共有 6 种对象，它们分别是表、查询、窗体、报表、宏以及模块，所有这些对象都保存在扩展名为 accdb 的同一个数据库文件中，刚创建的空数据库中自动创建了一个名为"表 1"的空表。

1．Access 数据库中各对象的作用

（1）表

　　在数据库的各个对象中，表是数据库的核心，它保存数据库的基本信息，就是关系中的二维表信息，这些基本信息又可以作为其他对象的数据源。

　　在保存具有复杂结构的数据时，如果无法用一张表来表示，可分别使用多张数据表，而这些表之间可以通过相关字段建立关联，这就是后面要介绍的创建表间关系。

（2）查询

　　查询是在一个或多个表中查找某些特定的记录，查找时可从行方向的记录或从列方向的字段进行，例如，在成绩表中查询成绩大于 80 分的记录，也可以从两个或多个表中选择数据形成新的数据表等。

　　查询结果也是以二维表的形式显示的，但它与基本表有本质的区别，在数据库中只记录了查询的方式即查询规则，事实上就是 SQL 语句，每执行一次查询操作时，都是以数据源中现有的数据进行的。

　　此外，查询的结果还可作为窗体、报表等其他对象的数据源。

（3）窗体

　　窗体用来向用户提供交互界面，从而使用户更方便地进行数据的输入、输出显示，窗体中所显示的内容，可以来自一个或多个数据表，也可以来自查询结果。

（4）报表

　　报表是用来将选定的数据按指定的格式进行输出，即显示或打印。与窗体类似的是，报表的数据来源同样可以是一张或多张数据表、一个或多个查询表，与窗体不同，报表可以对数据表中数据进行打印或显示时设置输出格式，除此之外，还可以对数据进行汇总、小计、生成丰富格式的清单和数据分组。

（5）宏

　　宏是由一系列命令组成，每个宏都有宏名，使用它可以简化一些需要重复的操作，宏的基本操作有编辑宏和运行宏。

　　建立和编辑宏在宏编辑窗口中进行，建立好的宏，可以单独使用，也可以与窗体配合使用。

（6）模块

　　模块是用 Access 提供的 VBA 语言编写的程序，通常与窗体、报表结合起来完成数据库应用程序完整的开发功能。

　　因此，在一个数据库文件，"表"用来保存原始数据，"查询"用来查询数据，"窗体"用不同的方式输入数据，"报表"则以不同的形式显示数据，而"宏"和"模块"则用来实现数据的自动操作，后两者更多地体现数据库管理系统的开发功能，这些对象在 Access 中相互配合构成了完整的数据库。

　　以后的各章将分别介绍这 6 个对象的创建和使用。

2．数据库中各对象的组织方式

在数据库的程序窗口中，通过导航窗格管理数据库中的各个对象，对象的组织方式有多种，例如按对象类型、表和相关视图、创建日期等，单击导航窗格的标题（如图 1-12 中的"学生导航"），可以显示组织方式菜单，如图 1-14 所示。菜单中列出了各种组织方式，主要使用的方式如下：

（1）对象类型

该组织方式中分别按表、查询、窗体等各对象进行组织，在这种方式下，每单击一个对象，则在导航窗格中将会显示出数据库中所有的该对象，例如各种表、各种查询。

（2）表和相关视图

这种方式是依据数据库中对象之间的逻辑关系进行组织的，由于表是数据库中的基本对象，查询、窗体、报表等都是以表作为数据源的，所有与表有关的对象构成了逻辑关系，这种组织方式反映了数据库内各对象之间的关系。

（3）按组筛选

这种方式下，以表为核心，将与一个表有关的对象集中筛选出来。

3．数据库对象的共同操作

数据库对象的共同操作包括打开、关闭、复制和删除。

（1）打开和关闭

在导航窗格中，双击某个对象，就可以在工作区打开该对象，打开的对象以选项卡窗格的方式显示，打开了多个对象后，工作区中就有多个选项卡，单击相应的选项卡就可以显示该对象。

单击工作区某个选项卡右上角的"关闭"按钮，可以关闭该对象。

（2）复制

复制对象的操作是创建一个对象的副本，这样，当一个对象被错误修改时，可以使用副本进行还原。

复制对象的操作步骤如下：

① 在导航窗格中右击要复制的对象，弹出快捷菜单，如图 1-15 所示。

图 1-14　对象的组织方式　　　　图 1-15　对象的操作

② 选择快捷菜单中的"复制"命令。

③ 再次在导航窗格中右击要复制的对象，在弹出的快捷菜单中选择"粘贴"命令，此时如果复制的是表，则弹出的是"粘贴表方式"对话框（见图 1-16），如果复制的是其他对象，则弹出"粘贴为"对话框，如图 1-17 所示。

图 1-16　"粘贴表方式"对话框　　　　图 1-17　"粘贴为"对话框

④　在对话框中可以使用默认的对象名称，也可以为复制的对象重新命名，然后单击"确定"按钮。

如果复制的是表，则可以在"粘贴表方式"对话框中选择"仅结构""结构和数据"或"将数据追加到已有的表"，这里的数据指的是记录。

（3）删除

要删除数据库的对象，先关闭该对象，然后在导航窗格中右击要删除的对象，在弹出的快捷菜单中选择"删除"命令，这时，系统弹出确认删除的对话框，在对话框中单击"是"按钮即可删除该对象。

小　结

计算机数据管理经历了手工管理、文件系统和数据库系统 3 个阶段。

数据库系统阶段除了将数据有组织、有结构地存放在计算机内形成数据库，还有对数据进行统一管理和控制数据库管理系统。

数据库管理系统的功能通常包括数据定义、数据操纵、运行控制以及建立维护数据库 4 部分。

客观存在并且可以相互区别的事物称为实体，具有相同属性的实体的集合称为实体集，两个实体集之间的关系可以分为一对一、一对多、多对多 3 种类型。

在数据库中，用数据模型表示实体及实体间的联系，采用的数据模型有 3 种：层次模型、网状模型和关系模型。

目前的数据库管理系统软件大多数都是以关系模型为基础的，Access 也是关系型数据库管理系统，一个关系在 Access 中用一个数据表来表示。

关系的基本运算有两类：一类是传统的集合运算，包括并、差、交等；另一类是专门的关系运算，包括选择、投影、连接等。

在关系数据库理论中，有 3 类完整性约束规则，分别是实体完整性约束规则、用户定义的完整性和参照完整性约束规则。

结构化查询语言（SQL）是关系数据库系统中应用广泛的数据库查询语言，它是关系数据库的标准语言。

SQL 由许多条命令组成，按功能可以将命令分为 4 类：数据定义、数据修改、数据查询和数据控制，其中使用最多的是查询命令 SELECT，所有查询都是利用 SELECT 命令实现的，它的不同功能体现在不同的子句中。

在使用具体的 DBMS 创建数据库之前，应根据用户的需求对数据库应用系统进行分析和研究，然后再按照一定的原则设计数据库中的具体内容。

数据库的设计一般要经过分析建立数据库的目的、确定数据库中的表、确定表中的字段、确定主关键字以及确定表间的关系等过程。

Access 2010 的工作界面窗口由标题栏、功能区、导航窗格、任务区和状态栏组成。

数据库是 Access 中的文档文件，Access 2010 中提供了两种方法创建数据库：一是使用模板创建数据库；二是先创建一个空白数据库，然后再创建其他的对象。

Access 2010 的数据库中共有 6 种对象，分别是表、查询、窗体、报表、宏以及模块，所有这些对象都保存在扩展名为 ACCDB 的同一个数据库文件中。

在数据库窗口中，通过导航窗格管理数据库中的各个对象。

每个打开的对象分别以选项卡窗格的方式显示在工作区。

习　题

一、选择题

1. DB、DBMS 和 DBS 三者之间的关系是（　　　）。
   A．DB 包括 DBMS 和 DBS　　　　　　B．DBS 包括 DB 和 DBMS
   C．DBMS 包括 DBS 和 DB　　　　　　D．DBS 与 DB 和 DBMS 无关

2. 数据库管理系统位于（　　　）。
   A．硬件与操作系统之间　　　　　　B．用户与操作系统之间
   C．用户与硬件之间　　　　　　　　D．操作系统与应用程序之间

3. 在 Access 中，与实体对应的是（　　　）。
   A．域　　　　　　B．字段　　　　　　C．记录　　　　　　D．表

4. 对一个关系执行了投影运算后，元组的个数与原关系中元组的个数相比（　　　）。
   A．相同　　　　B．少于原关系　　C．多于原关系　　D．不多于原关系

5. 在 SQL 的基本命令中，插入数据使用（　　　）命令。
   A．SELECT　　　B．INSERT　　　C．UPDATE　　　D．DELETE

6. 对数据库中的数据可以进行查询、插入、删除、修改，是因为数据库管理系统提供了（　　　）。
   A．数据定义功能　　　　　　　　　B．数据操纵功能
   C．数据维护功能　　　　　　　　　D．数据控制功能

7. 在 Access 中，同一时间，可以打开（　　　）个数据库。
   A．1　　　　　　B．2　　　　　　C．3　　　　　　D．4

8. 关于 Access 数据库的对象，下列说法中，（　　　）是不正确的。
   A．查询可以建立在表上，也可以建立在查询上
   B．报表的内容属于静态数据
   C．在窗体中可以添加、编辑数据库中的数据
   D．对记录的添加、修改、删除等操作只能在表中进行

9. 下列关于 Access 数据库对象的描述中，说法不正确的是（　　　）。
   A．表是用户定义的用来存储数据的对象
   B．查询使用的数据源只能是表
   C．表为数据库中其他的对象提供数据源
   D．窗体主要用于数据的输出或显示，也可用于控制应用程序的运行

10. SQL 中的语句 INSERT、DELETE、UPDATE 等实现的是 SQL 的（　　　）功能。

    A. 数据查询　　　　B. 数据操纵　　　　C. 数据定义　　　　D. 数据控制

11. Access 是一种支持（　　　）数据模型的数据库管理系统。

    A. 层次型　　　　B. 关系型　　　　C. 网状　　　　D. 树状

12. 不同的实体是根据（　　　）进行区分的。

    A. 属性值　　　　B. 名称　　　　C. 代表的对象　　　　D. 属性数量

13. 关系数据库的基本运算有（　　　）。

    A. 选择、投影和删除　　　　　　　　B. 选择、投影和添加

    C. 选择、投影和连接　　　　　　　　D. 选择、投影和插入

14. 已知 3 个关系及其包含的属性如下：

    教师（教师编号，姓名，单位，职称）

    课程（课程代码，课程名称，学时）

    授课（教师编号，课程代码，上课教室）

    要查找"王红"老师所讲授课程的课程名称，将涉及（　　　）关系的操作。

    A. 教师和课程　　　　　　　　　　　B. 教师和授课

    C. 课程和授课　　　　　　　　　　　D. 教师、课程和授课

15. 一辆汽车由多个零部件组成，且相同的零部件可适用于不同型号的汽车，则汽车实体集与零部件实体集之间的联系是（　　　）

    A. 一对一　　　　B. 一对多　　　　C. 多对一　　　　D. 多对多

16. 关系 R 为讲授"操作系统"课程的教师，关系 S 为讲授"数据结构"课程的教师，要找出同时讲授这两门课程的教师，应对 R 和 S 进行（　　　）运算。

    A. 并　　　　B. 差　　　　C. 交　　　　D. 或

17. 下列 SELECT 语句中正确的写法是（　　　）。

    A. SELECT * FROM '教师表'　WHERE　性别='男'

    B. SELECT * FROM '教师表'　WHERE　性别=男

    C. SELECT * FROM　教师表　WHERE　性别=男

    D. SELECT * FROM　教师表　WHERE　性别="男"

二、填空题

1. 若关系中的某一属性组的值能唯一地标识一个元组，则称该属性组为_____。

2. 常用的数据模型有层次、_____和_____。

3. 对关系进行选择、投影或连接运算之后，运算的结果仍然是_____。

4. 关系数据库中的 3 种数据完整性约束是_____、_____和_____。

5. 两个实体集之间的联系方式有_____、_____和_____。

6. 在关系数据库中，一个属性的取值范围称为_____。

7. 一个实体可以是具体的事物，也可以是_____的事物。

8. 如果某个字段在本表中不是关键字，而在另外一个表中是主键，则这个字段称为_____。

9. Access 2010 数据库的文件扩展名是_____。

三、简答题

1. 数据管理技术的发展分为几个阶段？每个阶段有什么特点？

2. 数据库管理系统的主要功能有哪些？

3. DBS 由哪几部分组成？

4. 举例说明实体集之间 3 种类型的联系。

5. 数据库中采用的数据模型有哪些？各有什么特点？

6. 简述关系的 3 类完整性约束。

7. 关系模型具有哪些基本的性质？

8. Access 2010 数据库中各对象的作用是什么？

四、操作题

1. 启动 Access 后，创建一个名为"图书借阅管理"的空数据库，并保存到"我的文档"文件夹下。

2. 以"营销项目"数据库为模板，使用向导创建一个名为"联系人"的数据库，所有选项取默认值。

3. Access 2010 提供了一个"罗斯文"模板，使用该模板创建一个示例数据库，库名为"罗斯文.accdb"，通过对该数据库进行浏览和使用，目的是容易地理解 Access 中的相关概念并较快地掌握数据库的基本操作。

第2章 表的创建和使用

学习目标

● 掌握 Access 2010 中各种类型字段的含义。
● 了解表操作使用的不同视图方式。
● 掌握创建表的各种方法。
● 掌握字段的常见属性及设置方法。
● 理解表间关系的含义，掌握表间关系的创建和编辑方法。
● 理解实体完整性、参照完整性的概念。
● 掌握修改表结构和编辑记录的基本操作。
● 掌握记录的排序和筛选操作。

　　作为 Access 对象之一的表，其基本功能是存储数据，并且作为数据库中的其他对象如查询、窗体、报表等的数据源，一个数据库中可以有多个相互关联的表。

　　本章主要介绍表的基本操作，包括表的创建、结构的修改，记录的增加、删除和修改，表的编辑、维护和使用，以及多个表之间关系的建立。

2.1　创　建　表

　　一个完整的数据表由表结构和表中记录两部分组成，其中表结构描述了一个表的框架，因此，在创建一个表时，首先要构造表的结构，具体地说，就是描述组成一个表的各个字段，包括每个字段的名称、数据类型、长度和格式等属性，然后再向表中添加每一条记录。

2.1.1　表操作使用的视图

　　不同的数据库对象在操作时有不同的视图方式，不同的视图方式包含的功能和作用范围都不同，表的操作有 4 种视图，分别是设计视图、数据表视图、数据透视表视图和数据透视图视图，在"数据表"选项卡中的"视图"分组中，单击该分组的下拉按钮，可以在这 4 种视图之间进行切换（见图 2-1），如果还没有创建表，则只能看到前两种视图。

　　① 设计视图：用于设计和修改表的结构。
　　② 数据表视图：以行列的方式（二维表）显示表，主要用于对记录的增加、删除、修改等操作。
　　③ 数据透视表视图：用所选格式和计算方法，对数据进行汇总，结果以表的形式显示。

图 2-1　表使用的视图

④ 数据透视图视图：以图的形式显示汇总的结果。

在创建表时，常使用前两种视图方式。

2.1.2 Access 的字段类型

Access 2010 的表中，每个字段可以使用的数据类型包括文本型、数字型等在内共有 12 种，如图 2-2 所示。这些类型的具体作用如下：

1. 文本型

文本型是默认的字段类型，通常用于表示文字数据，例如姓名、地址、职称等，也可以表示不需要计算的数字，例如电话号码、学号、邮编等，还可以是文本和数字的组合。

该字段长度可以在设计表结构时进行设置，最大值为 255，因此，最多可以保存 255 个字符。

使用文本型字段要注意下面的问题：

① 文本中包含汉字时，一个汉字也占一个字符，这一点和 FoxBase、Visual FoxPro 等数据库管理软件对汉字的处理是不一样的。

② 如果输入的数据长度不超过定义的字段长度，则系统只保存输入到字段中的字符，该字段中未使用的位置上的内容不被保存。

2. 备注型

备注型数据与文本型数据本质上是一样的，不同的是，备注型字段可以保存较长的数据，它允许存储长度超过 255 个字符，最多为 63 999 个字符，通常用于保存个人简历、备注、备忘录等信息。

3. 数字型

数字型数据表示可以用来进行算术运算的数据，例如年龄、课程成绩、工资等数据，在定义了数字型字段后，还要根据处理的数据范围不同确定所需的存储类型，例如整型、单精度型等，如图 2-3 所示。

图 2-2 数据类型

图 2-3 数字字段的各种类型

4. 日期/时间型

该类型可以表示日期、时间或两者的组合，每个日期/时间字段占 8 个字节的存储空间，该类型可以使用不同的显示格式，如图 2-4 所示。

5. 货币型

货币型数据是一种特殊的数字型数据，和数字型的双精度类似，该类型字段也占 8 个字节，向该字段输入数据时，直接输入数据后，系统会自动添加上货币符号和千位分隔符，小数部分保留 4 位，但显示时只显示两位。例如，如果从键盘输入的是"1345666.6557"，则在数据表中显示的是"￥1,345,666.66"。货币型字段各种格式如图 2-5 所示。

常规日期	2007-6-19 17:34:23
长日期	2007年6月19日 星期二
中日期	07-06-19
短日期	2007-6-19
长时间	17:34:23
中时间	下午 5:34
短时间	17:34

货币	▼
常规数字	3456.789
货币	¥3,456.79
欧元	€3,456.79
固定	3456.79
标准	3,456.79
百分比	123.00%
科学记数	3.46E+03

图 2-4　日期/时间字段的各种格式　　　　图 2-5　货币字段的各种格式

6. 自动编号型

该类型字段固定占用 4 个字节，在向表中添加记录时，由系统为该字段指定唯一的顺序号，顺序号的确定有两种方法，可在"新值"属性中指定，分别是"递增"和"随机"。

递增方法是默认的设置，每新增一条记录，该字段的值自动增 1。

使用随机方法时，每新增加一条记录，该字段的数据被指定为一个随机的长整型数据。

该字段的值一旦由系统指定，这个值就会永久地与该记录相联系，因此，对于含有该类型字段的表，在操作时应注意以下问题：

① 每一张数据表中只允许有一个自动编号型的字段。

② 如果删除一个记录，其他记录中该字段的值不会进行调整。

③ 如果向表中添加一条新的记录，该字段不会使用被删除记录中已经使用过的值。

④ 用户不能对该字段的值进行指定或修改。

7. 是/否型

该字段只能保存两个不同的取值，例如，"是"或"否"，可以通过"格式"属性将该字段的值设置为"是/否"（Yes/No）、"真/假"、（True/False）或"开/关"（On/Off）。

8. OLE 对象型

OLE 是 Object Linking and Embedding（对象的链接与嵌入）的缩写，用于存放表中链接或嵌入的对象，这些对象以文件的形式存在，其类型可以是 Word 文档、Excel 的电子表格、声音、图像或其他的二进制数据。

链接和嵌入的方式在输入数据时可以进行选择，链接对象时，是将表示文件内容的图片插入到文档中，数据库中只保存该图片与源文件的链接，这样，对源文件所做的任何更改都能在文档中反映出来，而嵌入对象时，是将文件的内容作为对象插入到文档中，该对象也保存在数据库中，这时，插入的对象就与源文件无关。

OLE 对象字段最大可以存放 1 GB 的内容，其大小仅受磁盘空间的限制。

该字段的内容在数据表视图中是不显示的，要显示其内容时，应该在窗体或报表中使用"结合对象框"。

9. 超链接型

该字段以文本形式保存超链接的地址，用来链到文件、Web 页（可以是原有的页或新建的页）、本数据库中的对象、电子邮件地址等，这样，在单击某个链接时，浏览器或 Access 将根据链接地址到达指定的目标。

一个完整的超链接地址最多由以下三部分组成：

① 显示文本：表示在字段或控件中显示的文本。

② 地址：到达文件的路径，称为通用命名约定（UNC）；或到达页面的路径，称为 URL（统一资源定位地址）。

③ 子地址：位于文件或页面中的地址。

数据类型 3 个部分中的每一部分最多只能包含 2 048 个字符，向字段或控件中输入链接地址时，可以右击该字段，然后选择快捷菜单中的"超链接"命令的级联菜单进行操作；也可以按以下格式直接输入这 3 个部分：

显示文本#地址#子地址

10．附件型

可以将图像、电子表格文件、文档、图表和其他支持的文件类型附加到数据库的记录中，这与将文件作为电子邮件的附件非常类似。还可以查看和编辑附加的文件，具体取决于数据库设计者对附件字段的设置方式。

11．计算型

该字段保存表达式的计算结果，设置该类型字段时，要为该字段设置计算使用的表达式，可以直接输入表达式，也可以在"表达式生成器"对话框（见图 2-6）中进行设置。

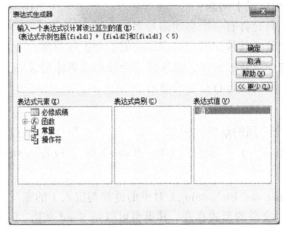

图 2-6   "表达式生成器"对话框

12．查阅向导型

这是一个特殊的字段，该类型为用户提供了建立一个字段内容的列表，该列表称为查阅列，其内容以"列表框""组合框"的形式显示。这样，在输入一个字段的值时，可以在所列的内容中进行选择。

查阅列的内容可以用以下两种方法之一获取：

① 由已建立的表或查询中的字段提供，这时，对表或查询的所有更新将反映在查阅列中。

② 由用户自行输入查阅列中的内容，该内容在存储后成为一组不可更改的固定值。

2.1.3 使用不同的方法创建表

Access 2010 中有多种方法建立数据表，在创建新的数据库时自动创建了一个空表，在现有的数据库中创建表有以下 4 种方法：

① 直接在数据表视图中创建一个空表。

② 使用设计视图创建表。

③ 根据 SharePoint 列表创建表。

④ 从其他数据源导入或链接。

其中，前 3 种方法在功能区的"创建"选项卡（见图 2-7）的"表"分组中，第 4 种方法在功能区的"外部数据"选项卡中。

图 2-7　创建选项卡

其中，第③种方法根据 SharePoint 列表创建表，其数据源来自 SharePoint 网站，本节只介绍其他 3 种方法。

1. 在"数据表"视图中创建表

【例 2.1】在"数据表"视图中建立"课程"表，表中的字段名和具体记录如表 2-1 所示，前 3 个字段的类型都是文本型，学分的类型为数字型。

表 2-1　"课程"表的数据

课　号	课 程 名 称	课 程 类 型	学　分
C0001	计算机应用	必修	3
C0002	C#程序设计	选修	2
C0003	高等数学	必修	3
C0004	VB 程序设计	必修	2
C0005	软件技术基础	选修	2
C0006	大学英语	必修	3
C0007	操作系统	选修	2

操作步骤如下：

① 在"创建"选项卡的"表"分组中单击"表"，显示出已创建的一个名为"表 1"的空表，并打开数据表视图窗格，如图 2-8 所示。

在"数据表"视图中：

- 选项卡标题的"表 1"表示该表的名称为"表 1"，这是默认的表名称。
- 选项卡中的第一行显示的是字段名，表中已自动创建了一个名为 ID 的字段，该字段的类型是自动编号，而且被设置为主键。
- 除第一行外，其余各行显示具体的数据即记录，视图中可以完成字段的插入、删除、更名操作，也可以完成对记录的添加、删除和修改等操作，因此，使用该视图可以直接输入字段名称和输入记录。
- 最后一行的左侧的各个按钮组成了记录定位器，用来浏览和定位记录，关于它的使用在后面介绍。

② 输入字段名，建立表结构。ID 字段暂时不进行处理，单击"单击以添加"的位置，在其弹出的快捷菜单（见图 2-9）中选择数据类型"文本"，然后双击该字段名区，输入字段名称"课号"。

用同样的方法输入其他的 3 个字段。

图 2-8 "数据表视图"窗格   图 2-9   选择字段类型

③ 输入记录。在字段名下面的记录区内分别输入表中的记录数据，输入后的结果如图 2-10 所示。

从显示结果可以看出，ID 和学分字段在窗口中是右对齐，其他字段是左对齐，这是因为系统自动将数字型右对齐，文本型左对齐。

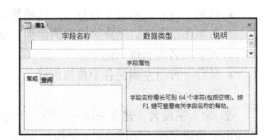

图 2-10   输入记录后的表

④ 单击"保存"按钮，弹出"另存为"对话框。

⑤ 在此对话框中输入数据表名称"课程"，然后单击"确定"按钮，结束数据表的建立，这时，导航窗格中的表名称和工作区的选项卡名称都由"表 1"变为"课程"。

至此，数据表"课程"建立完毕。

用这种方法创建的表，其中第②步建立表结构时，仅输入了字段的名称和类型，并没有对字段的属性进行设置，这时 Access 采用默认的属性。

如果要创建的表中不需要对字段属性进行特别设置时，使用这种方法比较方便。如果字段类型复杂，属性设置也比较多时，使用"设计视图"创建表更为方便。

2．使用"设计视图"创建表

使用设计视图创建表，实际上是在设计视图窗格（见图 2-11）中定义表的结构，即详细说明表中每个字段的名称、字段的类型以及每个字段的具体属性。在表结构定义并保存后，还要切换到数据表视图，再输入每一条记录。

设计视图窗格由上下两部分组成，上半部分为字段输入区，从左到右由 4 列组成，其作用分别如下：

图 2-11   设计视图窗格

（1）字段选定器

字段选定器位于左边第 1 列，用来选择一个或多个字段，选择一个字段时单击即可，选择连续的多个字段可用 Shift 键配合，选择不连续的多个字段可用 Ctrl 键配合。

（2）字段名称

用来输入字段的名称，在 Access 中为字段命名时应符合如下规则：

① 字段名长度为 1~64 个字符。

② 字段名中可以包含字母、数字、空格、汉字和其他字符。

③ 字段名中不能包含句点（.）、惊叹号（!）、方括号（[]）、重音符号（'）。

（3）数据类型

单击该列右侧的下拉按钮 "▼"，可以打开列表框，列表框中列出了不同的字段类型，可以单击某一项为该字段设置数据类型。

（4）说明

该列为字段提供说明性信息。

窗口的下半部分的两个选项卡 "常规" 和 "查阅" 用来设置字段的各个属性。

【例 2.2】在 "设计视图" 中建立 "学生" 表，其中以 "学号" 字段作为主键，表中各字段的类型如表 2-2 所示，记录数据如表 2-3 所示。

表 2-2　"学生" 表中各字段的类型

字 段 名 称	类　　型	属　　性
学号	文本	主键，长度 10
姓名	文本	长度 4
性别	文本	长度 1
出生日期	日期/时间	

表 2-3　"学生" 表的记录

学　　号	姓　　名	性　　别	出 生 日 期
2012010001	陈华	男	1992 - 10 - 1
2012010002	李一平	男	1993 - 6 - 5
2012010003	吴强	男	1992 - 6 - 7
2012010004	胡学平	女	1992 - 10 - 10
2012010005	李红	女	1991 - 9 - 1
2012010006	周兰兰	女	1992 - 5 - 4
2012010007	王山山	女	1993 - 6 - 4
2012010008	李清	女	1993 - 1 - 1
2012010009	李敬	男	1992 - 7 - 5
2012010010	周峰	男	1992 - 7 - 8

操作步骤如下：

① 在 "创建" 选项卡的 "表" 分组中，单击 "表设计" 按钮，工作区中显示如图 2-11 所示的设计视图窗格。

② 输入字段名及属性建立表结构。在"设计视图"窗格中，单击"字段名称"列的第一行，将光标停在该字段中，向此框中输入"学号"，然后，单击该行的"数据类型"，这时屏幕上自动显示的类型是"文本"型，在字段属性区的第 1 个选项卡"常规"中，字段大小输入 10，第一个字段输入完毕。

用同样的方法从第二行开始分别输入"姓名""性别"和"出生日期"，其中"姓名"字段大小为 4、"性别"字段大小为 1。

③ 定义主键字段。本表中选择"学号"做主键字段，单击"学号"字段名称左边的方框选择此字段，然后在"设计"选项卡的"工具"分组中，单击"主键"按钮，将此字段定义为主键。

④ 命名表及保存。单击"保存"按钮，弹出"另存为"对话框，在框中输入数据表名称"学生"，然后单击"确定"按钮，表结构建立完毕。

⑤ 单击"设计"选项卡"视图"分组中的下拉按钮，在下拉列表中选择"数据表视图"，将"学生"表切换到"数据表视图"。

⑥ 在"数据表视图"下输入表 2-3 中的各条具体记录，最终建立的数据表如图 2-12 所示。

学号	姓名	性别	出生日期	单击以添加
2012010001	陈华	男	1992/10/1	
2012010002	李一平	男	1993/6/5	
2012010003	吴强	男	1992/6/7	
2012010004	胡学平	女	1992/10/10	
2012010005	李红	女	1991/9/1	
2012010006	周兰兰	女	1992/5/4	
2012010007	王山山	女	1993/6/4	
2012010008	李清	女	1993/1/1	
2012010009	李敏	男	1992/7/5	
2012010010	周峰	男	1992/7/8	

图 2-12　学生表

3．使用"导入"方法创建表

为了在 Access 中使用来自外部数据源的数据创建表，Access 提供了两种方式：

一种方式是将数据导入到新的 Access 表中，使用这种方式创建表，实际是利用其他应用程序已经建立的表来创建新的表，可以进行导入的表包括 Access 数据库中的表、Excel 的电子表格、Lotus、DBASE 或 FoxPro、SharePoint 列表、XML 文件、其他版本的 Access 数据库等数据库管理系统创建的表，这时是从不同格式的文件中将数据转换并复制到 Access 中，用这种方式创建的表称为导入表。

另一种方式是链接数据，这是将创建的表和来自其他应用程序的数据之间建立链接，这样，在建立数据源的原始应用程序中和 Access 数据库中都可以查看、添加、删除或编辑这些数据。在 Access 中更新外部数据源中的数据时，不需要将数据导入，而且外部数据源的格式也不会改变，用这种方式创建的表称为链接表。

数据的导入和导出使用"外部数据"选项卡中的各组按钮，如图 2-13 所示。

图 2-13　"外部数据"选项卡

【**例 2.3**】使用导入方法建立"必修成绩"表，数据源是 Excel 的工作簿"学生成绩.xlsx"中的工作表"必修成绩"，该工作簿文件在 My Document 文件夹下，如图 2-14 所示，导入过程中将学号字段类型改为"文本"并将其设置为主键。

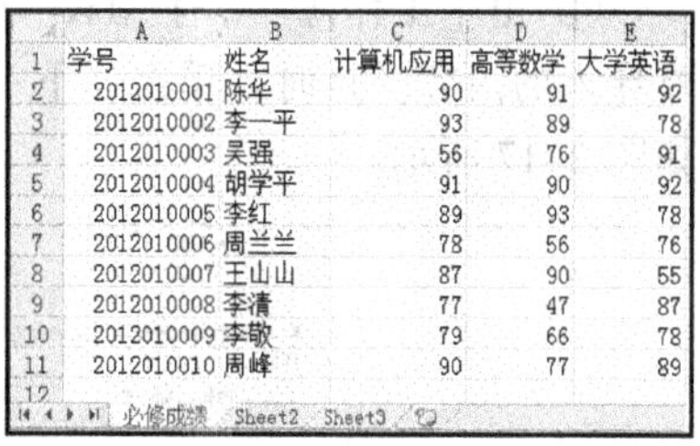

图 2-14　必修成绩表

操作步骤如下：

① 在"外部数据"选项卡的"导入并链接"分组中，单击 Excel 按钮，弹出如图 2-15 所示的"获取外部数据"对话框。

![图 2-15 获取外部数据对话框]

图 2-15　"获取外部数据"对话框

② 在对话框中：

● 单击"浏览"按钮确定导入文件所在的文件夹 My Document，并选中已经创建的工作簿文件"学生成绩.xlsx"。

● 单击"将源数据写入当前数据库的新建表中"单选按钮。

对话框中的第 3 个单选按钮是创建链接表，显然，导入和链接的操作步骤是相似的。

③ 单击"导入"按钮，屏幕显示"导入数据表向导"的第 1 个对话框，如图 2-16 所示。

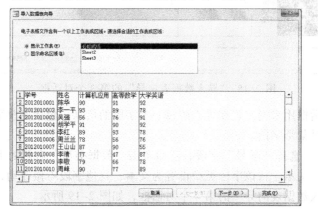

图 2-16　"导入数据表向导"的第 1 个对话框

④ 由于工作簿"学生.xlsx"只有一个工作表"必修成绩"，因此，在图 2-16 中显示的就是要导入的内容。这时，单击"下一步"按钮，屏幕显示"导入数据表向导"的第 2 个对话框，如图 2-17 所示。

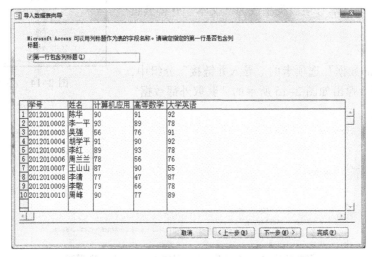

图 2-17　"导入数据表向导"的第 2 个对话框

⑤ 由于数据表的第 1 行是每一列的标题，因此，在第 2 个对话框中单击"第一行包含列标题"前面的方框，选中该复选框，单击"下一步"按钮，屏幕显示"导入数据表向导"的第 3 个对话框，如图 2-18 所示。

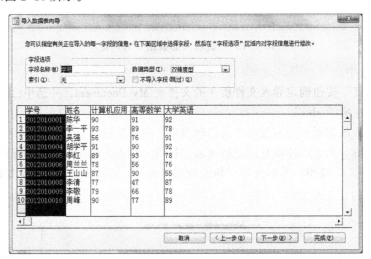

图 2-18　"导入数据表向导"的第 3 个对话框

⑥ 第 3 个对话框用来指定正在导入的每一个字段的信息，包括更改字段名、设置部分属性、建立索引或跳过某个字段。

⑦ 在对话框中，选择"学号"字段，然后单击"数据类型"右侧的下拉按钮，在弹出的下拉列表框中选择"文本"将该字段类型设置为文本，其他字段不做改动，单击"下一步"按钮，屏幕显示"导入数据表向导"的第 4 个对话框，如图 2-19 所示。

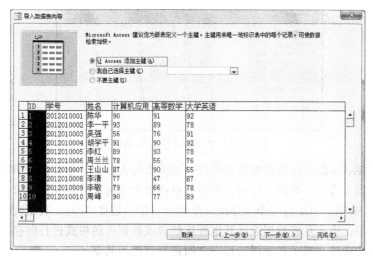

图 2-19 "导入数据表向导"的第 4 个对话框

⑧ 第 4 个对话框用来确定新表的主键，首先选择"我自己选择主键"，然后在其右边的下拉列表框中选择"学号"字段作为主键，单击"下一步"按钮，屏幕显示"导入数据表向导"的第 5 个对话框，也是最后一个对话框，如图 2-20 所示。

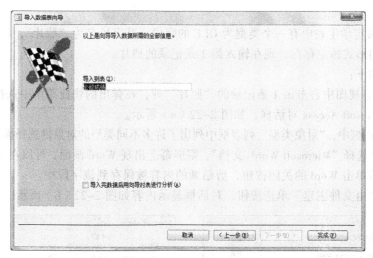

图 2-20 "导入数据表向导"的第 5 个对话框

⑨ 最后一个对话框的作用是为新建的表命名，可以直接在"导入到表"的文本框中输入，向导中默认使用 Excel 工作表的名称"必修成绩"作为表的名称，单击"完成"按钮，这时，屏幕上显示"获取外部数据 - Excel 电子表格"对话框。

⑩ 这个对话框中只有一个内容，就是在复选框中选择是否保存导入的步骤，如果保存了导入步骤，则以后可以在不使用向导的情况下重复以上所做的操作，方法是单击"导入"分组中的"已保存的导入"按钮，就可以查看和运行以前保存的导入操作。

本题中不保存步骤，所以直接单击"关闭"按钮，导入过程完成，导航窗格中多了一个选修成绩表。

⑪ 双击导航区表对象中的"必修成绩"表，导入后的结果如图 2-21 所示。

必修成绩					
学号	姓名	计算机应用	高等数学	大学英语	单击以添加
2012010001	陈华	90	91	92	
2012010002	李一平	93	89	78	
2012010003	吴强	56	76	91	
2012010004	胡学平	91	90	92	
2012010005	李红	89	93	78	
2012010006	周兰兰	78	56	76	
2012010007	王山山	87	90	55	
2012010008	李清	77	47	87	
2012010009	李敏	79	66	78	
2012010010	周峰	90	77	89	

图 2-21　从 Excel 导入的数据

本例中是以 Excel 的工作表作为数据源的，如果要导入的是其他类型应用程序的数据源，则向导的具体过程会有一些不同，这时，只要按对话框中的提示进行操作即可。

“外部数据”选项卡中还有一个“导出”分组，其作用是将 Access 数据表的内容送到其他应用程序的文档中，也就是将数据表以其他程序的表或数据库的格式进行保存。

导入和导出的功能实现了在不同的程序之间进行数据的共享。

2.1.4　OLE 类型字段的输入

表中的文本类型、数字类型等字段可以在数据表视图中直接输入，对于 OLE 类型的字段，主要是用于存放表中链接或嵌入的对象，这些对象以文件的形式存在，所以该类型输入方法和其他字段不同。

【例 2.4】假定学生表中有一个类型为 OLE 的字段，其字段名为“照片”，每条记录的照片都以图像文件的形式独立存在，现在输入第 1 条记录的照片。

操作步骤如下：

① 在数据表视图中右击第 1 条记录的“照片”列，在弹出的快捷菜单中选择“插入对象”命令，弹出 Microsoft Access 对话框，如图 2-22（a）所示。

② 在此对话框中，“对象类型”列表框中列出了许多不同类型的对象供选择插入到该字段中。

例如，如果选择“Microsoft Word 文档”，则屏幕上出现 Word 画面，可以在 Word 中插入一幅剪贴画，然后单击 Word 的关闭按钮，剪贴画的内容被保存到该字段中。

这里单击“由文件创建”单选按钮，对话框显示内容如图 2-22（b）所示。

（a）　　　　　　　　　　　　　　　　　（b）

图 2-22　Microsoft Access 对话框

③ 在对话框中选择图片文件所在的文件夹和文件，然后单击“确定”按钮，关闭对话框，单击工具栏上的“保存”按钮，该字段输入完成。

2.1.5　设置主键

对每一个数据表都可以根据需要指定某个或某些字段的组合为主关键字，简称主键，设置主键的作用如下：

① 实现实体完整性约束，使数据表中的每条记录唯一可识别，例如学生表中的"学号"字段。

② 加快对记录进行查询的速度。

③ 用来在表间建立关系。

设置主键时，应在设计视图下打开表，单击要设置为主键的字段名称左边的方框选择此字段，然后在"设计"选项卡的"工具"分组中，单击"主键"按钮，即可将此字段定义为主键。

对于主键，还可以进行下面的操作：

① 如果选择设置为主键的字段后，单击"主键"按钮，则可将设置的主键取消。

② 如果主键中有多个字段，则在选择字段时按住【Ctrl】键后分别单击各个字段。

③ 重新设置新的主键时，原来设置的主键被自动取消。

【例 2.5】在"学生"表中，已定义了主键为"学号"，使用该表进行实体完整性约束规则的验证。

操作步骤如下：

① 在数据表视图中打开"学生"表。

② 输入一条新记录，输入时不输入学号字段的值，只输入其他字段的值。

③ 单击新记录之后的下一条记录位置，弹出如图 2-23 所示的对话框。图中提示表明，新的记录无法输入，可见，设置主键后，该表中无法输入主键字段（学号）为空的记录。

图 2-23　输入学号字段为空的记录时出现的对话框

④ 向该条新记录输入与第一条记录相同的学号，单击新记录之后的下一条记录位置，弹出如图 2-24 的对话框。

图 2-24　输入学号相同的记录时的对话框

图 2-24 中提示表明，新的记录无法输入，可见，设置主键后，表中不允许出现学号相同的两条记录。

因此，设置了主键后，作为主键的字段其记录的值既不能重复也不能为空，这就是实体完整性约束规则。

2.2　设置字段的属性

在创建表结构时，除了输入字段的名称、指定字段的类型外，还需要设置字段的属性。在表结构创建后，也可以根据需要修改字段的属性，这个操作在设计视图窗格中进行，虽然不同类型字段的属性不完全相同，但设置属性的方法是一样的，通常是按以下步骤进行的：

① 在设计视图窗格中打开"表"对象。

② 在设计视图窗格的上半部分，单击要设置属性的某个字段，这时在字段属性区显示出该字段的所有属性。

③ 在属性区设置相应的属性。

重复②、③两步继续设置其他字段的属性。

④ 字段的属性设置完成后，单击工具栏中的"保存"按钮保存所做的设置。

不同类型的字段所具有的属性不完全一样，图 2-25 和图 2-26 分别显示了文本型字段和数字型字段的所有属性，这些属性都包含在"常规"选项卡中。

图 2-25　文本型字段的属性

图 2-26　数字型字段的属性

2.2.1　字段大小

字段大小即字段的宽度，该属性用来设置存储在字段中文本的最大长度或数字的取值范围，因此，只有文本型字段和数字型字段可以设置该属性。

文本型字段的大小默认值是 255 个字符，用户也可以在"字段属性"中自行定义字段的大小，其值在 1~255 之间。如果文本数据长度超过 255 个字符，则可以将该字段设置为备注型。

数字型字段的宽度可以在"字段大小"列表中进行选择，其中常用的类型所表示的数据范围及所占空间如表 2-4 所示。

表 2-4　数字型数据的不同保存类型

类　型	数　据　范　围	字段长度/字节
字节	0~255	1
整数	$-32\,768 \sim 32\,767$ 即 $-2^{15} \sim 2^{15}-1$	2
长整数	$-2^{31} \sim 2^{31}-1$	4
单精度数	$-3.4 \times 10^{38} \sim 3.4 \times 10^{38}$	4
双精度数	$-1.797 \times 10^{308} \sim 1.797 \times 10^{38}$	8

对于数字型字段，默认的类型是长整型，在实际使用时，应根据数字型字段表示的实际含义确定合适的类型。例如，对于百分制的分数字段，可以选择"字节"，对于工资表中的工资字段，可以选择"整数"。

在减小字段的大小时要特别注意，如果在修改之前字段中已经有数据，在减小长度时可能会丢失数据，对于文本型字段，将截去超出部分；对于数字型字段，如果原来是单精度或双精度在改为整数时，会自动将小数取整；在保存所做的修改时，系统会弹出对话框，如图 2-27 所示，这时可以根据需要决定是否保存所做的修改。

图 2-27　提示对话框

2.2.2　设置默认值

在一个表中，某个字段的值可能对大多数记录是一样的，例如，某个班学生的"年龄"字段的值大多数都是 18，学生的"政治面貌"字段大多数是"团员"。

可以将这样的字段常取的值设置为默认值，这样，每当产生一条新记录时，这个默认值被自动加到该字段中，这样可以加快输入的速度。用户可以直接使用这个默认值，也可以输入新的值取代这个默认值。

【例 2.6】"学生"表中有"学号""姓名""性别""年龄"和"政治面貌"5 个字段，将"年龄"字段的默认值设置为 18，"政治面貌"字段的默认值设置为"团员"。

操作步骤如下：

① 在导航窗格中，双击"学生"表，在工作区打开该表。

② 在工作区右击"学生"选项卡名，在弹出的快捷菜单中选择"设计视图"，切换到设计视图。

③ 在设计视图窗格的上半部分，单击"年龄"字段。

④ 在窗口下半部分的属性区中单击"默认值"，然后在其文本框中输入"18"。

⑤ 在设计视图窗格的上半部分，单击"政治面貌"字段。

⑥ 在窗口下半部分的属性区中单击"默认值"，然后在其文本框中输入"团员"，在输入文本时，可以不加引号，系统会自动加上引号。

⑦ 单击工具栏上的"保存"按钮将所做的修改保存，然后单击"关闭"按钮结束操作。

设置默认值后，在输入记录时，系统会在新的记录中对这两个字段自动使用默认值。

2.2.3　有效性规则和有效性文本

"有效性规则"和"有效性文本"是两个不同的属性，但联系非常密切，这里放在一起介绍。

"有效性规则"实际上是用户自定义的完整性规则，可以对字段设置正确的取值范围，目的是确保输入的数据在正确的值域范围内。

在建立"学生"表时，根据"年龄"字段的数值范围可以将其定义为字节型，但字节型取值范围是 0~255，对于学生的年龄还是太大，使用有效性规则可以将其定义在 17~22 之间。

不同类型的字段，有效性规则的设置形式有所不同。例如，对于数字型字段"成绩"，可以将其设置为 0~100；对于文本型字段"性别"，可以将其设置为"男"或"女"，对于"日期/时间"型字段，可以将其值设置在一定的月份或年份内。

"有效性文本"这个属性是一个提示信息，在设置了"有效性规则"之后，在输入数据时，要对输入的数据进行有效性检查。当输入的数据不在设置的范围内时，系统会出现提示信息，提示输入的数据有错，这个提示信息可以是系统自动加上的，也可以由用户通过设置"有效性文本"来确定。

【例 2.7】"学生"表中有"学号""姓名""性别""年龄"和"政治面貌"字段，要求对该表结构做如下修改：

- 对"年龄"字段设置有效性规则，将"年龄"字段的值设置在 17~22 之间，有效性文本为"请输入 17~22 之间的整数"。
- 对"性别"字段设置有效性规则，将其取值设置为"男"或"女"，同时，有效性文本为"性别只能输入"男"或"女""。

操作步骤如下：

① 在导航窗格中，双击"学生"表，在工作区打开该表。

② 在工作区右击"学生"选项卡名，在弹出的快捷菜单中选择"设计视图"，切换到设计视图。

③ 在设计视图窗格的上半部分，单击"年龄"字段。

④ 在窗格下半部分的属性区中单击"有效性规则"，然后在文本框中输入下面的内容：

>=17 and <=22

⑤ 在属性区中单击"有效性文本"，然后在其文本框中输入下面的内容：

"请输入 17~22 之间的整数"

⑥ 在设计视图窗格的上半部分，单击"性别"字段。

⑦ 在窗格下半部分的属性区中单击"有效性规则"，然后在文本框中输入下面内容：

"男" or "女"

输入时注意这里的双引号应在英文下输入。

⑧ 在属性区中单击"有效性文本"，然后在其文本框中输入下面的内容：

性别只能输入"男"或"女"

⑨ 单击工具栏上的"保存"按钮保存所做的修改，然后单击"关闭"按钮结束操作。

这两个字段的"有效性规则"和"有效性文本"的设置如图 2-28 所示。

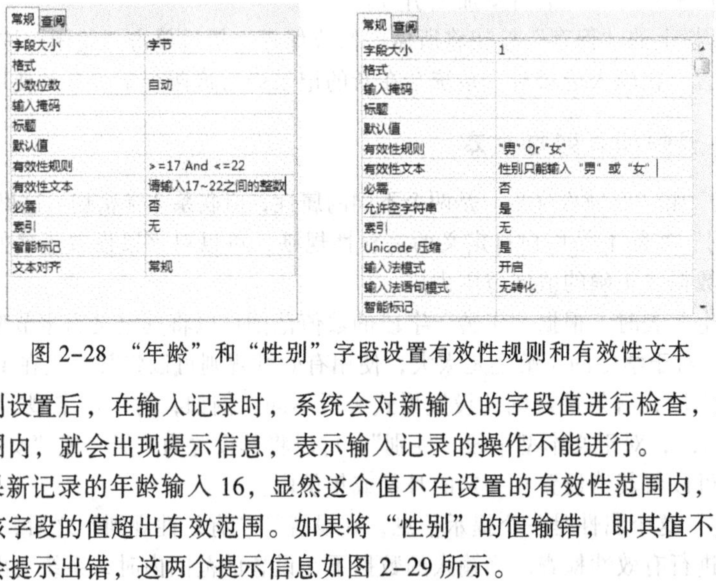

图 2-28 "年龄"和"性别"字段设置有效性规则和有效性文本

有效性规则设置后，在输入记录时，系统会对新输入的字段值进行检查，如果输入的数据不在有效性范围内，就会出现提示信息，表示输入记录的操作不能进行。

例如，如果新记录的年龄输入 16，显然这个值不在设置的有效性范围内，这时，就会出现对话框，提示该字段的值超出有效范围。如果将"性别"的值输错，即其值不是"男"也不是"女"，系统也会提示出错，这两个提示信息如图 2-29 所示。

图 2-29　年龄或性别输入错误时的提示信息

注意：这两个提示出错的对话框，对话框中提示信息的内容就是在设置"有效性文本"时输入的内容，如果只设置了"有效性规则"而没有设置"有效性文本"，则在字段的值输错时，系统也会出现提示对话框，只是其显示的内容是系统默认的，如图 2-30 所示。

图 2-30　系统默认的有效性文本

图 2-30 中的"学生.性别"表示学生表中的性别字段，在 Access 中，可以使用"表名.字段名"的方式表示某个字段。

可见，设置了有效性规则后，系统能够检查错误的输入或不符合逻辑的输入，在发现错误时，会显示提示信息。

2.2.4　输入掩码

输入掩码属性控制用户向表中输入数据的方式，可以使输入数据的格式保持一致，可以对文本、日期/时间、数字和货币数据类型的字段使用输入掩码。例如，对于手机号码字段设置输入掩码，可以保证输入记录时该字段的值是由 11 位的数字组成。

在设置输入掩码时，可以在设计视图窗格的属性区"输入掩码"文本框内直接输入格式字符，对于日期/时间型字段和文本型字段，还可以使用输入掩码向导来设置输入掩码。

1．直接输入掩码的格式符

直接设置输入掩码格式，是在文本框中直接输入一串格式符，用来规定输入数据时具体的格式，可以使用的格式符及其代表的含义如表 2-5 所示。

表 2-5　输入掩码属性中使用的格式符

格　式　符	含　　义
0	必须输入 1 位数字（0～9）
9	可以选择地输入数字（0～9）或空格
#	可以选择地输入数字（0～9）或空格，允许输入加号和减号
L	必须输入字母（A～Z、a～z）
?	可以选择输入字母（A～Z、a～z）
A	必须输入字母或数字

格　式　符	含　　义
a	可以选择输入字母或数字
&	必须输入任何字符或一个空格
C	可以选择输入任何字符或一个空格
.：；–/	小数点占位符及千位、日期与时间的分隔符
<	将所有字符转换为小写
>	将所有字符转换为大写
!	使输入掩码从右到左显示
\	使接下来的字符以原义字符显示（例如\A 表示显示 A）
密码	保存输入的实际内容，但是会将其显示为星号(*)

【例 2.8】 以下几个例子说明直接在"输入掩码"文本框中输入掩码。

① "邮政编码"字段。"邮政编码"字段的长度必须为 6，每位上只能是 0～9 的数字，因此，其输入掩码的格式串应写成：000000。

② "电话号码"字段。假定某个城市电话号码为 8 位，其输入掩码的格式串应写成：00000000。

③ 包含区号的"电话号码"。

区号和号码之间用"–"作为分隔符，区号有 3 位或 4 位的，假定电话号码只有 7 位或 8位的，设置输入掩码的格式串为下面的形式：9000–00000009。

格式中两边的"9"表示可以输入数字或空格，这样，在输入记录时，下面形式的电话号码都可以输入：

010–76543212 　　或　　 0911–1234567

④ "学号"字段。假设学号为 10 位，其中前 4 位为 2012，后面 6 位必须输入数字，因此，输入掩码的形式如下："2012"000000。

⑤ "入学日期"字段。对"入学日期"字段规定如下，输入形如 yyyy/mm/dd 的形式，即年份为 4 位、月份和日期均为两位，年、月、日之间用"/"分隔，同时年份必须输入，月份和日期可以空缺，这样，该字段输入掩码的形式如下：

0000/99/99

⑥ "图书编码"字段。"图书编码"字段规定如下，编码由 4 位字符组成，第一位必须是字母，后 3 位必须是数字，该字段输入掩码的形式如下：

L000

2．使用输入掩码向导

对于"日期/时间"型字段和"文本"型字段，还可以使用输入掩码向导来进行详细的设置。

【例 2.9】 "学生"表中有一个日期型的"入学日期"字段，使用输入掩码向导将其掩码设置为"0000/99/99"。

操作步骤如下：

① 在导航窗格中，双击"学生"表，在工作区打开该表。

② 在工作区右击"学生"选项卡名，在弹出的快捷菜单中选择"设计视图"，切换到设计视图。

③ 在设计视图窗格的上半部分，单击"入学日期"字段。

④ 单击属性区的"输入掩码"属性框，其右侧显示"生成器"按钮⊡，单击此按钮，进入输入掩码向导，同时弹出"输入掩码向导"的第 1 个对话框，如图 2-31 所示。

在图 2-31 所示的对话框中，在"输入掩码"列表框中拖动滚动条，可以看到有一项为"密码"，如果某个字段设置了这个掩码格式，则在输入记录时，不论向字段输入什么内容，屏幕上只显示一串"＊"符号，"＊"的个数与输入的字符个数一样，这就是很多软件在输入密码时显示的形式。

⑤ 在该对话框的"输入掩码"列表框中选择"短日期"，然后单击"下一步"按钮，弹出"输入掩码向导"的第 2 个对话框，如图 2-32 所示。

图 2-31 "输入掩码向导"第 1 个对话框

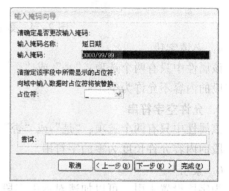

图 2-32 "输入掩码向导"第 2 个对话框

⑥ 在该对话框中，可以确定输入的掩码方式和占位符，所谓占位符是指未输入数据时该位所显示的符号，在输入数据后占位符被输入的数据替换，单击"下一步"按钮，弹出"输入掩码向导"的第 3 个对话框（最后一个）。

⑦ 最后一个对话框中只是提示信息，没有需要用户输入的信息，单击"完成"按钮回到设计视图窗格。

⑧ 单击工具栏上的"保存"按钮保存所做的修改，然后单击"关闭"按钮结束操作。

2.2.5 其他属性

除了上面介绍的常用属性外，在设计视图窗格的属性区还有下面一些属性。

1. 输入法模式

这个属性主要用于文本型字段，单击输入法模式属性的下拉按钮，可以打开下拉列表（见图 2-33），列表中有多个选项，例如"随意""开启""关闭"和"禁用：仅日文"等，如果选择"开启"，则在输入记录时，输入到该字段时，会自动切换到中文输入法。

图 2-33 输入法模式

2. 标题

为某个字段设置标题，这个标题在以后以该表为数据源创建窗体或报表时，将作为字段的标签内容，如果不设置标题，则窗体或报表的标签将默认使用字段名表示。

同样，在数据表视图中打开表时，字段名处显示的也是字段的标题。

3．格式

"格式"属性用来确定数据在屏幕上的显示方式和打印输出时的打印方式，不同数据类型的字段，其格式选项有所不同，前面的图 2-4 中显示了日期/时间型字段的显示格式，图 2-34 分别显示了数字型和是/否型字段的显示格式。

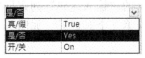

图 2-34　数字型和是/否型字段的格式

4．必填字段

该属性中只有两个选项："是"或"否"，某个字段设置该属性为"是"时，在输入记录时，该字段的内容不允许为空。

5．允许空字符串

该属性中只有两个选项："是"或"否"，某个字段设置该属性为"是"时，在输入记录时，该字段的内容允许长度为零的字符串。

6．索引

为字段设置索引，可以加速对索引字段的查询，还能加速排序及搜索操作。例如，如果要在"姓名"字段中搜索某一学生的姓名，可以创建此字段的索引，这样可以加快搜索姓名时的速度。

这个属性可以有 3 个选项，后两个是设置索引：

① "无"：表示不设置索引，这是默认的选项。

② 有（有重复）：该索引允许有重复值。

③ 有（无重复）：该索引不允许有重复值。

2.3　表　间　关　系

从例 2.1 到例 2.4 所建的表，虽然都是建立在同一个数据库中，但是，它们之间还没有什么联系，对一个表中的记录进行的任何操作不会影响到另一个表。

在表和表之间建立联系，可以保证表间数据在进行编辑时保持同步，即对一个数据表中记录进行的操作要影响到另一个表中的记录。

2.3.1　Access 中表间关系的概念

Access 中对表间关系的处理，是通过两个表中的公共字段在两表之间建立关系，这两个字段可以是同名的字段，也可以是不同名的，但必须具有相同的数据类型。

对于建立的表间关系如果要实施参照完整性，则两张表之间有主表和从表之分，否则可以不区分主表和从表。

有主表和从表之分时，建立表间关系的字段在主表中必须是主键或设置为无重复索引，如果这个字段在从表中也是主键或设置了无重复索引，则 Access 会在两个表之间建立一对一的关系，如果从表中是无索引或有重复索引，则在两个表之间建立一对多的关系。

当两个表之间建立联系（关联）并且设置了参照完整性之后，用户不能再随意地更改建立关联的字段的值，这一机制保证了数据的完整性，这种完整性称为数据库的参照完整性约束规则。

Access 中的关联可以建立在表和表之间，也可以建立在查询和查询之间，还可以是在表和查询之间。

2.3.2　创建表间的关系

1．创建关系

【例 2.10】在"学生"表和"必修成绩"表之间通过"学号"字段建立关系，"学生"表作为主表，"必修成绩"表作为从表。

创建步骤如下：

① 打开"显示表"对话框。在"数据库工具"选项卡的"关系"分组（见图 2-35）中，单击"关系"按钮，弹出"显示表"对话框，如图 2-36 所示，对话框中显示了数据库中的 3 张表。

图 2-35　"数据库工具"选项卡

② 选择表。在此对话框中选择欲建立联系的两张表，每选择一张表后，单击"添加"按钮，将两张表分别选择后单击"关闭"按钮，关闭此对话框，显示"关系"窗口，如图 2-37 所示，可以看到，刚刚选择的数据表名称出现在"关系"窗格中。

图 2-36　"显示表"对话框

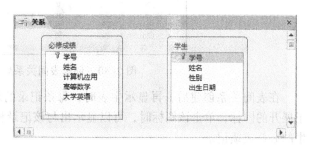

图 2-37　"关系"窗格

注意：窗格中两个表的学号字段名左侧都有一个主键的标记，所以两表之间创建的是一对一的关系。

③ 建立关系。在图 2-37 中，将"学生"表（主表）中的"学号"字段拖到"必修成绩"表（从表）的"学号"字段，松开鼠标后，显示新的对话框（见图 2-38），图中显示关系类型

为"一对一"。

④ 设置完整性。选中"编辑关系"对话框中的 3 个复选框，这是为实现参照完整性进行的设置。

⑤ 完成创建。单击"创建"按钮，返回到"关系"窗格（见图 2-39），"学生"表和"必修成绩"两个表之间的关系建立完毕。

图 2-38　"编辑关系"对话框

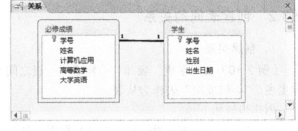

图 2-39　创建好的表间关系

⑥ 单击保存按钮，然后单击关闭按钮，关闭"关系"窗格。

图 2-39 中两个表的学号字段之间增加了一条连线，其两端分别有"1"和"1"，表示建立的是一对一的关系。

如果两张表之间创建的是一对多的关系，则其中主表（一方）连接的是"1"，从表（多方）连接的是"∞"。

在这两个表之间建立联系后，再打开"学生"表时，结果如图 2-40 所示。

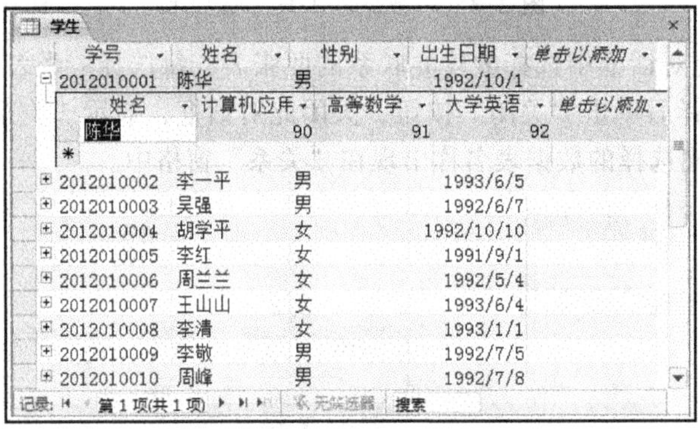

图 2-40　创建表间关系后显示的主表

在表间关系创建后，再显示主表时，每条记录的最左侧多了一个"+"图标，这是一个用于展开的图标，单击该图标时，可以显示出与该记录相关的从表中的记录，图中就是同一个学生的必修成绩记录。

2．验证参照完整性

建立了表间关系后，除了在显示主表时形式上会发生变化外，在对表的记录进行操作时，也会相互受到影响。

【例 2.11】通过向从表中输入新记录和修改记录验证参照完整性。

操作步骤如下：

① 在数据表视图中打开从表"必修成绩"表。

② 向该表输入一条新的记录，各字段的值分别是 2012010011，吴京，男，80，1992–10–1。注意，这里的学号 "2012010011" 在主表 "学生" 表中是不存在的，单击新记录之后的下一条记录位置，弹出如图 2–41 所示的对话框。

图 2–41　主表中相关记录不存在时的对话框

这个对话框表示输入新记录的操作没有被执行，在没有建立表间关系之前这个现象是不会出现的，这是参照完整性的一个体现，表明在从表中不能引用主表中不存在的实体。

③ 将该表第 1 条记录的学号改为 "2012010011"，单击新记录之后的下一条记录位置，这时，也出现对话框提示该记录的学号无法更改。

本例的结果说明在设置了参照完整性后，对从表输入记录和修改记录的操作要受到主表的约束。

在参照完整性中，还有两个设置，其中 "级联更新相关字段" 使得主关键字段和关联表中的相关字段保持同步的更变，而 "级联删除相关记录" 使得主关键字段中相应的记录被删除时，会自动删除相关表中对应的记录。下面通过级联更新与级联删除的实例说明参照完整性。

【例 2.12】验证 "级联更新相关字段" 和 "级联删除相关记录"。

操作步骤如下：

① 在数据表视图中打开 "学生" 表。

② 将第 1 条记录 "学号" 字段的值由 "2012010001" 改为 "2012010099"，然后单击 "保存" 按钮。

③ 在数据表视图中打开 "必修成绩" 表，可以看出，此表中原来学号为 "2012010001" 的记录，其学号值已自动被改变为 "2012010099"，这就是 "级联更新相关字段"。

"级联更新相关字段" 使得主关键字段和关联表中的相关字段的值保持同步改变。

④ 重新在数据表视图中打开 "学生" 表，并将 "学号" 字段值为 "2012010099" 的记录删除，这时出现如图 2–42 的确认删除对话框，这时单击 "是" 按钮，然后单击工具栏中的 "保存" 按钮。

图 2–42　删除主表中记录时的对话框

⑤ 在数据表视图中重新打开 "必修成绩" 表，可以看出，此表中原来学号为 "2012010099" 的记录也被同步删除，这就是 "级联删除相关记录"。

"级联删除相关记录" 表明在主表中删除某个记录时，从表中与主表相关联的记录会自动地被删除。

为便于以后的操作，这里将两张表中被删除的记录重新输入。

3. 编辑表间关系

已经创建的表间关系可以进行编辑，包括修改和删除。编辑关系时，首先关闭所有打开的表，然后打开"关系"窗格，在此窗格中可以编辑关系。

（1）删除建立的关系

要删除两个表之间的关系，单击要删除关系的连接，然后按 Del 键，在弹出的确认对话框中单击"是"按钮。

（2）修改表间关系和完整性设置

要修改两个表之间的关系，双击要更改关系的连线，弹出如图 2-38 所示的"编辑关系"对话框，可以在此对话框中重新设置，然后再单击"创建"按钮。

删除和编辑关系也可以这样操作，在关系窗格中右击表间的连线，弹出的快捷菜单中只有两条命令，分别是"删除"和"编辑关系"。

2.4　编　辑　表

创建好的表可以进行各种编辑和修改操作，由于一个表由表结构和表中记录组成，对表的编辑也分为修改表结构和修改表中记录。

2.4.1　打开和关闭表

一个数据表创建后，可以在以后向表中添加记录，也可以对建立好的表进行编辑。例如，修改字段的名称、属性，修改表中记录的值，浏览表中的记录等，在进行这些操作之前，都要先打开相应的表，完成操作后，还要将表关闭。

1. 打开表

一个表可以在"数据表视图"下打开，也可以在"设计视图"下打开，不同视图下完成的操作不同，还可以在这两种视图之间进行切换。

（1）在"数据表视图"下打开表

在导航窗格中，直接双击要打开的表，就可以在数据表视图下打开该表，在"数据表视图"下，以二维表的形式显示表的内容，其中第一行显示表中的字段，下面就是表中的每一条记录，在这个视图下，主要进行记录的输入、修改、删除等操作。

（2）在"设计视图"下打开表

在导航窗格中，右击某个表，在弹出的快捷菜单中选择"设计视图"命令，就可以在设计视图窗格中打开表。

在设计视图中，显示的是表中各字段的基本信息，例如名称、类型、大小等属性，如果要修改表的结构，可以将表在设计视图中打开，然后在该视图窗格中进行修改。

（3）在 4 种视图之间切换

在"设计"选项卡的"视图"分组中，单击"视图"按钮，可以在弹出的快捷菜单（见图 2-43）中进行包括这两个视图在内的 4 种视图之间的切换，也可以在工作区右击表的选项卡名称，在弹出的快捷菜单（见图 2-44）中进行切换，还可以在工作区右下角单击视图切换按钮（见图 2-45）进行。

2. 关闭表

对表的操作完成后，要将该表关闭，不管这个表处在"数据表视图"还是"设计视图"下，关闭方法是一样的，单击视图窗格右上角的"关闭"按钮，或选择图 2-44 所示快捷菜单中的"关闭"或"全部关闭"命令都可以关闭表。

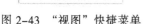

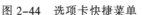

图 2-43 "视图"快捷菜单　　　图 2-44 选项卡快捷菜单　　　图 2-45 切换按钮

在关闭表时，如果对表的结构进行过修改并且没有保存，Access 会显示一个对话框，提示用户是否保存所做的修改。对话框中有 3 个按钮，单击"是"按钮保存所做的修改，单击"否"按钮放弃所做的修改，单击"取消"按钮取消关闭操作。

2.4.2 修改表的结构

修改表结构的操作主要包括增加字段、删除字段、字段重命名、修改字段的属性、重新设置主关键字等，其中增加字段、删除字段、字段重命名操作既可以在数据表视图下进行，也可以在设计视图下进行。

1. 增加字段

（1）在设计视图下增加字段。操作步骤如下：

① 在设计视图窗格中打开表。

② 将光标移动到要插入新字段的位置右击，弹出快捷菜单（见图 2-46），选择"插入行"命令；也可以在功能区的"设计"选项卡的"工具"分组中单击"插入行"按钮。

③ 在新的一行的"字段名称"列中输入新字段的名称。

④ 在"数据类型"列设置新字段的数据类型。

⑤ 在属性区为该字段设置属性。

⑥ 单击工具栏中的"保存"按钮，保存所做的修改。

（2）在数据表视图中插入新字段：

① 在数据表视图中打开该表。

② 将光标移动到要插入新字段的位置右击，弹出快捷菜单（见图 2-47），选择"插入字段"命令。

③ 这时，系统在当前列之前插入一个新列，并将字段名命名为"字段 1"，双击新字段名，然后输入新的名称。

④ 单击"工具栏"中的"保存"按钮，保存所做的修改。

（3）在数据表视图的最后添加字段：

① 在数据表视图中打开该表。

② 单击视图中的"单击以添加"按钮，弹出快捷菜单，如图 2-48 所示。

③ 在快捷菜单中选择字段的类型，这时，系统在表的最后增加一个新列，字段名为"字

段 1"，双击新字段名，然后输入新的名称。

图 2-46　设置视图中的快捷菜单　　　图 2-47　插入字段　　　图 2-48　选择字段类型

④ 单击工具栏中的"保存"按钮，保存所做的修改。

向表中添加一个新的字段不会影响其他字段和表中已有的数据。

2．删除字段

删除一个字段时，该字段及其所有的数据也同时被删除，删除字段的操作比较简单，在数据表视图中删除字段时，将光标定位到要删除的字段的名称处右击，在弹出的快捷菜单中选择"删除字段"命令，这时，屏幕上会出现确认对话框（见图 2-49），单击对话框中的"是"按钮即可。

在设计视图中删除字段时，将光标定位到要删除的字段的名称处右击，在弹出的快捷菜单中选择"删除行"命令，这时，屏幕上也会出现确认对话框，单击对话框中的"是"按钮即可。也可以在功能区的"设计"选项卡的"工具"分组中单击"删除行"按钮。

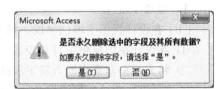

图 2-49　删除字段时的确认对话框

3．重命名字段

在数据表视图中重命名字段时，将光标定位到要重命名字段的名称处右击，在弹出的快捷菜单中选择"重命名字段"命令，这时，光标在字段名处闪动，直接输入新的名称即可。

在设计视图中重命名字段时，将光标定位到要重命名字段的名称处，直接删除原来名称后输入新的名称即可。

4．修改字段的属性

修改字段的属性只能在设计视图窗格中进行，修改方法和设置属性的方法完全一样，这里不再重复。

5．设置或重新设置主关键字

如果表中原来没有设置主键字或者设置的主关键字不合适，都可以重新定义。操作步骤如下：

① 在设计视图中打开该表。

② 在视图窗格上半部分选定字段。

● 如果将某个字段设置为主键，将光标移动到要设置为主键的字段所在行的任一列。

- 如果要将多个字段设置为主键，即字段组合，可以在字段选定区中按住【Ctrl】键后，分别单击选中每个字段。

选定字段后，单击工具栏中的"主键"按钮![图标]，这样，所选字段被设置为主键，在选定区会显示关键字的图标。

③ 单击工具栏中的"保存"按钮，保存所做的修改。

如果原来已经设置过主键，则重新设置主键时，原有的主键自动被取消，因此，在重新设置主键时，不需要先取消原有的主键，直接设置即可。

2.4.3　编辑记录

编辑记录的操作在数据表视图下进行，包括添加记录、删除记录、修改数据和复制数据等，在编辑之前，应先定位记录或选择记录。

1．定位记录

在数据表视图窗格中打开一个表后，窗格下方会显示一个记录定位器，该定位器由若干个按钮构成，如图 2-50 所示。使用定位器定位记录的方法如下：

① 使用"第一条记录""上一条记录""下一条记录"和"尾记录"这些按钮定位记录。

② 在记录编号框中直接输入记录号，然后按Enter键，也可以将光标定位在指定的记录上。

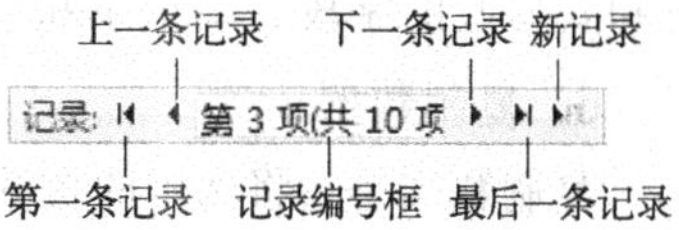

图 2-50　记录定位器

2．选择数据

选择数据可以分为在行的方向选择记录和在列的方向选择字段以及选择连续区域。

（1）选择记录

① 选择某条记录：在数据表视图窗格第一个字段左侧是记录选定区，直接在选定区单击可选择该条记录。

② 选择连续的若干条记录：在记录选定区拖动鼠标，鼠标所经过的行被选中，也可以先单击连续区域的第一条记录，然后按住 Shift 键后单击连续记录的最后一条记录。

③ 选择所有记录：单击工作表第一个字段名左边的全选按钮，可以选择所有记录。

（2）选择字段

① 选择某个字段的所有数据：直接单击要选字段的字段名即可。

② 选择相邻连续字段的所有数据：在表的第一行字段名处用鼠标拖动字段名。

（3）选择部分区域的连续数据

将鼠标移动到数据的开始单元处，当鼠标指针变成"✛"形状时，从当前单元格拖动到最后一个单元格，鼠标经过的单元格数据被选中，可以选择某行、某列或某个矩形区域的数据。

3．添加记录

在 Access 中，只能在表的末尾添加记录。操作方法如下：

① 在数据表视图中打开该表。

② 右击第一个字段左侧的记录选定区，在弹出的快捷菜单（见图 2-51）中选择"新记录"命令，也可以单击记录选定器上的"新记录"按钮，这时光标将停在新记录上。

③ 输入新记录各字段的数据。

④ 单击"保存"按钮保存所做的操作。

4．删除记录

删除记录时，先在数据表视图窗格中打开表，然后选择要删除的记录，右击第一个字段左侧的记录选定区，在弹出的快捷菜单中选择"删除记录"命令，这时，屏幕上出现确认删除记录的对话框（见图 2-52），如果单击"是"按钮，则选定的记录被删除。

图 2-51　记录操作

图 2-52　确认删除记录对话框

5．修改数据

修改数据是指修改某条记录的某个字段的值，先将鼠标定位到要修改的记录上，然后再定位到要修改的字段，即记录和字段的交叉单元格，直接进行修改。

6．复制数据

复制数据是指将选定的数据复制到指定的某个位置，方法是先选择要复制的数据，然后单击工具栏中的"复制"按钮，再单击要复制的位置，最后单击工具栏中的"粘贴"按钮即可。

2.5　使用表中数据

在数据库和数据表建立之后，可以使用输入的数据进行一些操作，例如查找数据、记录排序、记录筛选等，这些操作同样是在数据表视图窗格下进行的。

2.5.1　查找数据

查找数据是指在表中查找某个特定的值。

1．查找方法

【例 2.13】在"学生"表中查找男生记录。

操作步骤如下：

① 在数据表视图窗格下打开"学生"表。

② 将光标定位到"年龄"字段的名称上。

③ 在功能区的"开始"选项卡中，单击"查找"按钮，弹出"查找和替换"对话框，单击"查找"选项卡，如图 2-53 所示。

图 2-53　"查找"选项卡

④ 在对话框中：

- 在"查找内容"框内输入"男"。
- "查找范围"选项中可以选择"当前字段"或"当前文档"。
- "匹配"下拉列表框中有 3 个选项：字段任何部分、整个字段和字段开头，这里选择整个字段。
- "搜索"下拉列表框中有 3 个选项：向上、向下和全部。

⑤ 单击"查找下一个"按钮，这时将查找下一个指定的内容，找到后，该数据以反相显示，继续单击"查找下一个"按钮可以将指定的全部内容查找出来。

⑥ 单击"取消"按钮可以结束查找过程。

2．查找数据时可以使用的通配符

在"查找内容"框内可以输入查找的完整内容，也可以在输入时使用通配符，实现按特定的要求查找记录，例如要查找姓"刘"的同学，就是在姓名字段中查找以"刘"开头的内容，可以在"查找内容"框内输入"刘*"，其中的"*"就是一个通配符，表示任意个数的字符。

在"查找和替换"对话框中，可以使用的通配符如表 2-6 所示。

表 2-6　查找时使用的通配符

字　符	作　用	示　例
*	代表任意个数的字符	th*可以找到 the 和 they
?	代表任何单个字母	b?d 可以找到 bid、bed、bad、bud
[]	通配方括号内的任何单个字符	th[oe]se 可以找到 those、these
-	通配范围内的任何单个字符	[a-g]ay 可以找到 bay、day、gay
!	通配不在方括号内的任何单个字符	[!bd]ay 可以找到 gay、say、may
#	代表任何单个数字字符	1#3 可以找到 123、133、113

如果要搜索的是字符"*""?""#""-"本身，必须将这些符号放在方括号中，例如[*]、[?]、[#]等。

2.5.2　替换数据

替换是指将查找到的某个值用另一个值来替换。

【例 2.14】在"学生"表中有一个"政治面貌"字段，将所有记录中该字段的值"团员"替换为"党员"。

操作步骤如下：

① 在数据表视图窗格下打开"学生"表。

② 将光标定位到"政治面貌"字段的名称上。

③ 在功能区的"开始"选项卡中，单击"查找"按钮，弹出"查找和替换"对话框，单击"替换"选项卡，如图 2-54 所示。

④ 在该对话框中：

- 在"查找内容"框内输入"团员"。
- 在"替换为"框内输入"党员"。
- 在"查找范围"中选择"当前字段"。

● 在"匹配"框中选择"整个字段"。

图 2-54 "替换"选项卡

⑤ 单击"全部替换"按钮，一次替换所有查找到的内容，这时，屏幕上显示一个提示框，要求用户确认是否要完成替换操作，因为该替换操作是不能撤销的。

⑥ 单击提示框中的"是"按钮完成所有查找到的内容的替换。

⑦ 单击"保存"按钮，保存所做的操作。

2.5.3 记录排序

排序是指按一个或多个字段值的升序或降序重新排列表中记录的顺序，在 Access 中，排序的规则如下：

① 英文按字母顺序，大小写视为相同。

② 汉字按拼音字母顺序。

③ 数字按大小。

④ 日期和时间字段按先后顺序。

⑤ 如果某个字段的值为空值，则按升序排序时，包含空值的记录排在最开始。

⑥ 备注型、超链接型或 OLE 对象不能进行排序。

对一个表排序后，保存表时，将保存排序的结果。

排序操作在"开始"选项卡的"排序和筛选"分组中进行，如图 2-55 所示。

图 2-55 "排序和筛选"分组

1．使用"排序和筛选"分组中的按钮排序

【例 2.15】对"学生"表按"出生日期"字段的升序对记录进行排序。

操作步骤如下：

① 在数据表视图窗格下打开"学生"表。

② 单击"出生日期"字段所在的列。

③ 单击"排序和筛选"分组中的"升序"按钮 ，这时排序的结果直接在数据表视图窗格中显示，如图 2-56 所示。

如果要取消对记录的排序，可以单击"排序和筛选"分组中的"取消排序"按钮 ，记录将恢复到排序前的顺序。

可以按一个字段排序，也可以按多个字段排序。如果指定了多个排序字段，排序的过程是这样的，先根据第一个字段指定的顺序排序，当第一个字段有相同的值时，这些相同值的记录再按照第二个字段进行排序，依次类推，直到按全部指定的字段排好序为止。

在数据表视图下按多个字段排序时，要求这些字段在表中是连续的，排序时按字段从左到右的顺序进行。

【例 2.16】对"学生"表中的记录按"性别"和"出生日期"两个字段的升序排序。

操作步骤如下：

① 在数据表视图窗格下打开"学生"表。

② 选择"性别"和"出生日期"这两列的任何一组数据。

③ 单击"排序和筛选"分组中的升序按钮 ，这时排序的结果直接在数据表视图中显示，如图 2-57 所示。

图 2-56 按一个字段排序　　　　图 2-57 按两个字段排序

从结果可以看出，所有记录先按"性别"升序排列，所有"性别"值为"男"的记录又按"出生日期"的升序排列，同样，所有"性别"值为"女"的记录又按"出生日期"的升序排列。

2. 使用"应用筛选/排序"命令

在数据表视图下按多个字段进行排序时，操作比较简单。但这种方法有些局限性：一是要求这些字段必须是相邻的而且只能按从左到右的顺序；二是所有字段都必须按同一个次序即同时升序或同时降序，使用下面介绍的"高级筛选/排序"窗口进行排序时就没有这个限制。

【例 2.17】已知某个"学生"表中字段的顺序是"学号""姓名""性别""出生日期"和"政治面貌"，请将记录按"性别"和"出生日期"两个字段排序，其中"性别"字段为升序，"出生日期"字段为降序。

本题中，要求对这两个字段分别按升序和降序列排列，显然，无法在数据表视图下完成，只能在"筛选窗口"中完成。操作步骤如下：

① 在数据表视图窗格下打开"学生"表。

② 单击"排序和筛选"分组中的"高级筛选选项"按钮 ，在弹出的快捷菜单（见图 2-58）中选择"高级筛选/排序"命令，在工作区打开"筛选"窗口，如图 2-59 所示。

③ "筛选"窗口分为上、下两部分，上半部分显示已打开的表的字段列表，下半部分是设计网格，用来指定排序字段、排序方式，其中的"条件"一行是在筛选记录时设置的条件。

④ 选择第 1 个排序字段：

- 用鼠标将字段列表中的"性别"字段拖动到设计网格第一列的"字段"行，也可以用鼠标单击设计网格中第一列"字段"行右侧的下拉按钮，在弹出的字段名列表中选择"性别"。

图 2-58　筛选菜单　　　　　　　　　图 2-59　"筛选"窗口

- 单击第一列"排序"一行右侧的下拉按钮，在下拉列表框中选择"升序"。

⑤ 选择第 2 个排序字段：

- 用鼠标将字段列表中的"出生日期"字段拖动到设计网格第二列的"字段"行。
- 单击第二列"排序"一行右侧的下拉按钮，在下拉列表框中选择"降序"。

设置后的条件如图 2-60 所示。

⑥ 单击"排序和筛选"分组中的"高级筛选选项"按钮 ，在弹出的快捷菜单中选择"应用筛选/排序"命令，排序的结果如图 2-61 所示。

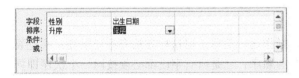

图 2-60　设置的排序次序　　　　　　　　图 2-61　排序的结果

2.5.4　记录筛选

筛选记录是指在数据表视图中仅仅将满足条件的记录显示出来，而将不满足条件的记录暂时隐藏起来，筛选后还可以通过"取消筛选"按钮恢复显示原来所有的记录。

筛选操作使用"开始"选项卡的"排序和筛选"分组中的"选择"按钮 及下拉菜单（见图 2-62）和"高级筛选选项"按钮 及下拉菜单（见图 2-58），其中图 2-62 菜单中的具体内容"90"是数据表视图中的当前单元格的值。

从这两个菜单可以看出，进行筛选有多种方法，这些方法都可以指定一个或多个筛选条件，也都可以对两个以上字段的值进行筛选。

1. 按指定的字段值筛选

【例 2.18】在"必修成绩"表中筛选"计算机应用"成绩为 90 分的记录。操作步骤如下：

① 在数据表视图窗格下打开"必修成绩"表。

② 在数据表中找到"计算机应用"字段的值为"90"的任意一条记录并选中该值。

③ 单击"排序和筛选"分组中的"选择"按钮 🖉，在快捷菜单中选择"等于 90"，这时，在数据表视图中显示出所有"计算机应用"字段的值为"90"的记录，如图 2-63 所示，注意："计算机应用"字段名右侧有一个筛选按钮。

图 2-62　"选择"按钮和下拉菜单　　　　　　　　　图 2-63　筛选结果

这时，单击"排序和筛选"分组中的"取消筛选"按钮 🖅，可以回到筛选前的状态。

如果要在"必修成绩"表中筛选"计算机应用"成绩不为 90 分的记录，可按某个字段的值是否不等于选定的值筛选，属于"内容排除筛选"，操作过程与上例相似，只是在第③步中单击"排序和筛选"分组中的"选择"按钮 🖉，然后在快捷菜单中选择"不等于 90"。

【例 2.19】在"必修成绩"表中筛选"计算机应用"成绩在 70~90 之间的记录。

操作步骤如下：

① 在数据表视图窗格下打开"必修成绩"表。

② 右击"计算机应用"字段的任何一个记录值所在的单元格，在弹出的快捷菜单中选择"数字筛选器"→"期间"命令（见图 2-64），弹出"数字边界之间"对话框，如图 2-65 所示。

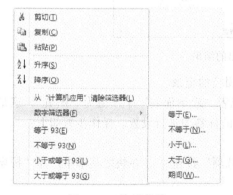

图 2-64　快捷菜单　　　　　　　　　　图 2-65　"数字边界之间"对话框

③ 在对话框的"最小"文本框中输入 70，在"最大"文本框中输入 90，然后单击"确定"按钮。

这时，在数据表视图中显示出所有"计算机应用"字段的值在 70~90 的记录，也包括 70 和 90 分的记录。

2．按窗体筛选

按窗体筛选记录时，Access 将数据表显示成一个记录的形式，并且每个字段都有一个下拉列表框，可以在每个列表框中选取一个值作为筛选的内容。

【例 2.20】在"学生"表中筛选出男生中的团员。

本题的筛选条件两个，分别是"性别"字段值为"男"和"政治面貌"字段值为"团员"，这两个条件要求同时成立。操作步骤如下：

① 在数据表视图窗格下打开"必修成绩"表。

② 单击"排序和筛选"分组中的"高级筛选选项"按钮，在快捷菜单中选择"按窗体筛选"，屏幕上显示"按窗体筛选"窗格（见图 2-66），图中的"学号"字段右下方有一个下拉按钮。

图 2-66 "按窗体筛选"窗口

③ 单击"性别"字段，接着单击其右下侧的下拉按钮，在打开的下拉列表框中选择"男"。

④ 单击"政治面貌"字段，接着单击其右侧的下拉按钮，在打开的下拉列表框中选择"团员"，设置的筛选条件如图 2-67 所示。

图 2-67 筛选条件

⑤ 单击"排序和筛选"分组中的"高级筛选选项"按钮，在快捷菜单中选择"应用筛选/排序"，就可以进行筛选，结果筛选出 2 条记录，如图 2-68 所示。

图 2-68 筛选出的结果

【例 2.21】在"学生"表中筛选出男生或者是团员的记录。

本题的筛选条件是"性别"字段值为"男"或者"政治面貌"字段值为"团员"，这是两个并列为或的条件，应在"按窗体筛选"窗口不同的标签中进行设置。操作步骤如下：

① 在数据表视图窗格下打开"必修成绩"表。

② 单击"排序和筛选"分组中的"高级筛选选项"按钮，在快捷菜单中选择"按窗体筛选"，屏幕上显示"按窗体筛选"窗格。

③ 单击"性别"字段，接着单击其右侧的下拉按钮，打开下拉列表框，在列表框中选择"男"。

④ 单击"按窗体筛选"窗格底部的"或"标签。

⑤ 单击"政治面貌"字段，接着单击其右侧的下拉按钮，在打开的下拉列表框中选择"团员"，设置的筛选条件如图 2-69 所示。

图 2-69 两个或的筛选条件

⑥ 单击"排序和筛选"分组中的"高级筛选选项"按钮 ，在快捷菜单中选择"应用筛选/排序"，就可以进行筛选，结果筛选出 7 条记录，如图 2-70 所示。

图 2-70　筛选结果

3. 设置筛选条件

在图 2-59 所示的"筛选"窗口中可以设置复杂的筛选条件，还可以对筛选结果设置显示的顺序，即对筛选结果进行排序。

【例 2.22】在"学生"表中筛选出 1993 年出生的女生，并按学号的降序输出。

本题的筛选条件有两个，分别是年份为 1993 和性别为"女"，要求同时成立。操作步骤如下：

① 在数据表视图窗格下打开"学生"表。

② 单击"排序和筛选"分组中的"高级筛选选项"按钮 ，在快捷菜单中选择"高级筛选/排序"，在工作区打开"筛选"窗格。

③ 将字段列表中的"学号"字段拖动到设计网格第一列的"字段"行，然后单击该列的"排序"行，接着单击其右侧的下拉按钮，在下拉列表框中选择"降序"。

④ 在设计网格中，单击第二列的"字段"行，向该处输入"year(出生日期)"，这里的 year() 是 Access 的一个函数，作用是提取出括号内日期中的年份，然后在该列的"条件"行中输入"1993"。

⑤ 将字段列表中的"性别"字段拖动到设计网格第 3 列的"字段"行，然后在该列的"条件"行中输入"女"，设置好筛选条件，如图 2-71 所示。

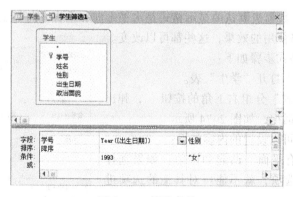

图 2-71　筛选条件

⑥ 单击"排序和筛选"分组中的"高级筛选选项"按钮 ，在快捷菜单中选择"应用筛选/排序"进行筛选，结果筛选出 2 条记录，如图 2-72 所示。

图中可以看出，学号字段右侧有一个降序的图标 ，性别和出生日期字段右侧各有一个筛选图标 。

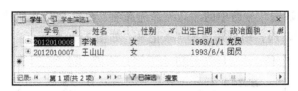

图 2-72　筛选结果

2.6　设置表的显示方式

前面使用的数据表都是按系统默认的格式进行显示，用户也可以自己设置表的显示方式，包括字体格式、数据表格式、冻结列等。

2.6.1　改变表中字体

数据表中数据的字体、字号、字形、颜色都可以改变，这些操作在"开始"选项卡的"文本格式"分组（见图 2-73）中进行。

图 2-73　"文本格式"分组

【例 2.23】设置"学生"表中数据的格式，设置为仿宋体、15 磅、倾斜、"性别"字段居中对齐。

操作步骤如下：

① 在数据表视图下打开"学生"表。

② 在"文本格式"分组中，单击字体下拉按钮，在下拉列表框中选择"仿宋"。

③ 在"文本格式"分组中，单击字号下拉按钮，在下拉列表框中选择"15"。

④ 单击"文本格式"分组中的"倾斜"按钮。

⑤ 在数据表视图中选择"性别"字段，然后单击"文本格式"分组中的"居中"按钮，完成设置。

2.6.2　设置数据表显示格式

在数据表视图中，数据表默认的显示格式是水平方向和垂直方向都显示网格线，网络线、背景等的颜色、单元格使用的效果，这些都可以改变。

设置数据表显示格式步骤如下：

① 在数据表视图下打开"学生"表。

② 单击"文本格式"分组右下角的按钮 ，弹出"设置数据表格式"对话框，如图 2-74 所示。

③ 在该对话框中可以设置的内容如下：

- 单元格效果：有平面、凸起和凹陷，如果选择了凸起或凹陷选项，就不能再对其他的选项进行设置。

- 网格线显示方式：设置或取消水平方向或垂直方向的网格线。

- 背景色：在下拉列表框中进行选择。

- 替代背景色：在下拉列表框中进行选择。

图 2-74　"设置数据表格式"对话框

- 网格线颜色：在下拉列表框中进行选择。
- 边框和线型：分别对不同位置的线条如边框、水平网格线、垂直网格线和列标题下画线
  设置不同的样式，如实线、虚线、点画线等。

在数据表视图中显示记录时，相邻两条记录的背景色交替显示，这就是对话框中的背景色
和替代背景色。

每进行一项设置，在"示例"框中就会预览设置的效果。

④ 单击"确定"按钮。

2.6.3　设置行高和列宽

在数据表视图中，所有行的高度都是一样的，每一列的宽度可以不同。因此，改变了某一
行的高度，也就是改变了所有行的高度。

1．改变每一行的高度

改变每一行的高度有两种方法：鼠标拖动和菜单命令。

（1）用鼠标拖动

操作步骤如下：

① 在数据表视图下打开某个表。

② 将鼠标指针移动到任意两行的行选定器之间。

③ 当鼠标指针变成上下双箭头时，拖动鼠标改变高度，当调整到所需高度时松开鼠标。

（2）使用菜单命令

操作步骤如下：

① 在数据表视图下打开某个表。

② 右击表中第 1 个字段左侧的记录选择区，弹出快捷菜单。

③ 选择快捷菜单中的"行高"命令，弹出"行高"对话框，如图 2-75 所示。

④ 在对话框的"行高"文本框内输入所需的值。

⑤ 单击"确定"按钮。

这时，所有行的高度都发生了改变。

2．改变某列的宽度

改变列宽也有两种方法，与改变行高不同的是，只能分别改变每一列的宽度。

（1）用鼠标拖动

操作步骤如下：

① 在数据表视图下打开某个表。

② 将鼠标指针移动到要改变宽度的两列字段名之间。

③ 当鼠标指针变成左右双箭头时，拖动鼠标左右移动改变宽度，当调整到所需宽度时松
开鼠标。

用鼠标拖动时，如果分隔线被拖动到超过下一个字段列的右边界时，该列将会被隐藏。

（2）使用菜单命令

操作步骤如下：

① 在数据表视图下打开某个表。

② 将光标定位到要改变列宽的列的字段名。

③ 右击该字段名，在弹出的快捷菜单中选择"字段宽度"命令，弹出"列宽"对话框，如图 2-76 所示。

④ 在对话框的"列宽"文本框内输入所需的值。

⑤ 单击"确定"按钮。

如果在"列宽"对话框中输入的值为 0，则该列被隐藏起来。

图 2-75 "行高"对话框   图 2-76 "列宽"对话框

要说明的是，改变列宽的操作仅仅是改变了在数据表视图中的显示宽度，并不会改变表结构中"字段大小"的属性。

2.6.4 隐藏列

在数据表视图中可以将某些列暂时隐藏起来，需要时还可以再将其显示出来。

1．隐藏某些列

隐藏列的操作比较简单，在数据表视图下，在字段名称一行中右击要隐藏的列，弹出快捷菜单，选择菜单中的"隐藏字段"命令，这时，选定的列就被隐藏起来。

2．显示被隐藏的列

显示被隐藏的列要使用菜单命令，操作步骤如下：

① 在数据表视图下打开表。

② 右击任何一个字段名，弹出快捷菜单，选择菜单中的"取消隐藏字段"命令，弹出"取消隐藏列"对话框，如图 2-77 所示。

对话框中显示了表中的所有字段，同时，每个字段左边都有一个复选框，未选中的表示是已被隐藏的列，选中的表示目前没有被隐藏的列。

图 2-77 "取消隐藏列"对话框

③ 选中要取消隐藏列的复选框。

④ 单击"关闭"按钮，这时，凡是在复选框中选中的列，在数据表视图下都可以显示，未选中的列被隐藏起来。

事实上，在图 2-77 所示的对话框中，如果不选中某个列前面的复选框，在关闭对话框后，该字段被隐藏起来，因此，使用这个对话框既可以重新显示某些列，也可以隐藏某些列。

2.6.5 冻结列

如果表中的字段较多、列宽也较大，数据表视图窗格显示不下时，窗口下方会出现水平滚动条，使用滚动条可以移动显示表中的其他字段。

有时希望表中的某些列在屏幕上固定不变，当滚动显示其他列时，这些列不随其他列的滚动而移动，这就需要将这些列冻结起来。

冻结某些列时，在字段名处右击要冻结的列，在弹出的快捷菜单中选择"冻结字段"命令即可，这时，被冻结的列始终显示在窗口的最左边。

用同样的方法还可以继续将其他的列冻结。

如果这些列不再需要冻结时，可以取消，只需在任何一个字段名处右击，在弹出的快捷菜单中选择"取消冻结所有字段"命令即可。

2.6.6　调整字段的顺序

在数据表视图中显示表时，表中各字段的排列顺序通常就是保存时的顺序。在显示表时，也可以改变字段的显示次序，方法是用鼠标拖动。

在数据表视图下打开表后，将鼠标移动到某个列的字段名上，拖动该列到需要的位置后松开即可。

小　　结

一个完整的数据表由表结构和表中记录两部分组成，在创建一个表时，首先要构造表的结构，然后再向表中添加每一条记录。

Access 2010 每个字段可以使用的数据类型包括文本型、数字型等在内共有 12 种。

创建表有 4 种方法，分别是直接在数据表视图中创建空表、使用设计视图创建、根据 SharePoint 列表创建和从其他数据源导入或链接。

也可以将数据表导出到其他类型的文件中，例如文本文件。

根据需要可以指定表中某个或某些字段为主键。

在两个表之间可以建立一对一或一对多的关系，表间建立联系并且设置了参照完整性之后，对一个数据表进行的操作要影响到另一个表中的记录。

Access 中的关联可以建立在表和表之间，也可以建立在查询和查询之间，还可以在表和查询之间。

表的编辑分为修改表结构和修改表中记录，编辑表结构包括设置主键、添加字段、删除字段和设置字段的属性，这些操作都在设计视图窗格下进行。

在编辑记录中主要的操作有添加记录、删除记录和替换某个字段的值，这些操作都在数据表视图下进行。

排序是指按一个或多个字段值的升序或降序重新排列表中记录的顺序，记录排序可以按单字段和多个字段进行，筛选记录是指在数据表视图中仅将满足条件的记录显示出来，不满足条件的记录暂时隐藏起来。

数据表视图窗格的显示方式也可以设置，包括字体、网格线、背景色、行高、列宽等。

也可以将表中的指定字段在数据表视图中隐藏或冻结起来。

习　　题

一、选择题

1. 下面关于主关键字段的说法中错误的是（　　　　）。

　　A. 数据库中的每个表都必须有一个主关键字段

B. 主关键字段的值是唯一的

C. 主关键字可以是一个字段，也可以是一组字段

D. 主关键字段中不允许有重复值和空值

2. 自动编号数据类型一旦被指定，就会永久地与（　　　）联系起来。

  A. 字段   B. 记录   C. 表   D. 域

3. 下列关于数据表的说法中，正确的是（　　　）。

  A. 一个表打开后，原来打开的表将自动关闭

  B. 表中的字段名只能在设计视图中更改

  C. 在设计视图中可以通过删除列来删除一个字段

  D. 在数据表视图中可以修改字段的数据类型

4. 下列关于主关键字的说法中，错误的是（　　　）。

  A. Access 并不要求在每个表中都必须包含一个主关键字

  B. 在一个表中只能指定一个字段成为主关键字

  C. 在输入数据或对数据进行修改时，不能向主关键字的字段输入相同的值

  D. 利用主关键字可以对记录快速地进行排序和查找

5. 下列有关记录处理的说法中，错误的是（　　　）。

  A. 添加、修改记录时，光标离开当前记录后会自动保存所做的修改

  B. 自动编号不允许输入数据

  C. Access 的记录删除后，可以恢复

  D. 新记录必定在数据表的最下方

6. 关于编辑记录的操作，下列说法中正确的是（　　　）。

  A. 可以同时选定不相邻的多个记录

  B. 可以在表中的任意位置插入新记录

  C. 删除有自动编号字段的表中记录后，再添加新记录时，自动编号不再使用删除过的编号

  D. 修改记录时，自动编号型字段不能修改

7. 下列关于数据表视图外观的说法中，错误的是（　　　）。

  A. 表的每一行的行高都相同

  B. 表的每一列的列宽可以不同

  C. 所选列冻结后被固定在表的最左侧

  D. 隐藏后的列从表中被删除

8. 如果要将表中"学号"和"姓名"字段固定在表的最左边，应该使用（　　　）操作。

  A. 移动   B. 冻结   C. 隐藏   D. 复制

9. 在 Access 中，可以定义的主键有（　　　）。

  A. 自动编号主键

  B. 单字段主键、多字段主键

  C. 自动编号主键、单字段主键、多字段主键

  D. 自动编号主键多字段主键

10. 关系数据库中的关键字是指（　　　）。

  A. 能唯一决定关系的字段

B. 不可改动的专用保留字

C. 关键的很重要的字段

D. 能唯一标识元组的属性或属性集合

11. 必须输入 0～9 的数字的输入掩码字符是（　　　）。

　　A. 0　　　　　　　　B. &　　　　　　　　C. A　　　　　　　　D. C

12. 下列选项中，可以控制输入数据的方法、样式及输入内容之间的分隔符的是（　　　）。

　　A. 有效性规则　　　　B. 默认值　　　　C. 输入掩码　　　　D. 格式

13. 一个字段由（　　　）组成。

　　A. 字段名称　　　　B. 数据类型　　　　C. 字段属性　　　　D. 以上都是

14. 以下各项中，不是 Access 字段类型的是（　　　）。

　　A. 文本型　　　　　B. 数字型　　　　C. 货币型　　　　D. 窗口型

15. Access 中，一个表最多可建立（　　　）个主键。

　　A. 一　　　　　　　B. 二　　　　　　C. 三　　　　　　　D. 任意

二、填空题

1. "学生"表中有一个"政治面貌"字段，假定表中大部分学生都是团员，为了加快数据的输入，可以为"政治面貌"字段设置的属性是_____。

2. 向表中添加新记录时，Access 不会再使用已删除的_____型字段的值。

3. 在表中能够唯一地标识表中每条记录的字段或字段组称为_____。

4. Access 的数据表由_____和_____构成。

5. 在操作数据表时，如果要修改表中多处相同的数据，可以使用_____功能，自动将查找到的数据修改为新数据。

6. Access 提供了两种字段类型用来保存文本或文本与数字组合的数据，这两种数据类型分别是文本型和_____。

三、简答题

1. 表结构由几部分组成？

2. 为什么要创建表间关系？

3. 主键的特征是什么？

4. 主键和索引有什么联系和区别？

5. 什么是级联更新相关字段？什么是级联删除相关记录？

四、操作题

1. 按以下要求进行操作：

（1）创建"图书.accdb"数据库。

（2）在设计视图中创建"库存"表，该表结构如下：

字 段 名 称	字 段 类 型	字 段 大 小	是 否 主 键
书号	文本	6	是
书名	文本	10	
库存数	数字	整型	

（3）向"库存"表输入下列数据：

书　　号	书　　名	库　存　数
BK0001	Access 使用教程	25
BK0002	数据结构	34
BK0003	操作系统	34

（4）为"库存"表的"书名"字段建立无重复索引。

2. 按以下要求进行操作：

（1）建立数据库 student.accdb。

（2）在此库中建立两个数据表，名称分别为"学生情况"和"借阅登记"，其中"学生情况"表中包含字段是"学号""姓名""性别"和"年龄"，"借阅登记"表中包括 3 个字段，"学号""书号"和"书名"。

（3）分别向两个表中输入若干条记录，数据自拟，要求每个表不少于 6 条记录。

（4）以"学生情况"为主表，"借阅登记"为从表，在两个表之间建立一对多的关系，并设置实施参照完整性。

3. 数据库"学生.accdb"中有"学生"表，表中包含"学号""姓名""性别""年龄"和"报到日期"5 个字段，对该表进行以下操作：

（1）将"性别"字段的"字段大小"设置为 1，设置默认值为"男"，有效性规则为"男"or"女"，有效性文本为"请输入男或女"。

（2）将"年龄"字段的"格式"设置为整数。

（3）将"报到日期"字段的"输入掩码"设置为 0000/99/99。

（4）向表添加新的字段"通信地址"，数据类型为文本，字段大小为 30。

（5）将表中记录按"学号"字段升序排列，单元格效果为"凸起"。

（6）对表中的记录按"性别"升序，按"年龄"降序进行排序。

（7）创建高级筛选，筛选出年龄大于等于 20 的男生，筛选结果按"年龄"字段的降序排列。

（8）取消"学生"表的水平网格线。

第 **3** 章　查　　询

学习目标

- 理解查询的概念和查询的功能。
- 掌握创建查询的基本方法。
- 掌握使用查询向导创建查询。
- 理解创建查询的设计视图窗格的组成和各个部分的含义。
- 理解创建查询使用的各个视图方式的作用。
- 理解预览查询和运行查询的异同。
- 理解 Access 中选择查询、交叉表查询、参数查询、操作查询和 SQL 查询的含义。
- 理解操作查询的分类和各类查询的作用。
- 掌握 SQL 查询可以完成的操作。
- 掌握创建查询时的查询条件中使用的各类运算符和函数。
- 掌握查询的常用编辑方法。

在将数据保存到数据表中以后，就可以对数据进行不同的分析和处理，Access 提供的查询功能就是用来完成对数据进行提取、分析和计算的。本章介绍查询的基本概念、不同类型查询的建立方法以及对已建的查询进行的处理。

与数据表一样，查询也是 Access 的一类对象，在建立查询时，也要为每一个查询命名。

3.1　查询的基本概念

本节先介绍查询的功能，然后通过几个例子说明建立查询的一般方法，以及在建立查询时所使用的视图方式和命令按钮。

3.1.1　查询的功能

使用 Access 的查询可以完成许多操作，其中最主要的功能如下：

1. 提取数据

从一个或多个表中选择部分或全部字段，例如，从成绩表的若干个字段中选取 3 个字段学号、姓名、数学，这是对列进行的操作。也可以从一个或多个表中将符合某个指定条件的记录选取出来，例如，从成绩表中提取数学成绩大于 90 分的记录，这是对行进行的操作，这两种操作可以单独进行，也可以同时进行。

用来提供选择数据的表称为查询操作的数据源，作为查询的数据源也可以是已建立好的其他查询；选择记录的准则称为条件，也就是查询表达式；查询的结果是动态的数据集，也就是说，每次运行查询，都是按事先定义的条件从数据源中提取数据。

2．实现计算

在建立查询时可以进行一系列的计算，例如统计每个班学生的人数、计算每个学生的平均分等，也可以定义新的字段来保存计算的结果。

3．数据更新

在 Access 中，对数据表中的记录进行的更新操作也是查询的功能，主要包括添加记录、修改记录和删除记录，对应的分别是追加查询、更新查询和删除查询。

4．产生新的表

查询的结果是一个动态的数据集，可以将这个数据集保存到一个新的表中永久保存，这是生成表查询。

5．作为其他对象的数据源

查询的运行结果可以作为窗体或报表的数据源，也可以作为其他查询的数据源。

最后两个功能实际上是对查询结果进行的处理，由上面的说明可以看出，Access 的查询不仅仅是从数据源中提取数据，有的查询操作还包含了对原来数据表的编辑和维护。

3.1.2　建立查询的一般方法

在 Access 中建立查询一般可以使用 3 种方法，分别是使用查询向导创建查询、使用设计视图创建查询和在 SQL 窗口中直接输入 SQL 语句创建查询。

在"创建"选项卡的"查询"分组中，有两个按钮用于创建查询，分别是"查询向导"和"查询设计"，如图 3-1 所示。

使用"查询向导"时，可以创建简单查询、交叉表查询、查找重复项查询或查找不匹配项查询；使用"查询设计"时，先在设计视图中新建一个空的查询，然后通过"显示表"对话框添加表或查询，最后再添加查询的条件。

图 3-1　"查询"分组

1．利用查询向导创建查询

【例 3.1】"必修成绩"表中有 5 个字段，分别是学号、姓名、计算机应用、高等数学和大学英语，以该表作为数据源，使用查询向导创建查询，查询名称为"计算机应用成绩"，查询结果中包括学号、姓名、计算机应用 3 个字段。

分析：本题要建立的是一个不带任何条件的查询，它只是简单地将一张表中的全部字段中指定的部分字段选择出来，即选择表中的若干个列。使用查询向导时可以在向导的指引下选择数据源和字段，操作过程如下：

① 在功能区的"创建"对象选项卡中，单击"查询"分组中的"查询向导"按钮，弹出"新建查询"对话框，如图 3-2 所示。

② 对话框中显示了 4 种可以使用向导创建的查询，单击对话框中的"简单查询向导"，然后单击"确定"按钮，弹出"简单查询向导"的第 1 个对话框，如图 3-3 所示。

③ 选择数据。在图 3-3 中，单击"表/查询"下拉列表框右侧的按钮，从弹出的列表框中选择"必修成绩"表，这时该表中的所有字段显示在"可用字段"框中。

双击"学号"字段，该字段被添加到右侧"选定字段"框中，选择字段时，也可以先单击该字段，然后再单击"＞"按钮。

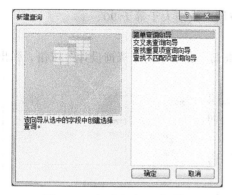

图 3-2 "新建查询"对话框

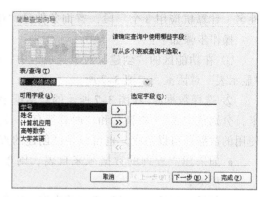

图 3-3 "简单查询向导"第 1 个对话框

用同样的方法将"姓名"和"计算机应用"字段添加到"选定的字段"框中。

如果要选择所有的字段，可直接单击">>"按钮一次完成。

要取消已选择的字段，可以利用"<"和"<<"按钮进行。

④ 字段选择完成后，单击对话框中的"下一步"按钮，屏幕上显示"简单查询向导"的第 2 个对话框，如图 3-4 所示。

⑤ 在新对话框中确定"明细查询"或"汇总查询"，本题中选择"明细查询"，然后单击"下一步"按钮，屏幕显示查询向导的第 3 个对话框，如图 3-5 所示。

图 3-4 "简单查询向导"第 2 个对话框

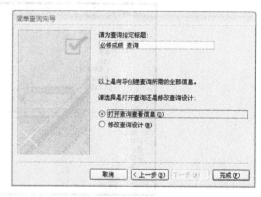

图 3-5 "简单查询向导"第 3 个对话框

⑥ 在新对话框中输入标题即查询名称"计算机应用成绩"，然后，单击"完成"按钮，查询建立完毕。

屏幕上显示新建查询的结果，如图 3-6 所示，同时导航区也多了一个查询名为"计算机应用成绩"的对象。

2．利用设计视图建立查询

利用查询向导建立查询时，只能从数据源中指定若干个字段进行输出，对于指定条件选择记录则无法完成，这时可以使用设计视图来建立。

【例 3.2】"必修成绩"表中有 5 个字段，分别是学号、姓名、计算机应用、高等数学和大学英语，以该表作为数据源，使用查询设计创建查询，查询名称为"90 分以上计算机成绩"，查询结果中包括学号、

图 3-6 查询的结果

姓名、计算机应用 3 个字段，查询条件是"计算机应用"成绩大于等于 90。

操作步骤如下：

① 在功能区的"创建"对象选项卡中，单击"查询"分组中的"查询设计"按钮，弹出"显示表"对话框，如图 3-7 所示。

② 选择数据源。在图 3-7 所示的对话框中有 3 个选项卡，分别是"表""查询"和"两者都有"，表明创建查询使用的数据源可以是表，也可以是已创建的查询。

图 3-7　"显示表"对话框

- 如果建立查询的数据源来自表，则单击"表"选项卡；
- 如果数据源来自已经建立的查询，则单击"查询"选项卡。
- 如果数据源既有来自表的，也有来自查询的，则单击"两者都有"选项卡。

本题中的数据源是"必修成绩"表，所以单击"表"选项卡，然后单击"必修成绩"表，再单击"添加"按钮，这时，该表被添加到查询"设计窗格"中（见图 3-8），最后单击"关闭"按钮，将此对话框关闭。

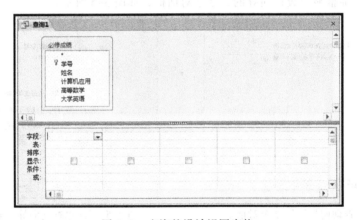

图 3-8　查询的设计视图窗格

③ 选择输出字段。查询的"设计视图"窗格由上下两部分组成，上半部分显示已选择的数据源和每个数据源中的所有字段，如本题中的"必修成绩"表。

窗口的下半部分是设计网格，每一列对应着查询结果集中的一个字段，而每一行的标题则指出了该字段的各个属性。各行属性的含义如下：

- 字段：查询结果中包含的字段，可以是数据源中已有的字段，也可以是定义的新字段，关于新的字段，在后面的例题中会说明。
- 表：显示该列字段所在的数据表或查询的名称。
- 排序：该项的列表框中有 3 个选项，即升序、降序和不排序，用来指定查询结果是否按此字段排序以及排序时的升降顺序。
- 显示：用来确定该字段是否在查询结果集中显示。
- 条件：指定对该字段的查询条件，例如在该行对应的"年龄"字段中输入"＞17"。

- 或：指定其他的查询条件。

下面先将"学号"、"姓名"和"计算机应用"3 个字段放到设计网格的字段行中，可以用以下 3 种方法之一完成：

- 从窗口上半部分的字段列表中将字段拖到网格的字段行上。
- 在字段列表中双击选中的字段。
- 在网格的字段行中单击要放置字段的列，然后单击其右侧的下拉按钮，在下拉列表中选择所需的字段。

④ 设置选择条件。为查询设置选择条件，即输入条件，本题要求选择计算机应用成绩 90 分以上的记录，在网格的"条件"行和"计算机应用"字段列的交叉处输入">=90"，设置条件后的设计网格如图 3-9 所示。

图 3-9　设置查询条件后的设计网格

注意到屏幕上显示设计窗格后，功能区中多了一个"查询工具|设计"选项卡，如图 3-10 所示，在没有创建查询时是没有这个选项卡的，该选项卡被称为上下文选项卡，是根据当前操作对象的不同自动出现的。

图 3-10　"查询工具|设计"选项卡

⑤ 预览查询的结果。在"设计"选项卡的"结果"分组中单击"运行"按钮!，可以运行查询，也可以单击"结果"分组中的"视图"按钮，在弹出的快捷菜单（见图 3-11）中选择"数据表视图"预览查询的结果，快捷菜单中显示了操作查询可以使用的 5 种视图，查询结果如图 3-12 所示。

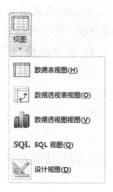

图 3-11　快捷菜单

图 3-12　查询结果

如果查询的结果不合适，可以重新切换到"设计视图"下进行修改。

⑥ 命名并保存查询。单击功能区的"保存"按钮，弹出"另存为"对话框，向对话框中输入查询名称"90分以上计算机成绩"，然后单击"确定"按钮，至此，查询建立完毕。

3. 在 SQL 窗口中建立 SQL 查询

例 3.2 是利用设计视图窗格建立查询，直接在设计网络中选择字段和设置条件，在 Access 中，也可以在 SQL 窗格下直接输入 SQL 命令建立查询，对于上例，单击"结果"分组中的视图按钮，在弹出的快捷菜单中选择"SQL 视图"，可以切换到 SQL 视图窗格，此时屏幕上显示出如图 3-13 所示的内容。

图 3-13 SQL 视图

从图 3-13 可以看出，前面在网格中指定的内容在此窗口中有了对应的 SQL 语句，这显然是 Access 自动生成的语句。因此，可以这样说，Access 执行查询时，是首先生成 SQL 语句，然后用这些语句再去对数据库进行操作。

事实上，Access 中的查询操作都是由 SQL 语句完成的，而设计窗口只是为写出 SQL 语句提供了方便的操作向导和可视化的环境，因此，如果熟悉 SQL 语句，也可以在 SQL 窗格中直接输入 SQL 语句来建立查询。

3.1.3 创建查询使用的工具

创建查询可以使用的工具有不同的视图和"设计"选项卡中的按钮。

1. 视图方式

查询有 5 种视图，分别是设计视图、数据表视图、SQL 视图、数据透视表视图和数据透视图视图。

① 设计视图：就是在查询设计器中设置查询的各种条件。

② 数据表视图：用来显示查询的运行结果。

③ SQL 视图：使用 SQL 语句进行查询。

④ 数据透视表视图和数据透视图视图：改变查询的版面，以不同的方式分析数据。

实际使用时，在设计视图窗口中可以输入查询的条件，使用 SQL 视图可以直接输入 SQL 命令建立查询，而数据表视图则用来预览查询的结果，使用图 3-11 所示的快捷菜单可以在这几种方式之间进行切换。

图 3-13 窗格右下角有 5 个按钮，也是用来切换这 5 种视图方式的。

还可以在工作区右击选项卡名称，在弹出的快捷菜单中进行切换。

2. "设计"选项卡中的按钮

图 3-10 显示的功能区"设计"选项卡中共有 4 组按钮，各组按钮的功能如下：

（1）结果

该组有 2 个按钮，分别是打开切换视图快捷菜单的按钮和运行查询的按钮。

（2）查询类型

该组中包含 9 个按钮，用于创建不同的查询，各按钮的名称对应了不同的查询，例如选择查询、生成表查询、追加查询等，其中生成表查询、追加查询、更新查询和删除查询统称为操作查询。

（3）查询设置

该组中的按钮作用如下：

显示表：在设计视图的上半部分显示"显示表"对话框。

插入行：在设计视图的下半部分网格中添加一个表示条件的"或"行。

删除行：在设计视图的下半部分网格中删除光标所在的"或"行。

生成器：打开"表达式生成器"对话框用来设置查询的条件。

插入列：在设计视图的下半部分网格中插入一列。

删除列：在设计视图的下半部分网格中删除光标所在的列。

返回：用来指定显示 TOP 值，即指定显示前若干个或前百分之多少。

（4）显示/隐藏

该组中的按钮作用如下：

汇总：在设计视图下部分显示或隐藏汇总行，用于创建汇总查询。

参数：弹出"查询参数"对话框输入参数值。

属性表：显示或隐藏该对象的属性表。

表名称：显示或隐藏设计视图下部分中的"表"行，即表名称行。

3.1.4 运行查询

在创建查询时，可以使用以下两种方法运行查询，预览查询结果：

① 单击功能区的"运行"按钮 。

② 单击"结果"分组中的视图按钮，在弹出的快捷菜单中选择"数据表视图"，将视图方式切换到"数据表视图"。

在查询创建后，可以使用以下两种方法显示查询的结果：

① 在导航窗格中，双击要运行的查询。

② 在导航窗格中，右击要运行的查询，在弹出的快捷菜单中选择"打开"命令。

在以后介绍的各类查询中，除了操作查询外，其他的查询，其预览和运行的结果是一样的，对于操作查询，这两个操作的结果是不同的，这时预览是显示满足条件的记录，而运行则是对满足条件记录进行的操作，详见 3.6 节的操作查询。

3.1.5 查询的类型

按照查询结果是否对数据源产生影响以及查询条件的设计方法不同，可将查询分为选择查询、交叉表查询、参数查询、操作查询和 SQL 查询。

不同类型的查询可以在"查询类型"分组中进行选择。

1. 选择查询

选择查询是最常用的一类查询，它主要完成以下功能：

① 按指定的条件，从数据源中提取数据，例如数学成绩大于 90 分的记录，姓名为"张华"

的记录等。

② 产生新的字段保存计算的结果，例如，在成绩表中产生总分字段计算各门课成绩之和。

③ 分组汇总统计，即按某个字段对记录进行分组，分别对每一组进行诸如总计、计数、平均等计算，例如，按性别对记录分类，分别统计男生和女生的数学平均分。又如，统计男生女生的人数或每个学生选修的课程门数等。

2．交叉表查询

交叉表查询实际上是分组统计，与选择查询中的分组统计不同的是，这里的分组字段是两个或两个以上。例如，对每个年级的学生，按性别对记录分类，分别统计男生和女生的成绩，这时可将一个分组字段（例如年级）放在表的上方，另一个分组字段（例如性别）放在表的左侧，表中行与列的交叉处可以显示某个字段的统计值，例如数学的平均分等。

3．参数查询

参数查询也属于选择查询，与上面的选择查询不同的是，它的查询条件中的具体值（即参数值）是在查询运行时由用户输入的，例如，每次查询的记录姓名都不一样时，就可以将姓名设计为参数，这样在运行查询时，在 Access 提供的对话框中输入具体的参数值（姓名）。

选择查询的查询条件中的参数值则是在查询的设计阶段事先指定的，它们之间的区别如图 3-14 所示。图中上一行是选择查询的设计条件及运行结果，下一行是参数查询的设计条件及运行结果。

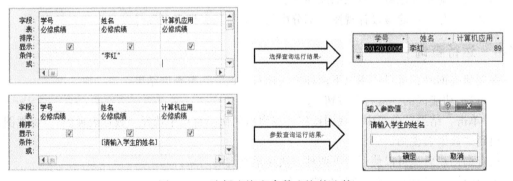

图 3-14　选择查询和参数查询的比较

4．操作查询

以上 3 类查询共同之处都是从数据源中选择指定的数据，操作查询则不同，它的运行过程是先按照条件查询记录，然后用查询的结果对数据表进行编辑操作。根据编辑方法不同，操作查询有以下 4 种：

（1）生成表查询

生成表查询是使用从一个或多个表中选择的数据建立一个新的表，也就是将查询结果以表的形式保存。例如，将学生成绩表中数学、物理、化学 3 门课成绩都及格的学生记录保存到一个新表中。

（2）删除查询

删除查询是先从表中选择满足条件的记录，然后将这些记录从原来的表中删除，注意这个查询的结果使得原表中的记录发生了变化。

例如，从学生成绩表中将数学成绩小于 60 分的记录删除。

（3）更新查询

更新查询可以对数据表中的数据进行有规律的修改，例如，在工资表中，将工龄超过 20 年的职工基本工资增加 50 元，这个查询的结果也会使得原表中的数据发生变化。

（4）追加查询

追加查询是将一个查询的结果添加到其他表的尾部，这个查询的结果也会使得被追加表的数据发生变化。

5．SQL 查询

从上面的例子可知，在 SQL 视图窗口中可以通过输入 SQL 语句来完成查询，即对大多数查询操作，在设计视图或 SQL 视图下都可以实现。这里所说的 SQL 查询指的是 SQL 特定查询，也就是无法在设计视图中实现的查询，有以下几类：

（1）联合查询

联合查询是将若干个查询的结果集进行集合的并操作。

（2）传递查询

传递查询是直接将命令发送到 ODBC 数据库，它使用服务器能接受的命令，利用它可以检索或更改记录。

（3）数据定义查询

数据定义查询可以创建、删除或更改表的结构，以及在数据库中创建索引，这实际是 SQL 的数据定义命令。

3.2　查询条件的设置

上一节通过两个例子介绍了建立查询的一般过程，可以看出，不论什么类型的查询，建立的过程大致是一样的，都要经过以下几个阶段：

① 选择数据源。

② 指定查询类型。

③ 定义查询条件（即选择数据的条件）。

④ 为查询命名。为查询命名时，查询的名称不能与已有的查询重名，也不能与已有的表重名。

⑤ 预览查询的结果。

除了利用向导创建的查询之外，其他的查询都要指定一定的选择条件，即查询条件，也就是查询表达式。不同的条件产生不同的查询结果，反之，要得到不同的查询结果，就要正确设置查询表达式，本节专门介绍查询条件的建立。

查询条件是用运算符将常量、字段名（变量）、函数连接起来构成的表达式，即查询表达式，例如前面例子中的">=90"。

在书写常量时要注意下面的问题：

① 如果是数字常量，则直接书写，例如：3.1416。

② 如果表示的是文本型常量，要用半角的双引号""将文本括起来，例如"张华"。

③ 如果是日期型常量，要用符号"#"将日期括起来，例如#91-01-02#。

在书写字段名时，通常要将字段名放在方括号中，如[学号]、[年龄]等，在输入时，如果不写方括号，系统会在条件中自动加上方括号。如果字段名中含有空格，则方括号不能省略。

如果在一个查询中使用的数据源不止一个，还应该在字段名前标明字段所在的表或查询，表或查询用方括号括起来，表示格式如下：

[表名].[字段名]　　　或　　　[查询名].[字段名]

例如，学生表中的姓名字段应该写成 [学生].[姓名] 。

3.2.1　条件中使用的运算符

1．算术运算符

算术运算符包含以下几种：

加（+）、减（-）、乘（*）、除（/）、整除（\）、乘方（^）、求余（mod）。

例如，以下是不同的算术表达式。

① 7/3 的结果是：2.333333。

② 7\3 的结果是：2 即商的整数部分。

③ 8^2 的结果是：64。

④ 8 mod 3 的结果是 2，即 8 除以 3 的余数。

2．关系运算符

关系运算符用来比较两个运算量的大小关系，共有以下 6 个：

等于"="、不等于"<>"、小于"<"、小于等于"<="、大于">"、大于等于">="。

3．逻辑运算符

常用的逻辑运算符有以下 3 个：

与（And）、或（Or）、非（Not）。

例如：数学>60 and 物理>60　表示查询数学和物理成绩都大于 60 分的记录。

又如：Not "张华"　表示查询姓名不是"张华"的记录。

4．其他的特殊运算符

除了上面几类运算符外，Access 中还有以下几个特殊的运算符。

（1）In

该运算符右边的括号中指定一个字段值的列表，即字段值的集合，列表中的每个值都可以与查询字段相匹配。

例如，在查询视图中，如果在"姓名"字段的条件行中输入下列表达式：

```
In ("张华","张强","周庆")
```

表示查询的姓名为括号内的 3 个姓名之一，该表达式和下列表达式的效果是一样的：

```
"张华" Or "张强" Or "周庆"
```

（2）Between

这个运算符用来指定一个字段值的范围，上下限值之间用 And 连接。

例如，要表示 1~5 之间的值，可以用下列的表达式：

```
Between 1 and 5
```

它和下列的表达式结果是等价的：

```
>=1 and <=5
```

（3）和空值有关的运算符

和空值有关的运算符有以下 2 个：

Is Null：用于指定一个字段为空。

Is Not Null：用于指定一个字段为非空。

例如：如果在"年龄"字段的条件行输入 Is Null 表示查找该字段值为空的记录；如果输入 Is Not Null 则表示查找该字段值为非空的记录。

（4）Like

这个运算符用于在文本字段中指定查找模式，它通常和以下的通配符配合使用：

问号"?"：表示该位置可以匹配任何一个字符。

星号"*"：表示该位置可匹配零个或多个字符。

井号"#"：表示该位置可匹配一个数字。

方括号"[]"：在方括号内描述可匹配的字符范围。

例如：Like "张*" 表示以"张"开始的字符串。

Not Like "张*" 表示查询姓名中不是姓"张"的记录。

Like "?A[0~9]*" 表示查找的字符串中第 1 位为任意字符，第 2 位是字母"A"，第 3 位是 0~9 的数字，其后是任意数量的字符。

（5）&

这个运算符将两个字符串进行连接。

例如：表达式 "abc" &"xyz"" 的结果是 "abcxyz"。

3.2.2 条件中使用的函数

Access 提供的函数可以用来构建查询条件，也可以实现统计计算。

1. 数值函数

常用的数值函数有以下几个：

① Abs(数值表达式)：返回数值表达式值的绝对值。

② Int (数值表达式)：返回数值表达式值的整数部分。

③ Sqr (数值表达式)：返回数值表达式值的平方根。

④ Sgn (数值表达式)：返回数值表达式值的符号值，如果表达式的值大于 0，则返回值为 1；表达式值等于 0，则返回值为 0；表达式的值小于 0 时，则返回值为-1。

2. 文本函数

在本类函数中的参数 n、n1、n2 都是数字表达式，文本函数用于对字符串进行处理，在 Access 的字符串处理中，一个汉字作为一个字符来处理。

（1）Space(n)

该函数返回由 n 个空格组成的字符串。

（2）String(n,文本表达式)

函数返回由第 2 个参数"文本表达式"的第 1 个字符组成的字符串，字符个数是 n 个。

例如：函数 String(4,'*')的结果是产生一个由 4 个星号组成的字符串，即"****"。

函数 String(4,'*#')的结果也是产生一个由 4 个星号组成的字符串。

（3）Left(文本表达式,n)

从文本表达式左侧第 1 个字符开始截取 n 个字符，在该函数中：

① 文本表达式是 Null 时，返回 Null 值。

② n 为 0 时，返回一个空串。

③ n 的值大于或等于文本表达式的字符个数时，返回文本表达式。

例如，函数 Left("计算机等级考试",3) 的结果是："计算机"。

又如，函数 Left("abcde",3) 的结果是："abc"。

（4）Right(文本表达式,n)

从文本表达式右侧第 1 个字符开始截取 n 个字符，在该函数中：

① 文本表达式是 Null 时，返回 Null 值。

② n 为 0 时，返回一个空串。

③ n 的值大于或等于文本表达式的字符个数时，返回文本表达式。

例如，函数 Right("计算机等级考试",2) 的结果是："考试"。

（5）Len(文本表达式)

函数返回文本表达式中字符的个数，即字符串的长度。

例如，函数 Len("计算机等级考试")的结果是 7。

又如，表达式 Len(姓名)=2 表示查询姓名为两个字的记录。

（6）Ltrim(文本表达式)

函数返回的字符串中去掉文本表达式的前导空格。

（7）Rtrim(文本表达式)

函数返回的字符串中去掉文本表达式的尾部空格。

（8）Trim(文本表达式)

函数返回的字符串中同时去掉文本表达式的前导空格和尾部空格。

例如，函数 Len(" 计算机等级考试 ") 中的字符串有一个前导空格和一个尾部空格，所以，函数的结果是：9。

又如：函数 Len(trim(" 计算机等级考试 ")) 中，先将字符串" 计算机等级考试 "的前导空格和尾部空格去掉，再计算长度，所以函数的结果是：7。

（9）Mid(文本表达式,n1[,n2])

该函数从文本表达式左边第 n1 位置开始，截取连续 n2 个字符作为函数的返回值，如果省略 n2，则一直截取到最后一个字符为止。

例如，函数 Mid("计算机等级考试",4,2) 的结果是："等级"。

（10）InStr(字符串 1,字符串 2)

该函数用于在字符串 1 中搜索字符串 2 所在的起始位置。

例如，函数 InStr("computer","put")的结果是 4，因为"put"在"computer"的第 4 个位置开始的。

如果字符串 2 在字符串 1 中不存在，则函数返回值为 0。如果字符串 2 在字符串 1 中多次出现，则函数返回第一次出现的位置。

例如，函数 InStr("cocoon","co")的返回值是 1。

3．日期时间函数

① Now()：返回系统当前的日期时间。例如，返回下列形式的日期时间值：

2012–2–3 17:04:47

② Date()：返回系统当前的日期。例如，返回下列形式的日期值：

2012–2–3

③ Time()：返回系统当前的时间。例如，返回下列形式的时间值：

17:15:29

以上 3 个函数没有参数。

④ Day()：返回日期中的日。

⑤ Month()：返回日期中的月份。

⑥ Year()：返回日期中的年份。

⑦ Weekday()：返回日期中的星期，从星期日到星期六的值分别是 1~7。

以上 4 个函数的参数可以是日期型或日期时间组合型。

例如，如果 Now()的值是：2005–2–3 17:04:47，则函数 Day(Now())、Month(Now())、Year(Now()) 和 Weekday(Now())的值分别是 3、2、2005 和 5。

同样，函数 Day(Date())、Month(Date())、Year(Date())和 Weekday(Date())的值也分别是 3、2、2005 和 5。

由于 2005 年 2 月 3 日是星期四，所以最后一个函数的值是 5。

⑧ Hour()：返回时间中的小时值。

⑨ Minute()：返回时间中的分钟。

⑩ Second()：返回时间中的秒。

以上 3 个函数的参数可以是时间型或日期时间组合型。

使用日期函数可以构成比较复杂的表达式。

例如，为出生日期字段定义下面的条件：

① Between #1980–01–01#　and　#1980–12–31#　表示查询 1980 年出生的记录。

② Year([出生日期])=1980　查询结果与上面的条件是一样的。

③ Year([出生日期])=1980 and Month([出生日期])=10　表示查询 1980 年 10 月出生的记录。

④ <Date()-30 查询 30 天前出生的记录。

3.3　选　择　查　询

在 3.1 节中已经通过【例 3.1】和【例 3.2】介绍了创建查询的一般方法，本节继续介绍选择查询中的其他类型，包括从多个数据源建立查询、复杂选择条件的设计，以及在查询中实现计算，这些查询的主要区别是在设计视图中查询条件的设计。

Access 的查询中，可以进行的运算，包括预定义的运算和用户自定义的运算两类。

预定义运算是通过 Access 提供的计算函数对查询中的记录进行计算，这些函数包括总和、平均值、计数、最大值等。

如果对查询中的某些记录或全部记录进行计算，就构成了总计查询，当对这些记录按某个字段进行分组（分类），例如按性别或按班级分组后，分别对每个组进行计算，就构成了分组总计查询即分类汇总。

用户自定义的计算是对已有的字段进行计算，计算结果要保存到新定义的字段中，例如，在学生成绩表中，可以将数学、物理、化学 3 门课程的成绩总和保存到新定义的字段"总分"中。

3.3.1   创建复杂条件的查询

【例 3.3】"借阅登记"表的内容如图 3-15 所示，以该表为数据源，建立名为"超期未还"的查询，查询超期未还的记录，这里的超期定义为超过 60 天未还，假设今天日期是 2011 年 10 月 31 日，要求查询结果中显示学号、姓名、书名和借阅日期，其中表中的归还字段为是/否型。

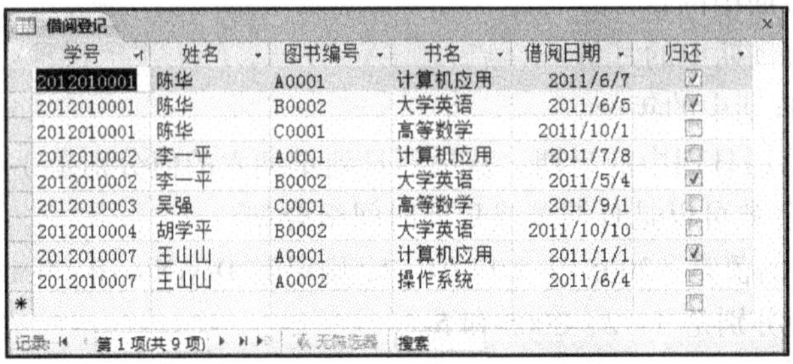

图 3-15   借阅登记表

建立查询的过程如下：

① 在功能区的"创建"选项卡中，单击"查询"分组中的"查询设计"按钮，弹出"显示表"对话框。

② 选择数据源。在"显示表"对话框中单击"表"选项卡，然后单击"借阅登记"表，再单击"添加"按钮，这时，该表被添加到查询"设计窗格"中，单击"关闭"按钮，将此对话框关闭。

③ 选择输出字段。在查询"设计视图"窗格的上半部分，分别双击学号、姓名、书名、借阅日期和归还 5 个字段，将这 5 个字段添加到窗格下半部分。

④ 设置选择条件。本题中有两个查询条件，一个是超期，一个是未还，在"借阅日期"对应的条件行中输入下面的条件：

`#2011-10-31#-[借阅日期]>60`

条件中两个日期相减表示计算两个日期相差的天数。

由于"归还"字段类型为"是/否"型，所以在"归还"字段对应的条件行中输入下面的条件：

```
false
```

由于题目中不要求显示"归还"字段，因此，在该字段的显示行中取消复选框的选中，设置后的条件如图 3-16 所示。

字段:	学号	姓名	书名	借阅日期	归还	
表:	借阅登记	借阅登记	借阅登记	借阅登记	借阅登记	
排序:						
显示:	☑	☑	☑		☐	
条件:				#2011/10/31#-[借阅日期]>60	False	
或:						

图 3-16   查询设计窗口

⑤ 命名并保存查询。单击功能区中的"保存"按钮，弹出"另存为"对话框，向对话框中输入查询名称"超期未还"，然后单击"确定"按钮，查询建立完毕。

该查询的运行结果如图 3-17 所示,可以看出,查询结果符合要求。

【例 3.4】在"必修成绩"中查询计算机应用、高等数学、大学英语三门课都是 90 分以上(含 90)的记录,要求显示表中所有字段,查询名称为"成绩优秀学生"。

图 3-17　查询结果

本题中查询的条件是同时满足"计算机应用>=90""高等数学>=90"和"大学英语>=90"。操作步骤如下:

① 在功能区的"创建"选项卡中,单击"查询"分组中的"查询设计"按钮,弹出"显示表"对话框。

② 选择数据源。在"显示表"对话框中单击"表"选项卡,然后单击"必修成绩"表,再单击"添加"按钮,这时,该表被添加到查询"设计窗格"中,单击"关闭"按钮,将此对话框关闭。

③ 选择输出字段。在查询"设计视图"窗格的上半部分,分别双击学号、姓名、计算机应用、高等数学和大学英语 5 个字段,将这 5 个字段添加到窗格下半部分。

④ 设置选择条件。本题中有 3 个查询条件:

- 在"计算机应用"对应的条件行中输入条件:>=90。
- 在"高等数学"对应的条件行中输入条件:>=90。
- 在"大学英语"对应的条件行中输入条件:>=90。

这 3 个条件在同一行输入,设置后的条件如图 3-18 所示。

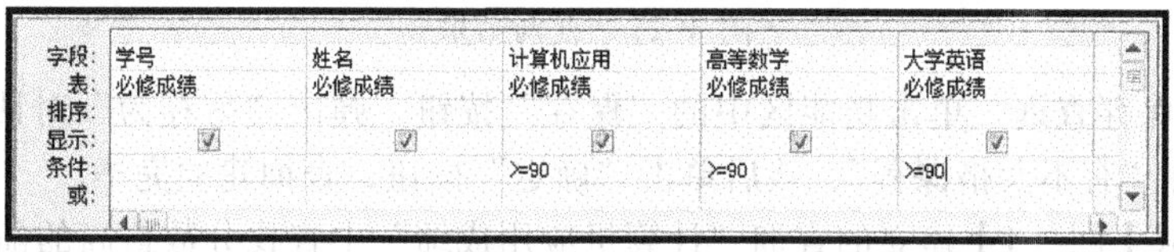

图 3-18　同一行输入的条件表示并且的关系

⑤ 预览查询结果。单击"结果"分组中的"视图"按钮,在弹出的快捷菜单中选择"数据表视图"预览查询结果,如图 3-19 所示。可以看出,查询结果符合要求。

图 3-19　查询结果

⑥ 命名并保存查询。单击功能区中的"保存"按钮,弹出"另存为"对话框,向对话框中输入查询名称"成绩优秀学生",然后单击"确定"按钮,查询建立完毕。

【例 3.5】在"必修成绩"中查询计算机应用、高等数学、大学英语三门课中有不及格课程的记录,要求显示表中所有字段,查询名称为"有不及格课程"。

本题中查询的条件是只要满足"计算机应用<60""高等数学<60"和"大学英语<60"这 3 个条件之一即可。操作步骤如下:

①~③ 与上例的操作完全一样。

④ 设置条件。本题中要求查询的是 3 个条件中只要满足任何一个即可:

● 在"计算机应用"对应的"条件"行中输入条件：<60。

● 在"高等数学"对应的"或"行中输入条件： <60。

● 在"大学英语"对应的下一行中输入条件：<60。

这 3 个条件"<60"在不同行输入表示它们之间"或"的关系，如图 3-20 所示。

图 3-20　不同行输入的条件表示"或"的关系

⑤ 预览查询结果。

单击"结果"分组中的视图按钮，在弹出的快捷菜单中选择"数据表视图"预览查询的结果，如图 3-21 所示。可以看出，查询结果符合要求。

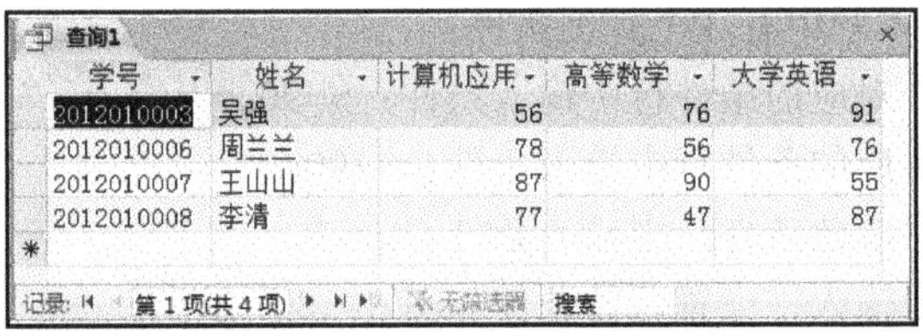

查询1				
学号	姓名	计算机应用	高等数学	大学英语
2012010003	吴强	56	76	91
2012010006	周兰兰	78	56	76
2012010007	王山山	87	90	55
2012010008	李清	77	47	87

记录：Ⅰ ◀ 第 1 项(共 4 项) ▶ ▶Ⅰ ▶* 无筛选器 搜索

图 3-21　查询结果

⑥ 命名并保存查询。单击功能区中的"保存"按钮，弹出"另存为"对话框，向对话框中输入查询名称"有不及格课程"，然后单击"确定"按钮，查询建立完毕。

【例 3.6】从【例 3.1】建立的查询"计算机应用成绩"中查找分数最高的前 4 名，查询名称为"计算机应用前 4 名"。

与前面例题不同的是，本题的数据源为已创建的查询"计算机应用成绩"，其内容显示在图 3-6 中。操作步骤如下：

① 在功能区的"创建"选项卡中，单击"查询"分组中的"查询设计"按钮，弹出"显示表"对话框。

② 在"显示表"对话框中单击"查询"选项卡，在该选项卡中双击"计算机应用成绩"查询，将这个查询添加到查询"设计窗口"中，最后单击"关闭"按钮，将此对话框关闭。

③ 在查询"设计视图"窗口的上半部分，分别双击"学号""姓名""计算机应用"3 个字段，分别将这些字段添加到设计窗口下半部分的"字段"行中。

④ 先将记录设置为按降序输出，在窗口下半部分"计算机应用"字段与"排序"行的交叉处单击向下箭头，打开列表框，单击框中的"降序"。

要显示最高分前 4 名，在"查询设置"分组中的"返回"按钮右侧的方框内输入 4。

单击"返回"按钮右侧的向下拉按钮，弹出的列表框内容如图 3-22 所示，该工具栏的框内默认的输入值为 ALL。

框内的数字表示要输出的前若干个，百分数表示要输出的百分比。例如，如果要输出最高前 20%，可直接输入百分数。

这个按钮通常要配合升序或降序才可以输出字段值最高或最低的若干个记录。

⑤ 单击"结果"分组中的"视图"按钮，在弹出的快捷菜单中选择"数据表视图"预览查询的结果，如图 3-23 所示。查询结果显示的是计算机应用成绩中最高的前 4 名。

图 3-22 "返回"按钮的下拉列表框   图 3-23 查询结果

⑥ 单击功能区中的"保存"按钮，弹出"另存为"对话框，向对话框中输入查询名称"计算机应用前 4 名"，然后单击"确定"按钮，查询建立完毕。

3.3.2 总计查询

总计查询是通过在设计视图窗格的总计一行进行设置实现的，可以统计表中所有记录的个数，某个数值型字段的平均、总和等。

【例 3.7】从"借阅登记"表中统计借出去的图书数量，查询结果中是一个新的字段，名称为"数量"，查询名称为"借出图书数量"。

建立查询的步骤如下：

① 在功能区的"创建"选项卡中，单击"查询"分组中的"查询设计"按钮，弹出"显示表"对话框。

② 在"显示表"对话框中单击"表"选项卡，然后单击"借阅登记"表，再单击"添加"按钮，将该表被添加到查询"设计窗格"中，单击"关闭"按钮，将此对话框关闭。

③ 在查询"设计视图"窗口的上半部分，双击"图书编号"字段。

④ 单击"显示/隐藏"分组中的"汇总"按钮"Σ"，这时设计视图窗口下半部分多了一个"总计"行，在"图书编号"对应的总计行中，单击右侧的下拉按钮，在打开的列表框中显示了统计函数和总计项，选择列表框中的计数项"计数"，如图 3-24 所示。

在窗格下半部分的"图书编号"名称前输入新字段名称及冒号（数量：）。

上面的冒号要在英文状态下输入，输入后如图 3-25 所示。

⑤ 单击"结果"分组中的"视图"按钮，在弹出的快捷菜单中选择"数据表视图"预览查询的结果，结果如图 3-26 所示。

图 3-24 "总计"下拉列表框   图 3-25 新字段名的输入   图 3-26 查询结果

⑥ 单击功能区中的"保存"按钮，弹出"另存为"对话框，向对话框中输入查询名称"借出图书数量"，然后单击"确定"按钮，查询建立完毕。

本例中在"总计"列表框中使用的"计数"是 Access 的统计函数之一。

列表框中可以使用的统计函数及其作用如下：

① 合计：计算某个字段的累加值即求和。

② 平均值：计算某个字段的平均值。

③ 计算：统计某个字段中非空值的个数。

④ 最大值：计算某个字段中的最大值。

⑤ 最小值：计算某个字段中的最小值。

⑥ StDev()：计算某个字段的标准差。

图 3-24 的列表框中，还有以下几个总计项：

① Group By：定义用来分组的字段。

② First：求出在表或查询中第一条记录的字段值。

③ Last：求出在表或查询中最后一条记录的字段值。

④ Expression：创建表达式中包含统计函数的计算字段。

⑤ Where：指定分组满足的条件。

3.3.3 分组总计查询

分组总计是通过在总计行用 Group By 指定分组字段实现的。

【例 3.8】从"借阅登记"表中统计每个人所借图书的数量，要求查询结果中的字段有学号、姓名和数量，查询名称为"每人借书数量"。

显然，这里的数量是表中没有的，建立查询的过程如下：

① 在功能区的"创建"选项卡中，单击"查询"分组中的"查询设计"按钮，弹出"显示表"对话框。

② 在"显示表"对话框中单击"表"选项卡，然后单击"借阅登记"表，再单击"添加"按钮，将该表被添加到查询"设计窗格"中，单击"关闭"按钮，将此对话框关闭。

③ 在查询"设计视图"窗口的上半部分，分别双击"学号""姓名"和"图书编号"3 个字段。

④ 单击"显示/隐藏"分组中的"汇总"按钮"Σ"，这时设计视图窗口下半部分多了一个"总计"行，在"图书编号"对应的总计行中，单击右侧的下拉按钮，在打开的列表框中显示了统计函数和总计项，单击列表框中的计数项"计数"。

在窗格下半部分的"图书编号"名称前输入新字段名称及冒号（数量:）。

上面的冒号要在英文状态下输入，输入结果如图 3-27 所示。

⑤ 单击"结果"分组中的"视图"按钮，在弹出的快捷菜单中选择"数据表视图"预览查询的结果，如图 3-28 所示。

图 3-27　新字段名的输入

图 3-28　查询结果

⑥ 单击功能区中的"保存"按钮，弹出"另存为"对话框，向对话框中输入查询名称"每人借书数量"，然后单击"确定"按钮，查询建立完毕。

【例 3.9】使用"学生"表和"必修成绩"表创建查询，分别计算男生和女生每门课程的平均分，查询结果中包含性别和三门课程的平均值，查询名称为"男生女生的课程平均值"。

本题中，计算的是每门课的平均分，这可以通过统计函数"平均值"完成，要分别对男生和女生的记录进行计算，可以将记录按性别进行分组统计。建立查询的步骤如下：

① 在功能区的"创建"选项卡中，单击"查询"分组中的"查询设计"按钮，弹出"显示表"对话框。

② 在"显示表"对话框中单击"表"选项卡，将"学生"表和"必修成绩"表添加到查询"设计窗格"中，单击"关闭"按钮，将此对话框关闭。

③ 在查询"设计视图"窗口的上半部分，分别双击"学生"表中的"性别"字段，"必修成绩"表中的"计算机应用""高等数学"和"大学英语" 3 个字段，将这 4 个字段添加到窗口下半部分的设计窗格中。

④ 单击"显示/隐藏"分组中的"汇总"按钮"Σ"，这时设计视图窗口下半部分多了一个"总计"行：

- 在"性别"对应的总计行中，单击右侧的下拉按钮，在打开的列表框中单击 Group By，表示按"性别"分组。
- 分别在"计算机应用""高等数学"和"大学英语"对应总计行中单击"平均值"，表示分别计算这 3 个字段的平均值。
- 在窗格下半部分的"计算机应用"名称前输入新字段名称及冒号(计算机应用平均成绩:)。
- 上面的冒号要在英文状态下输入，同样分别输入另外两个新名称：高等数学平均成绩和大学英语平均成绩。

输入后如图 3-29 所示。

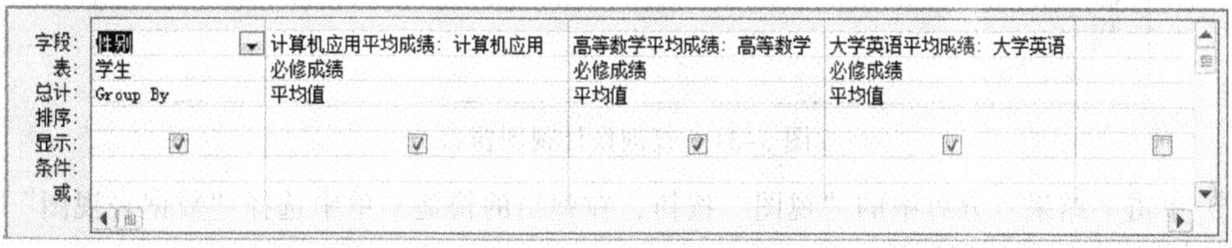

字段:	性别	计算机应用平均成绩: 计算机应用	高等数学平均成绩: 高等数学	大学英语平均成绩: 大学英语	
表:	学生	必修成绩	必修成绩	必修成绩	
总计:	Group By	平均值	平均值	平均值	
排序:					
显示:	✓	✓	✓	✓	
条件:					
或:					

图 3-29　查询条件

⑤ 单击"结果"分组中的"视图"按钮，在弹出的快捷菜单中选择"数据表视图"预览查询的结果，如图 3-30 所示。

性别	计算机应用平均成绩	高等数学平均成绩	大学英语平均成绩
男	81.6	79.8	85.6
女	84.4	75.2	77.6

记录: ◄ 第 1 项(共 2 项) ► ►► 无筛选器　搜索

图 3-30　查询结果

⑥ 单击功能区中的"保存"按钮，弹出"另存为"对话框，向对话框中输入查询名称"男生女生的课程平均成绩"，然后单击"确定"按钮，查询建立完毕。

3.3.4 添加计算字段

在查询统计时，如果用于计算的数据即计算表达式中包括多个字段，这时应该在设计视图网格中定义一个新的字段保存表达式的值，这个计算字段是虚拟字段。也就是说，计算字段仅仅是在每次运行查询时显示计算的结果，并不保存在表中，而每次的计算都是以数据库中最新的数据来计算。

【例 3.10】用“必修成绩”表创建查询，计算每个人三门课程的总分，并将查询结果按总分从高到低的顺序输出，查询结果中有 6 个字段，分别是学号、姓名、三门课程的成绩和总分，查询名称为“总分降序”。

本题中，要定义一个新的字段“总分”保存三门课的总分。建立查询的步骤如下：

① 在功能区的“创建”选项卡中，单击“查询”分组中的“查询设计”按钮，弹出“显示表”对话框。

② 在“显示表”对话框中单击“表”选项卡，将“必修成绩”表添加到查询“设计窗格”中，单击“关闭”按钮，将此对话框关闭。

③ 在查询“设计视图”窗口的上半部分，分别双击“必修成绩”表中的“学号”“姓名”“计算机应用”“高等数学”和“大学英语”这 5 个字段添加到窗口下半部分的设计窗格中。

④ 在设计视图窗口下半部分第 6 个字段的“字段”行输入下面的内容：

总分：[计算机应用]+[高等数学]+[大学英语]

在上式中，冒号“:”前面的“总分”是新定义的字段，用来保存冒号后面表达式的值，即每个记录的总分，此处的冒号必须在英文状态下输入。

接下来单击该字段对应的“排序”行，选择“降序”，这时的设计视图如图 3-31 所示。

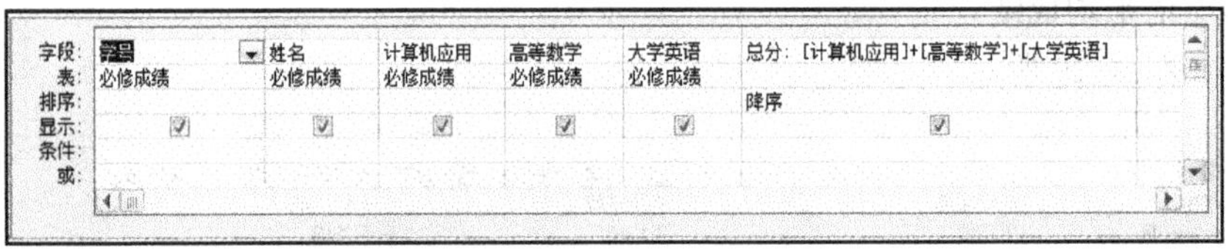

图 3-31　查询设计视图窗口

⑤ 单击“结果”分组中的“视图”按钮，在弹出的快捷菜单中选择“数据表视图”预览查询的结果，如图 3-32 所示。

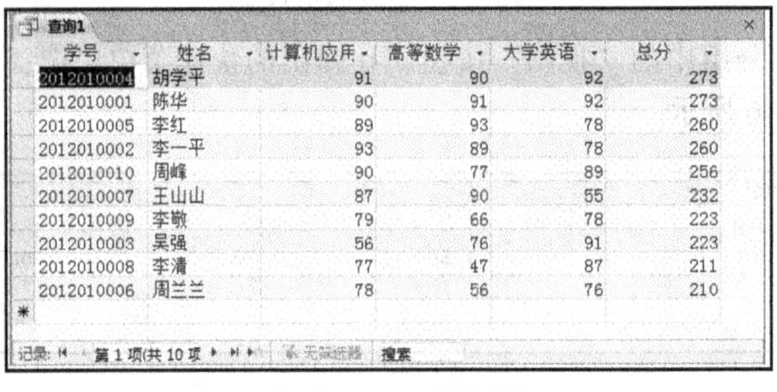

查询1

学号	姓名	计算机应用	高等数学	大学英语	总分
2012010004	胡学平	91	90	92	273
2012010001	陈华	90	91	92	273
2012010005	李红	89	93	78	260
2012010002	李一平	93	89	78	260
2012010010	周峰	90	77	89	256
2012010007	王山山	87	90	55	232
2012010009	李敏	79	66	78	223
2012010003	吴强	56	76	91	223
2012010008	李清	77	47	87	211
2012010006	周兰兰	78	56	76	210

记录: 第 1 项(共 10 项) 无筛选器 搜索

图 3-32　查询结果

⑥ 单击功能区中的“保存”按钮，弹出“另存为”对话框，向对话框中输入查询名称“总分降序”，然后单击“确定”按钮，查询建立完毕。

在 Access 2010 中，新增加了一个字段类型，这就是"计算"，对于本题要计算每个同学的总分，如果不创建查询，也可以向成绩表中添加一个类型为"计算"的字段，名称为"总分"，然后输入以下计算公式：

$$[计算机应用]+[高等数学]+[大学英语]$$

这样，在向表中输入成绩时，也会自动计算出该字段的值，当修改某个成绩时，总分字段的值也会自动地进行修改。

3.4　交叉表查询

在【例 3.8】和【例 3.9】中介绍过分组总计，分组字段只用了一个，分别是"学号"和"性别"。如果学生成绩表中，可以用于分组的字段除了"性别"外还有"班级"，如果要分别计算每个班男生和女生的成绩平均分，即分组字段用了两个，这时用分组总计是无法完成的，可以使用本节介绍的交叉表查询。

在用两个分组字段进行交叉表查询时，一个分组字段列在查询表的左则，另一个分组字段列在查询表的上部，在表的行与列的交叉处显示某个字段的不同计算值，如总和、平均、计数等，所以，在创建交叉表查询时，要指定三类字段：

① 指定放在查询表最左边的分组字段构成行标题。
② 指定放在查询表最上边的分组字段构成列标题。
③ 放在行与列交叉位置上的字段用于计算。

其中，后两类字段只能有 1 个，第一类即放在最左边的字段最多可以有 3 个，这样，交叉表查询可以使用两个以上分组字段进行分组总计。

3.4.1　使用查询向导创建交叉表查询

【例 3.11】使用查询向导创建交叉表查询，对图 3-33 所示的"学生"表，分别统计每个小组男生和女生的人数，查询名称为"每个小组男女生人数"。

本题用"小组"和"性别"两个字段对记录进行分组，操作步骤如下：

① 在功能区的"创建"选项卡中，单击"查询"分组中的"查询向导"按钮，弹出"新建查询"对话框，如图 3-34 所示。

图 3-33　"学生"表

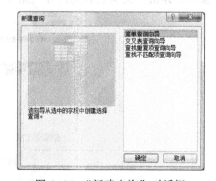

图 3-34　"新建查询"对话框

② 在对话框中单击"交叉表查询向导"，然后单击"确定"按钮，弹出"交叉表查询向导"第 1 个对话框，如图 3-35 所示。

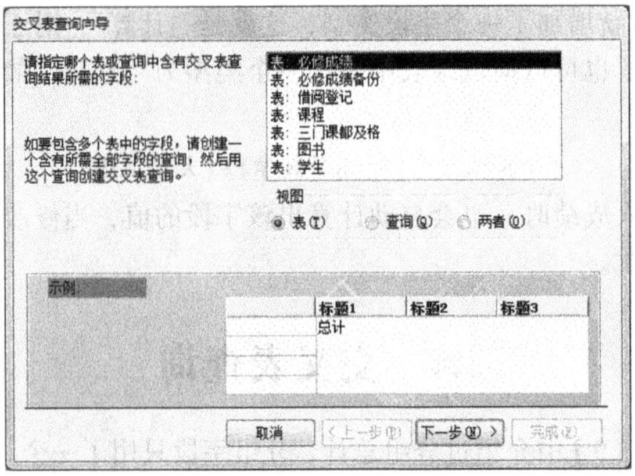

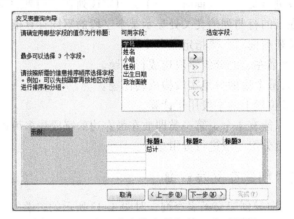

图 3-35　"交叉表查询向导"第 1 个对话框

③ 在对话框中选择"学生"表作为数据源，然后单击"下一步"按钮，弹出"交叉表查询向导"第 2 个对话框，如图 3-36 所示。

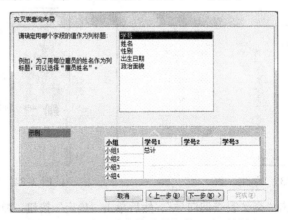

图 3-36　"交叉表查询向导"第 2 个对话框

④ 第 2 个对话框用来指定作为行标题的字段，在"可用字段"列表框中单击"小组"，然后单击">"按钮，将此字段添到右侧的"选定字段"框中作为行标题，然后单击"下一步"按钮，弹出"交叉表查询向导"第 3 个对话框，如图 3-37 所示。

图 3-37　"交叉表查询向导"第 3 个对话框

⑤ 第 3 个对话框用来指定作为列标题的字段，在"可用字段"列表框中单击"性别"，然后单击">"按钮，将此字段添到右侧的"选定字段"框中作为列标题，然后单击"下一步"按钮，弹出"交叉表查询向导"第 4 个对话框，如图 3-38 所示。

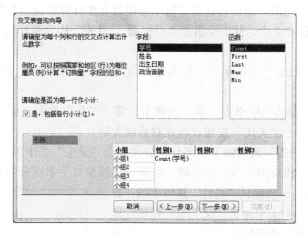

图 3-38　"交叉表查询向导"第 4 个对话框

⑥ 第 4 个对话框用来指定汇总的字段和汇总方式，在"字段"框中单击"学号"作为要计算的字段，在"函数"框中单击 Count，同时取消选中"是，包括各行小计"复选框，然后单击"下一步"按钮，弹出"交叉表查询向导"第 5 个对话框，如图 3-39 所示。

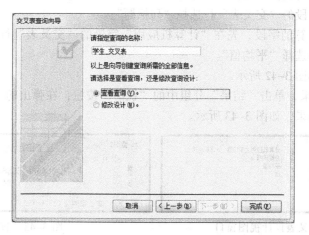

图 3-39　"交叉表查询向导"第 5 个对话框

⑦ 最后一个对话框用来指定查询的名称，在"请指定查询的名称"文本框中输入查询的名称"每个小组男女生人数"，然后单击"完成"按钮，建立完毕。屏幕显示查询结果，如图 3-40 所示。

从"交叉表查询向导"的第 1 个对话框可以看出，在使用"交叉表查询向导"创建交叉表查询时，所用的字段必须是来自同一个数据源，即同一个表或同一个查询。如果这些字段不在一个表或查询中，或者行标题或列标题需要通过新字段得到，可以先创建一个含有所需全部字段的查询，然后用这个查询作为数据源来创建交叉表查询，也可以使用设计视图来建立交叉表查询。

图 3-40　查询结果

3.4.2　使用设计视图创建交叉表查询

【例 3.12】使用"学生"表和"必修成绩"表作为数据源，分别统计每个小组男生和女生的计算机应用课程的平均值，查询名称为"每个小组男女生计算机应用平均值"。

本题中，分组字段有 2 个，其中小组作为行标题，"性别"作为列标题。建立交叉表查询的步骤如下：

① 在功能区的"创建"选项卡中，单击"查询"分组中的"查询设计"按钮，弹出"显示表"对话框。

② 在"显示表"对话框中单击"表"选项卡，将"学生"表和"必修成绩"表添加到查询"设计窗格"中，单击"关闭"按钮，将此对话框关闭。

③ 在查询"设计视图"窗口的上半部分，分别双击"学生"表中的"小组""性别"，"必修成绩"表中的"计算机应用"这 3 个字段，将其添加到窗口下半部分的设计窗格中。

④ 指定计算数据，在功能区"设计"选项卡的"查询类型"分组（见图 3-41）中单击"交叉表"按钮，这时，在设计视图窗口的下半部分自动多了"总计"行和"交叉表"行。

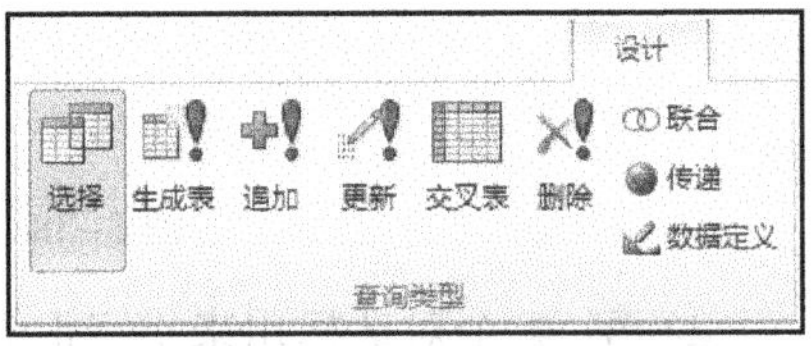

⑤ 在设计视图中：

- 单击"小组"字段的"交叉表"行右侧的下拉按钮，在打开的列表框中选择"行标题"。

图 3-41　"查询类型"分组

- 在"性别"字段的"交叉表"行选择"列标题"。
- 对于要进行计算的字段，先在"计算机应用"字段的"交叉表"行选择"值"，然后在"总计"行中选择"平均值"。

设置后的结果如图 3-42 所示。

⑥ 显示查询结果，单击"结果"分组中的"视图"按钮，在弹出的菜单中选择"数据表视图"预览查询的结果，如图 3-43 所示。

图 3-42　交叉表设计视图窗口

图 3-43　查询结果

⑦ 命名并保存查询，单击工具栏中的"保存"按钮，弹出"另存为"对话框，在此对话框中输入查询名称"每个小组男女生计算机应用平均值"，然后单击"确定"按钮。

3.5　参　数　查　询

前面建立的各个查询中，查询的条件值是在建立查询时就已经在设计视图窗口中确定的。例如，在"姓名"字段的条件行输入条件："=张华"，则在运行查询时，就会查询姓名为"张华"的记录，这里的具体姓名"张华"就是在查询设计时已经定义好的。

如果希望得到这样的结果，即每次运行时都要查询不同姓名的记录，也就是说，具体的姓名是在查询运行之后才在对话框中输入的，可以实现这样功能的查询称为参数查询，在查询运行之后需要输入的数据称为参数。

根据查询中参数的数目不同，参数查询可以分为单参数查询和多参数查询两类。

3.5.1 单参数查询

【例 3.13】以"借阅登记"表为数据源建立查询，每次运行时输入不同的学号，可以查询该学号学生所借的图书，查询结果中要求有"学号""姓名""图书编号""书名"和"借阅日期"5 个字段，查询名称为"按学号查询"。

建立查询的步骤如下：

① 在功能区的"创建"选项卡中，单击"查询"分组中的"查询设计"按钮，弹出"显示表"对话框。

② 在"显示表"对话框中单击"表"选项卡，将"借阅登记"表添加到查询"设计窗格"中，单击"关闭"按钮，将此对话框关闭。

③ 在查询"设计视图"窗口的上半部分，分别双击"学号""姓名""图书编号""书名"和"借阅日期"5 个字段，将其添加到窗口下半部分的设计窗格中。

④ 设置条件，在"学号"对应的条件行中输入下面的条件：

[请输入学号：]

输入条件时连同方括号一起输入，这时的设计视图如图 3-44 所示。

图 3-44 查询设计窗口

⑤ 单击"结果"分组中的"视图"按钮，在弹出的菜单中选择"数据表视图"预览查询的结果，弹出"输入参数值"对话框，如图 3-45 所示。

⑥ 向对话框中输入学号 2012010001 之后，单击"确定"按钮，显示查询的结果，如图 3-46 所示。

图 3-45 "输入参数值"对话框

图 3-46 参数查询的某次执行结果

⑦ 单击功能区中的"保存"按钮，弹出"另存为"对话框，在此对话框中输入查询名称"按学号查询"，然后单击"确定"按钮，查询建立完毕。

从图 3-46 可以可以看出，查询结果是学号为 2012010001 的记录，如果下次执行该查询，在"输入参数值"对话框中输入 2012010002 时，则查询结果是学号为 2012010002 的记录，也就是在查询运行之后输入参数的值。

3.5.2 多参数查询

从例 3.13 可以看出，建立参数查询，实际上就是在条件行输入了放在方括号中的提示信息，如果在其他字段的条件行也输入类似的提示信息，这就是多参数查询。在运行一个多参数的查询时，要依次输入多个参数的值。

【例 3.14】以"借阅登记"表作为数据源建立查询，每次运行时输入不同的学号和图书编号，可以查询该学号学生所借某本书的情况，查询结果中要求有"学号""姓名""图书编号""书名"和"借阅日期"5 个字段，查询名称为"按学号和图书编号查询"。

建立查询的步骤如下：

① ~ ③ 步和例 3.13 的操作是一样的。

④ 在"学号"对应的条件行中输入下面的条件：

[请输入学号:]

在"图书编号"对应的条件行中输入下面的条件：

[请输入图书编号:]

输入查询条件后的设计视图如图 3-47 所示。

图 3-47 多参数查询的设计视图窗口

⑤ 单击"结果"分组中的视图按钮，在弹出的快捷菜单中选择"数据表视图"预览查询的结果，这时屏幕显示"输入参数值"对话框，如图 3-48 所示。

⑥ 向对话框中输入学号 2012010001 之后，单击"确定"按钮，弹出输入书号的对话框（见图 3-49），向对话框中输入书号 A0001 之后，单击"确定"按钮，显示查询的结果，如图 3-50 所示。

图 3-48 输入学号

图 3-49 输入图书编号

图 3-50 多参数查询的某次查询结果

⑦ 命名并保存查询。单击功能区中的"保存"按钮，弹出"另存为"对话框，在此对话框中输入查询名称"按学号和图书编号查询"，然后单击"确定"按钮，查询建立完毕。

3.6　操 作 查 询

在数据表视图下，可以很方便地对指定的某条记录进行操作，例如，将一个记录的成绩由75 改为 70、增加一条新的记录、删除某条记录等。

但是，如果经常要同时对一张表中大量的数据进行有规律的维护，（例如，将学生表中所有记录的年龄值都增加 1，将成绩表中所有成绩小于 60 的记录删除）对于类似这一类的操作，用前面的方法就显得不方便了，Access 中的操作查询可以方便地完成这些操作。

操作查询包括生成表查询、删除查询、更新查询和追加查询 4 种。

前面介绍的选择查询、交叉表查询和参数查询都是从表或已有的查询中按指定的条件提取数据，但对数据源的内容并不进行任何改动。操作查询则不然，它除了从数据源中选择数据外，还要改变表中的内容，例如增加数据、删除记录和更新数据等，并且这种更新是不可以恢复的。因此，不论哪一种操作查询，都应该先进行预览，当结果符合要求时再运行。

操作查询的本质是对数据表中记录的修改、添加和删除，即数据表的维护。

3.6.1　生成表查询

生成表查询是将查询的结果保存到一个表中，这个表可以是一个新的表，也可以是已存在的表，但如果将查询结果保存在已有的表中，则该表中原有的内容将被删除。

【例 3.15】创建生成表查询，将"必修成绩"中"计算机应用""高等数学""大学英语"三门课都及格的记录保存到新的表中，要求保存表中所有的字段，新表的名称为"三门课都及格"，查询的名称是"查询三门课都及格的学生"。

本题中查询的条件是同时满足"计算机应用>=60""高等数学>=60"和"大学英语>=60"。操作步骤如下：

① 在功能区的"创建"选项卡中，单击"查询"分组中的"查询设计"按钮，弹出"显示表"对话框。

② 选择数据源，在"显示表"对话框中单击"表"选项卡，然后单击"必修成绩"表，再单击"添加"按钮，这时，该表被添加到查询"设计窗格"中，单击"关闭"按钮，将此对话框关闭。

③ 选择输出字段，在查询"设计视图"窗格的上半部分，分别双击学号、姓名、计算机应用、高等数学和大学英语 5 个字段，将这 5 个字段添加到窗格下半部分。

④ 设置选择条件。本题中有 3 个查询条件：

● 在"计算机应用"对应的条件行中输入条件：>=60。

● 在"高等数学"对应的条件行中输入条件：>=60。

● 在"大学英语"对应的条件行中输入条件：>=60。

这 3 个条件要输入在同一行。

⑤ 在功能区"设计"选项卡的"查询类型"分组（见图 3-41）中单击"生成表"按钮，弹出"生成表"对话框，如图 3-51 所示。

⑥ 在对话框的表名称框内输入新表名"三门课都及格"，然后单击"确定"按钮。

⑦ 预览查询结果，单击"结果"分组中的"视图"按钮，在弹出的菜单中选择"数据表视图"预览查询的结果，如图 3-52 所示。

图 3-51 "生成表"对话框   图 3-52   查询结果

⑧ 运行查询，切换到设计视图，然后单击功能区的执行按钮 ，弹出生成表提示对话框，如图 3-53 所示。

单击对话框中的"是"按钮，这时，在数据库导航区的"表"对象中，可以看到多了一个名为"三门课都及格"的表。

图 3-53   生成表提示对话框

⑨ 保存查询，单击功能区中的"保存"按钮，弹出"另存为"对话框，在此对话框中输入查询名称"查询三门课都及格的学生"，然后单击"确定"按钮。

在以前各节的例子中，预览查询和执行查询的结果是一样的。从本例可以看出，对于操作查询，这两个操作是不同的。在"数据表视图"中预览的结果是显示满足条件的记录，而执行查询，则是对查找到的记录继续进行添加、删除、修改等操作。也就是说，对于这类查询是先进行查询然后对查询到的记录进行操作，这就是所谓的操作查询。

3.6.2 删除查询

删除查询是在指定的表中删除筛选出来的记录。删除查询可以从一个表中删除记录，也可以从多个已经建立关联的表中删除记录，如果要从多个表中删除相关记录，必须同时满足以下条件：

① 已经定义了表间的相互关系。

② 在"编辑关系"的对话框中已选中"实施参照完整性"复选框。

③ 在"编辑关系"的对话框中已选中"级联删除相关记录"复选项。

【例 3.16】创建删除查询，将"必修成绩备份"表中"高等数学"成绩不及格的记录删除，查询中包括学号、姓名和高等数学，查询名称为"删除高等数学不及格成绩"。

由于删除查询要直接删除原来数据表中的记录，为了数据安全，本题中在建立删除查询之前先将"必修成绩"表进行备份，删除操作只对备份表进行。

备份数据表的方法是，在导航区的"表"对象列表中，右击"必修成绩"表，在弹出的快捷菜单中选择"复制"命令，然后，右击"表"对象列表，在弹出的快捷菜单中选择"粘贴"命令，弹出"粘贴表方式"对话框，如图 3-54 所示。

在对话框中输入表名称"必修成绩备份"，然后单击"确定"按钮。

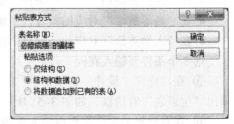

图 3-54   "粘贴表方式"对话框

创建查询的操作步骤如下：

① 在功能区的"创建"选项卡中，单击"查询"分组中的"查询设计"按钮，弹出"显示表"对话框。

② 选择数据源，在"显示表"对话框中单击"表"选项卡，然后单击"必修成绩备份"表，再单击"添加"按钮，这时，该表被添加到查询"设计窗格"中。单击"关闭"按钮，将此对话框关闭。

③ 选择输出字段，在查询"设计视图"窗格的上半部分，分别双击学号、姓名、高等数学 3 个字段，将这 3 个字段添加到窗格下半部分。

④ 设置选择条件，在"高等数学"对应的条件行中输入条件：<60。

⑤ 在功能区"设计"选项卡的"查询类型"分组（见图 3-41）中单击"删除"按钮，这时，设计视图窗口的下半部分出现了"删除"一行，该行取代了原来的"显示"和"排序"行，如图 3-55 所示。

图 3-55 创建删除查询

⑥ 预览查询结果，单击"结果"分组中的"视图"按钮，在弹出的菜单中选择"数据表视图"预览查询的结果，显示满足条件的记录有 2 条，如图 3-56 所示。

⑦ 运行查询，切换到设计视图，然后单击功能区的执行按钮 ，弹出提示对话框，如图 3-57 所示。单击"是"按钮，关闭对话框，完成删除查询的执行。

图 3-56 预览查询的结果

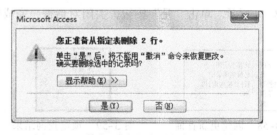

图 3-57 执行删除查询时的提示对话框

⑧ 保存查询，单击功能区中的"保存"按钮，弹出"另存为"对话框，在此对话框中输入查询名称"删除高等数学不及格成绩"，然后单击"确定"按钮，至此，查询创建完毕。

⑨ 在数据表视图中打开"学生成绩备份"表，可以看出，数据表中少了两条记录，即满足条件的两条记录已被删除。

由本例可以看出，删除查询将永久地、不可逆地从指定的表中删除记录。因此，在删除记录之前一定要慎重对待，即先预览后执行，或将要删除记录的表做好备份。另外，删除查询是删除整条记录，而不是指定字段中的数据。

3.6.3 更新查询

更新查询适合于对表中数据进行有规律的修改。

【例 3.17】创建更新查询，将"学生成绩备份"表中计算机应用成绩小于 80 分的记录都增加 5 分，查询中包括计算机应用字段，查询名称为"计算机应用成绩增加 5 分"。

创建更新查询的操作步骤如下：

① 在功能区的"创建"选项卡中，单击"查询"分组中的"查询设计"按钮，弹出"显示表"对话框。

② 选择数据源，在"显示表"对话框中单击"表"选项卡，然后单击"必修成绩备份"表，再单击"添加"按钮，这时，该表被添加到查询"设计窗格"中，单击"关闭"按钮，将此对话框关闭。

③ 选择输出字段，在查询"设计视图"窗格的上半部分，双击计算机应用字段，将这个字段添加到窗格下半部分。

④ 设置选择条件，在"计算机应用"对应的条件行中输入条件：<80。

⑤ 在功能区"设计"选项卡的"查询类型"分组（见图 3-41）中单击"更新"按钮，这时，设计视图窗口的下半部分出现了"更新到"一行，该行取代了原来的"显示"和"排序"行。

在"更新到"和"计算机应用"交叉处输入以下表达式：

[计算机应用]+5

即将计算机应用成绩加 5 分，注意表达式中字段名"计算机应用"一定要放在方括号中，这里的设计视图如图 3-58 所示。

⑥ 预览查询结果，单击"结果"分组中的"视图"按钮，在弹出的菜单中选择"数据表视图"预览查询结果，显示满足条件的记录有 2 条，如图 3-59 所示。

⑦ 运行查询，切换到设计视图，然后单击功能区中的执行按钮 !，弹出提示对话框，如图 3-60 所示。单击"是"按钮，关闭对话框，完成更新查询的执行。

图 3-58 创建更新查询

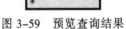
图 3-59 预览查询结果

图 3-60 执行更新查询时的提示对话框

⑧ 保存查询，单击功能区中的"保存"按钮，弹出"另存为"对话框，在此对话框中输入查询名称"计算机应用成绩增加 5 分"，然后单击"确定"按钮。至此，查询建立完毕。

⑨ 在数据表视图中打开"学生成绩备份"表，可以看出，满足条件的两条记录的计算机应用分数都增加了 5 分。

更新查询对表中记录的修改也是永久地、不可逆地。因此，在修改记录之前一定也要慎重对待，即先预览后执行。

3.6.4 追加查询

追加查询的作用是将某个表中符合条件的记录添加到另一个表的末尾。

【例 3.18】在例 3.15 中，生成表查询曾建立了一个名为"三门课都及格"表，现创建追加查询，将"必修成绩"中高等数学不及格的记录追加到"三门课都及格"表中，查询名称为"追加高等数学不及格记录"。

操作步骤如下：

① 在功能区的"创建"选项卡中，单击"查询"分组中的"查询设计"按钮，弹出"显示表"对话框。

② 选择数据源，在"显示表"对话框中单击"表"选项卡，然后单击"必修成绩"表，再单击"添加"按钮，这时，该表被添加到查询"设计窗格"中，单击"关闭"按钮，将此对话框关闭。

③ 选择输出字段，在查询"设计视图"窗格的上半部分，分别双击学号、姓名、计算机应用、高等数学和大学英语 5 个字段，将这 5 个字段添加到窗格下半部分。

④ 设置选择条件，在"高等数学"对应的条件行中输入条件：<60。

⑤ 在功能区"设计"选项卡的"查询类型"分组（见图 3-41）中单击"追加"按钮，弹出"追加"对话框，如图 3-61 所示。

图 3-61 "追加"对话框

⑥ 在"追加"对话框中，单击"表名称"右侧的下拉按钮，在打开的列表框中选择"三门课都及格"的表，然后单击"确定"按钮。查询设计条件如图 3-62 所示。

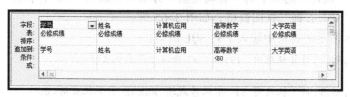

图 3-62 设计条件

⑦ 预览查询结果，单击"结果"分组中的"视图"按钮，在弹出的快捷菜单中选择"数据表视图"预览查询结果，表明有两条符合条件的记录，结果如图 3-63 所示。

⑧ 运行查询，切换到设计视图，然后单击功能区的执行按钮，弹出提示对话框，如图 3-64 所示。

图 3-63 追加查询的预览结果

图 3-64 追加查询运行时的提示对话框

单击"是"按钮，关闭对话框，完成查询的执行。

⑨ 保存查询，单击功能区中的"保存"按钮，弹出"另存为"对话框，在此对话框中输

入查询名称"追加高等数学不及格记录"，然后单击"确定"按钮。

这时，在数据表视图中打开"三门课都及格"的表，可以看到图 3-63 中的 2 条记录被加在了该表中。

3.7　SQL　查　询

在建立查询时，使用了 3 种视图，即"设计视图""数据表视图"和"SQL 视图"，其中"数据表视图"用于预览查询的结果，另外两个视图都可以在建立查询时设置查询条件，以前各节所建的查询都是在可视化环境"设计视图"下进行的，如果熟悉 SQL 语句，完全可以在"SQL视图"中直接输入 SQL 命令来创建查询。

本节要介绍的 SQL 查询指的是无法在"设计视图"下完成而只能用 SQL 语句完成的查询。

3.7.1　联合查询

联合查询是将两个或多个查询合并形成一个新的查询。

【例 3.19】创建联合查询，将"必修成绩"中计算机应用小于 60 的记录与已经建立的查询"90 分以上计算机成绩"中的所有记录合并，结果中包含 3 个字段，学号、姓名和计算机应用，查询名称为"联合查询"。

操作步骤如下：

① 在功能区的"创建"选项卡中，单击"查询"分组中的"查询设计"按钮，弹出"显示表"对话框。

② 这里不选择数据源，所以单击"关闭"按钮，将此对话框关闭。

③ 在功能区"设计"选项卡的"查询类型"分组（见图 3-41）中单击"联合"按钮，这时，屏幕上显示"SQL 查询"视图窗格，如图 3-65 所示。

④ 在图 3-65 所示的窗格中输入下列 SQL 语句：

```
SELECT 学号,姓名,计算机应用  FROM  90分以上计算机成绩
    UNION
SELECT 学号,姓名,计算机应用 FROM 必修成绩 WHERE 计算机应用<60
```

⑤ 预览查询结果，单击"结果"分组中的"视图"按钮，在弹出的菜单中选择"数据表视图"预览查询结果，如图 3-66 所示。

图 3-65　SQL 查询视图窗格

图 3-66　联合查询的预览结果

⑥ 保存查询，单击功能区中的"保存"按钮，弹出"另存为"对话框，在此对话框中输入查询名称"联合查询"，然后单击"确定"按钮，查询建立完毕。

本查询的预览和执行结果是一样的。

从结果可以看出，该查询将两个查询的结果（大于等于 90 的记录和小于 60 的记录）合并在一起。

上面输入的 SQL 语句，其中的 UNION 就是合并的意思，它是将两个查询结果合并起来，使用的一般格式如下：

```
SELECT 语句 1
    UNION
SELECT 语句 2
```

当两个查询结果中有重复记录时，上面的格式不返回重复的记录，如果结果中需要返回重复的记录，应在 UNION 后面加上 ALL，也就是使用下面的格式：

```
SELECT 语句 1
    UNION ALL
SELECT 语句 2
```

3.7.2 传递查询

传递查询提供了访问其他数据库的方法，可以将命令直接发送到 ODBC 数据库服务器中，最后在另一个数据库中执行查询，这样，使用传递查询时，可以不与服务器上的表链接，就可以直接使用相应的表。

在进行传递查询时，首先要设置连接的数据库，然后在 SQL 窗口中输入 SQL 语句。SQL 语句的输入与在本地数据库中的查询是一样的，因此，传递查询的关键是设置连接的数据库。

【例 3.20】创建传递查询。已知要访问的数据库是名为 Student 的 SQL Sevet 数据库，它所在的服务器名为 YINGZHI，创建传递查询显示 Student 中的所有记录。

整个操作分成以下 3 个阶段：

（1）打开查询属性对话框

① 在功能区的"创建"选项卡中，单击"查询"分组中的"查询设计"按钮，弹出"显示表"对话框。

② 这里不选择数据源，所以单击"关闭"按钮，将此对话框关闭。

③ 在功能区"设计"选项卡的"查询类型"分组（见图 3-41）中单击"传递"按钮，这时，屏幕上显示"SQL 查询"视图窗格。

④ 在"设计"选项卡中，单击"显示/隐藏"分组中的"属性表"按钮（见图 3-67），弹出"属性表"对话框，如图 3-68 所示。

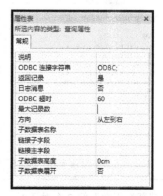

图 3-67 "显示/隐藏"分组   图 3-68 "属性表"对话框

⑤ 在"属性表"对话框中，设置"ODBC 连接字符串"属性来指定要连接的数据库信息。可以直接输入连接信息，也可以单击"生成器"按钮，弹出"选择数据源"对话框，在对话框中进行设置。

⑥ 单击对话框中的"机器数据源"选项卡（见图 3-69），如果要选择的数据源已经显示在列表框中，则可以直接在列表框中选择，如果不存在，则单击"新建"按钮，在新打开的各个对话框中输入要连接的服务器信息。

（2）新建数据源

① 单击图 3-69 中的"新建"按钮，弹出"创建新数据源"第 1 个对话框，如图 3-70 所示。

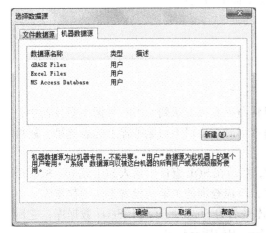

图 3-69 "选择数据源"对话框

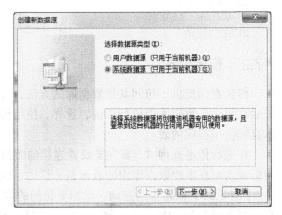

图 3-70 "创建新数据源"第 1 个对话框

② 第一个对话框用来选择数据源的类型：

● "用户数据源"：只有用户自己能够使用。

● "系统数据源"：登录到该台计算机上的任何用户都可以使用。

这里选择"系统数据源"，然后单击"下一步"按钮，弹出"创建新数据源"第 2 个对话框，如图 3-71 所示。

③ 第 2 个对话框中，用来选择安装数据源的驱动程序，这里选择 SQL Server，然后单击"下一步"按钮，弹出"创建新数据源"第 3 个对话框，如图 3-72 所示。

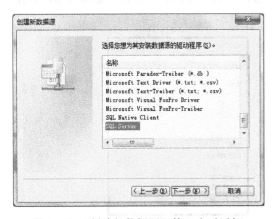

图 3-71 "创建新数据源"第 2 个对话框

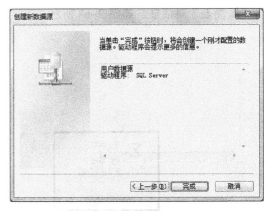

图 3-72 "创建新数据源"第 3 个对话框

④ 第 3 个对话框显示了前两步的设置信息，单击"完成"按钮，完成选择数据源，进入和新数据源的连接。这时，屏幕显示"创建到 SQL Server 的新数据源"的第一个对话框，如图 3-73 所示。

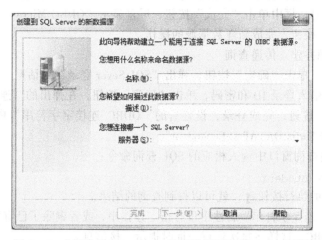

图 3-73　"创建到 SQL Server 的新数据源"第 1 个对话框

⑤ 图 3-73 是向导的第一步，要求确定数据源的名称和要连接的服务器名：

● 在"名称"文本框中输入"数据源"。

● 在"您想连接哪一个 SQL Server"框中输入服务器名 YINGZHI，也可以是 IP 地址。

单击"下一步"按钮，弹出"创建到 SQL Server 的新数据源"第 2 个对话框，如图 3-74 所示。

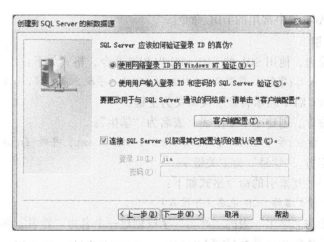

图 3-74　"创建到 SQL Server 的新数据源"第 2 个对话框

⑥ 图 3-74 向导的第 2 个对话框中：

● 选中"使用用户输入登录 ID 和密码的 SQL Sever 验证"单选按钮。

● 在"登录 ID"文本框中输入登录时的名称，例如 jia。

● 在"密码"文本框中输入密码。

单击"下一步"按钮，弹出"创建到 SQL Server 的新数据源"的第 3 个对话框。

⑦ 第 3 个对话框中主要是设置数据库：

● 选中"更改默认的数据库为"复选框。

● 在下拉列表框中选择 Student。

单击"下一步"按钮，弹出"创建到 SQL Server 的新数据源"的最后一个对话框。

⑧ 在最后一个对话框中单击"完成"按钮，屏幕显示"ODBC Microsoft SQL Sever 安装"信息，单击"确定"按钮，完成新建数据源的操作。

（3）连接数据源并建立传递查询

① 在对话框中，单击"确定"按钮，弹出"SQL Sever 登录"对话框。

② 在对话框中输入登录 ID 和密码，单击"确定"按钮，在弹出的"连接字符串生成器"提示框中单击"是"按钮，完成登录，设置后的"ODBC 连接字字符串"内容为"ODBC;DSN = 数据源;UIP=jia;PWD=jia;DATABASE=Student"。

③ 在 SQL 传递查询窗口中输入相应的 SQL 查询命令：

```
SELECT * FROM Student
```

④ 单击功能区的执行按钮 █，就可以得到查询的结果。

如果在"ODBC 连接字符串"属性中没有指定连接串，或者删除了已有字符串，Access 将使用默认字符串 ODBC，这样在每次运行查询时提示连接信息。

3.7.3 数据定义查询

数据定义查询实际是 SQL 中的 DDL 即数据定义语言在 Access 中的实现，换句话说，Access 支持 SQL 的数据定义功能。

使用定义查询主要完成表和索引的定义和修改，因此，可以使用的语句也包括表和索引的操作。

下面是一些在 Access 中常用的 DDL 命令。

1．创建表和索引

向数据库中创建表，使用 SQL 的 CREATE TABLE 命令，格式如下：

```
CREATE TABLE 表名(字段 1 类型名[PRIMARY KEY], 字段 2 类型名, …)
```

其中的 PRIMARY KEY 表示将该字段定义为主键。

例如，下面的命令，创建了一个空表，表名为"学生"：

```
CREATE TABLE 学生(学号 text PRIMARY KEY, 姓名 text, 年龄 integer)
```

该表中有 3 个字段，"学号"为主关键字。

为表中某个字段创建索引的命令格式如下：

```
CREATE INDEX 索引名称  ON 表名（字段名）
```

例如，下列命令为"学生"表的"姓名"字段创建一个名为"姓名"的索引：

```
CREATE INDEX 姓名 ON  学生(姓名)
```

2．修改表的结构

修改表的结构主要有向表中添加字段和从表中删除字段。

添加字段的格式如下：

```
ALTER TABLE 表名 ADD 字段名  类型名
```

例如，下面命令向"学生"表添加一个"性别"字段。

```
ALTER TABLE 学生 ADD 性别 text
```

删除字段的格式如下：

```
ALTER TABLE 学生 DROP  字段名
```

例如，下面命令从"学生"表中删除字段"性别"：

```
ALTER TABLE 学生 DROP  性别
```

3．删除表

从数据库中删除一个表，命令格式如下：

```
DROP TABLE 表名
```

例如，下面命令将"学生"表删除：

```
DROP TABLE 学生
```

【例 3.21】创建查询，查询中包含使用 CREATE 命令创建"图书"表，表中有 3 个字段"书号""书名""定价"，字段类型分别是文本、数字、文本，其中"书号"为主键，查询名称为"创建图书表"。

操作步骤如下：

① 在功能区的"创建"选项卡中，单击"查询"分组中的"查询设计"按钮，弹出"显示表"对话框。

② 这里不选择数据源，所以单击"关闭"按钮，将此对话框关闭。

③ 在功能区"设计"选项卡的"查询类型"分组（见图 3–41）中单击"数据定义"按钮，这时，屏幕上显示如图 3–65 所示的"SQL 查询"视图窗格。

④ 向窗格中输入下面的语句：

```
CREATE TABLE 图书(书号 text PRIMARY KEY, 书名 text, 定价 integer)
```

窗格中显示的内容如图 3–75 所示。

⑤ 单击功能区的运行按钮 ，执行此查询，这时，在导航区的"表"列表框中多了一个"图书"表，这就是用定义查询创建的表。

⑥ 单击功能区中的"保存"按钮，弹出"另存为"对话框，在此对话框中输入查询名称"创建图书表"，然后单击"确定"按钮。

在"设计视图"窗格中打开"图书"表，显示该表的结构，如图 3–76 所示。

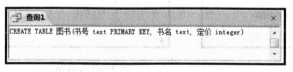

图 3–75 SQL 语句定义窗格　　　　　　　　图 3–76 "图书"表的结构

3.7.4 子查询

如果一个查询的结果要作为另外一个查询的查询条件，这个查询称为子查询，即在一个查询的条件中要用到另外一个查询（子查询）的结果，这样的查询也称为嵌套查询。

【例 3.22】使用"必修成绩"表作为数据源创建查询，显示表中"高等数学"成绩高于平均值的记录，查询名称为"高等数学大于平均值的记录"，结果中包含学号、姓名和高等数学 3 个字段。

为便于比较查询的结果，这里先创建一个名为"高等数学平均值"的查询，用来计算"必修成绩"表中高等数学成绩的平均值，查询条件和查询结果如图 3–77 和图 3–78 所示，具体过程从略，计算结果是平均成绩为 77.5。

图 3-77　查询的条件　　　　　　　　　　图 3-78　查询的结果

下面是创建"高等数学大于平均值的记录"的查询过程：

① 在功能区的"创建"选项卡中，单击"查询"分组中的"查询设计"按钮，弹出"显示表"对话框。

② 选择数据源，在"显示表"对话框中单击"表"选项卡，然后单击"必修成绩"表，再单击"添加"按钮，这时，该表被添加到查询"设计窗格"中，单击"关闭"按钮，将此对话框关闭。

③ 选择输出字段，在查询"设计视图"窗格的上半部分，分别双击学号、姓名、高等数学 3 个字段，将这 3 个字段添加到窗格下半部分。

④ 在"高等数学"列的"条件"一行的框内输入下面的内容：

`>(SELECT AVG(高等数学) FROM 必修成绩)`

设计后的查询条件如图 3-79 所示。

⑤ 单击"结果"分组中的"视图"按钮，在弹出的快捷菜单中选择"数据表视图"预览查询的结果，如图 3-80 所示。可以看出，查询结果都是成绩高于平均分 77.5 的记录。

⑥ 单击功能区中的"保存"按钮，弹出"另存为"对话框，在此对话框中输入查询名称"高等数学大于平均值的记录"，然后单击"确定"按钮。

在创建查询时，如果切换到 SQL 视图，可以看到带有子查询的查询语句内容，如图 3-81 所示。

图 3-79　带有子查询的查询设计　　　　　　　图 3-80 查询结果

本章建立了各种不同类型的查询，在导航区的"查询"对象列表框中可以看出，不同类型的查询在其名称前面标有不同的图标以示区别。图 3-82 中显示了部分不同的查询及其对应的图标。

图 3-81　带有子查询的 SQL 命令　　　　　　图 3-82　不同类型的查询

3.8 编 辑 查 询

对于设计完成的查询，同样也可以进行编辑，编辑查询包括编辑查询中的字段、数据源、设置查询结果的显示方式等。

3.8.1 设置字段的属性

查询结果中的字段，通常其属性与表中定义的字段属性是一样的，在设计查询时，也可以对字段重新设置属性，包括指定格式、重新命名在数据表视图下显示查询结果的标题名称等。

设置查询字段的属性在"属性表"窗格中进行，在查询的"设计视图"中，右击设计网络中的欲修改属性的字段，在弹出的快捷菜单中选择"属性"命令，这时，出现"字段属性表"窗格，在对话框中选择"常规"选项卡，如图 3–83 所示。在该选项卡中可以设置该字段的属性，例如"格式""输入掩码"和"标题"等。

图 3–83 字段属性表

3.8.2 编辑查询中的字段

编辑查询中的字段是指在查询设计完成之后对查询进行的操作，包括添加字段、删除字段和移动字段，这些操作都在查询的设计视图下进行。

1．添加字段

在设计视图上半部分的字段列表中，双击某个字段名，就可以将该字段添加到设计网格中的第一个空白列中。

如果要将某个字段插到其他字段之前，先在字段列表中单击字段，然后，将其拖动到设计网格中合适的位置。

2．删除字段

删除查询中的一个字段，在设计视图窗格的设计网格中，右击要删除字段这一列中的任何一行，在弹出的快捷菜单中选择"剪切"命令。

3．移动字段

移动字段的目的是改变字段在查询中的排列顺序，在设计网格中，先单击要移动字段名称上方的字段选择器，然后拖动该列到某个字段的前面，释放鼠标后，该字段被移到光标所在列的左边。

3.8.3 编辑查询中的数据源

在创建查询的设计窗格中，每一个数据源在窗格的上半部分都对应一个字段列表，可以向窗口中添加数据源或将某个数据源从窗口中删除。

1．添加表或查询

添加表或查询就是为查询添加新的数据源。在设计视图窗口下，右击窗格的上半部分，在弹出的快捷菜单（见图 3–84）中选择"显示表"

图 3–84 快捷菜单

命令，弹出"显示表"对话框，可以从对话框中选择新的数据源，每选择一个，单击"添加"按钮即可。

2．删除表或查询

从查询中删除表或查询，是指删除该查询的一个数据源，在设计视图窗格的上半部分，右击欲删除表或查询的字段列表中的任何位置，在弹出的快捷菜单中选择"删除表"命令。

3.8.4　设置查询结果的显示方式

设置查询结果的显示方式包括改变结果的字体、设置显示格式、设置行高和列宽、隐藏列和冻结列，这些操作都在查询的数据表视图下进行。

由于查询结果的显示形式与数据表的显示一样，都是二维表格的形式，因此，上面这些操作的设置方法与设置数据表的显示方式方法是一样的，这些操作命令都在功能区"开始"选项卡中的"文本格式"分组中，如图 3-85 所示。具体的操作方法可以参照第 2 章中设置表的显示方式。

3.8.5　使用查询的结果

使用查询结果包括在查询结果中查找数据、对查询结果进行排序和筛选，这些操作也都在数据表视图下进行，与数据表操作不同的是，这里没有"替换"操作。

记录排序和筛选操作命令按钮在功能区"开始"选项卡中的"排序和筛选"分组中，记录的"查找"按钮在功能区"开始"选项卡中的"查找"分组中，如图 3-86 所示。具体的操作与数据表中的操作方法是完全一样的，这里不再重复。

图 3-85　"文本格式"分组

图 3-86　"排序和筛选"和"查找"分组

小　　结

Access 的查询功能用来完成对数据进行提取、分析和计算，有的查询操作还包含了对原来数据表的编辑和维护。

① 在 Access 中建立查询一般可以使用 3 种方法：
- 使用"查询向导"：可以创建简单查询、交叉表查询、查找重复项查询或查找不匹配项查询。
- 使用"查询设计"：先通过"显示表"对话框添加数据源表或查询，再添加查询的条件。
- 使用 SQL 窗格：直接输入 SQL 命令。

② 创建查询可以使用的工具有不同的视图和"设计"选项卡中的按钮。
- 查询有 5 种视图，分别是设计视图、数据表视图、SQL 视图、数据透视表视图和数据透视图视图。
- 功能区"设计"选项卡中共有 4 组按钮，分别是结果、查询类型、查询设置和显示/隐藏。

③ 查询的预览和执行：

- 单击"结果"分组中的"视图"按钮，在弹出的快捷菜单中选择"数据表视图"，可以预览查询的结果。
- 单击功能区中的"运行"按钮 🛈 运行查询。

对于操作查询，预览和执行这两个操作的结果是不同的，预览是显示满足条件的记录，而执行则是对满足条件记录进行的操作。除了操作查询外，其他的查询，其预览和执行的结果是一样的。

④ 可以创建以下类型的查询。

- 选择查询：可以按指定的条件从数据源中提取数据，产生新的字段保存计算的结果，分组汇总统计。
- 交叉表查询：使用两个或两个分组字段进行分组统计。
- 参数查询：其查询条件中的具体值（即参数值）是在查询运行时由用户输入的。
- 操作查询：用查询的结果对数据表进行不同的编辑操作，包括以下查询：
  - ➢ 生成表查询：将查询结果以表的形式保存。
  - ➢ 删除查询：将表中选择满足条件的记录从原来的表中删除。
  - ➢ 更新查询：可以对数据表中的数据进行有规律的修改。
  - ➢ 追加查询：将一个查询的结果添加到其他表的尾部。
- SQL 查询：特指 SQL 的特定查询，也就是无法在设计视图中实现的查询，包括联合查询、传递查询、数据定义查询。

⑤ 查询条件是用运算符将常量、字段名（变量）、函数连接起来构成的表达式，即查询表达式，设计查询条件时要熟悉运算符和函数的使用。

- 运算符包括算术运算符、关系运算符、逻辑运算符和几个特殊的运算符。
- 特殊的运算符包括 In、Between、Is Null、Is Not Null、Like 和&。
- 查询条件中使用的函数有数值函数、文本函数、日期时间函数等。

习 题

一、选择题

1. 以下关于查询和筛选的比较，说法正确的是（　　　）。
   A. 在数据较多、较复杂的情况下使用筛选比使用查询效果好
   B. 查询只能从一个表中选择数据，而筛选可以从多个表中获取数据
   C. 通过筛选形成的数据表，可以提供给查询、图和打印使用
   D. 查询结果可以保存起来，供下次使用

2. 下列各项中，（　　　）不是生成表查询的用途。
   A. 整理已有数据　　　　　　　　　　B. 备份重要数据
   C. 作为其他对象的数据来源　　　　　D. 删除数据

3. 图书表中有一个"书名"字段，查找书名不是"数据结构"的记录所用的条件是（　　　）。
   A. Not "数据结构"　　　　　　　　　B. Not "数据结构*"
   C. Like "数据结构"　　　　　　　　　D. "数据结构"

4. 下列 SQL 语句的写法中，语法上正确的是（　　　）。

    A. SELECT * FROM '学生' WHERE 性别='男'

    B. SELECT * FROM '学生' WHERE 性别=男

    C. SELECT * FROM 学生 WHERE 性别=男

    D. SELECT * FROM 学生 WHERE 性别='男'

5. 某个数据表中有一个"地址"字段，要查找地址最后两个字是"8 号"的记录，在查询时应输入的条件是（　　　）。

    A. Right([地址],2)="8 号"　　　　　　　B. Right([地址],4)="8 号"

    C. Right("地址",2)="8 号"　　　　　　　D. Right("地址",4)="8 号"

6. 下列各项中，用于查询条件时正确的表达式是（　　　）。

    A. 教师编号 in 100000 And 300000

    B. [性别] like "男" Or [性别]= "女"

    C. [基本工资]>=1000 [基本工资]<=5000

    D. [性别] like "男"=[性别]= "女"

7. 关于查询，下列说法中正确的是（　　　）。

    A. 创建好的查询，可以更改查询中字段的排列顺序

    B. 查询的结果不可以进行排序

    C. 查询的结果不可以进行筛选

    D. 对已创建的查询，可以添加或删除其数据来源

8. 下面关于查询的说法中，错误的是（　　　）。

    A. 根据查询条件，从一个或多个表中获取数据并显示结果

    B. 可以对记录进行分组

    C. 可以对查询记录进行总计、计数和平均等计算

    D. 查询的结果是一组数据的"静态集"

9. 在输入查询条件时，为了与一般的数值分开，对日期型数据两端要各加一个（　　　）。

    A. *　　　　　　　B. /　　　　　　　C. #　　　　　　　D. %

10. 以下各数据类型中，函数 SUM 支持的是（　　　）。

    A. 超链接　　　　B. OLE 对象　　　　C. 自动编号　　　　D. 备注

11. 执行（　　　）查询后，字段原有的值将被新值替换。

    A. 删除　　　　　B. 追加　　　　　C. 生成表　　　　D. 更新

12. 以下的条件表达式中，不正确的是（　　　）。

    A. "性别"="男" or "性别""="女"

    B. [性别]="男" or [性别]="女"

    C. [性别] Like "男" or [性别] Like "女"

    D. 性别="男" or 性别="女"

13. 在查询的设计视图中，（　　　）。

    A. 只能添加查询　　　　　　　　　B. 只能添加表

    C. 可以添加表，也可以添加查询　　D. 以上都不对

14. 下列关于总计的说法中，（　　　）是错误的。

    A. 作为条件的字段也可以显示在查询结果中

B. 计算的方式有和、平均、记录数、最大值、最小值等

C. 任何字段都可以用来 C 分组

D. 可以作各种计算

15. 在"查询"的设计视图窗口中，以下（　　）不是设计网格中的选项。

A. 排序　　　　　　B. 显示　　　　　C. 类型　　　　　D. 条件

16. 操作查询包括（　　）。

A. 生成表查询、删除查询、更新查询和交叉查询

B. 生成表查询、删除查询、更新查询和追加查询

C. 选择查询、普通查询、更新查询和追加查询

D. 选择查询、参数查询、更新查询和生成表查询

17. 交叉表中主要有三部分，以下各项中不属于这三部分的是（　　）。

A. 交叉点　　　　　B. 交叉行　　　　C. 行标题　　　　D. 列标题

18. 参数查询在执行时显示一个对话框用来提示用户输入信息，只要将一般查询条件中的数据用（　　）替换，并在其中输入提示信息，就形成了参数查询。

A. ( )　　　　　　B. <>　　　　　C. {}　　　　　D. [ ]

19. 在选择查询中，可以对数据进行操作，即统计计算，以下操作中不能进行的是（　　）。

A. 对数字字段的值进行总计

B. 对数字字段的值求最小值、最大值

C. 对数字字段求平均值

D. 对数字字段值求几何平均数

20. Date()可以返回的是（　　）。

A. 某月中某天的 1~31 的值

B. 根据提供的间隔代码返回日期或时间的一部分

C. 系统当前的日期

D. 小时 0~23

二、填空题

1. Access 中，_____查询的运行会导致数据表中满足条件的数据发生变化。

2. 如果要查询的条件之间具有多个字段的"与"和"或"关系，在设计视图窗口中输入查询条件时，将多个关系输入在相同行表示____的关系，输入在不同行表示_____的关系。

3. 要删除"学生"表中的所有行，在 SQL 视图中可以输入_____。

4. 利用表格的行和列来统计数据，结果动态集中的每个单元都是根据一定运算求解过的值，这是_____查询。

5. 参数查询可以分为_____和_____。

6. 查询的视图有设计视图、_____和_____。

7. 某个表中有 20 条记录，要查询输出前 5 条记录，可以查询属性的"上限值"中输入_____或_____。

8. 交叉表查询是利用了表中的_____和_____来统计和计算的。

9. "借阅登记"表中有一个"应还日期"字段，类型为日期/时间型，为了计算书籍的超期天数，应使用的表达式是_____。

10. 操作查询可以分为删除查询、更新查询、_____和_____。

三、操作题

1. "学生"数据库中有"基本情况"表。

（1）以"基本情况"表作为数据源，建立参数查询"按学号查询"，参数提示为"请输入学生学号："，输入学生学号后查询学生，结果显示学号、姓名和年龄字段。

（2）以"基本情况"表为数据源，创建一个删除查询，用于删除学生表中姓"李"的记录，查询名为"Q1"。

（3）以"基本情况"表为数据源，创建交叉表查询"学生_交叉表"，查询每个班级学生总数和男女生的人数，行标题为班级编号，列标题为总计学生人数、男、女生人数。

（4）以"基本情况"表作为数据源，建立更新查询"年龄增加1岁"，将每个同学的年龄增加1岁。

2. "教学管理"数据库中有课程表、选课表和学生表。

（1）以这3张表为数据源，创建查询"不及格"。查询不及格的情况，结果显示学生姓名、课程名称和成绩。

（2）创建带有SQL子查询的查询"年龄大于平均"，显示年龄大于平均年龄的学生信息，要求在子查询中实现查询平均年龄，结果显示学生表中的全部字段。

（3）将学生表复制为"学生表1"，表中只复制结构不复制数据，然后创建一个追加查询，将"学生表"中所有男生的记录追加到"学生表1"中，查询名为"追加男生记录"。

（4）以学生表、选课表和课程表为数据源，建立一个根据"班级"和"课程名称"查找成绩的多参数查询，要求显示"姓名""课程名称"和"成绩"3个字段，查询名为"按班级和课程名称查询"。

（5）以选课表为数据源，创建一个更新查询，将表中所有成绩低于60分的记录增加5分，查询名为"更新成绩"。

（6）以学生表、选修表为数据源，创建查询"平均分"，计算每个同学的平均分，结果显示学生姓名和平均分字段。

（7）以学生表为数据源，学生表中有出生日期字段，创建查询"今天过生日"，查询今天过生日的学生，结果显示学生姓名、学号和出生日期。

（8）以学生表为数据源，学生表中有出生日期字段，创建查询"年龄超过18"，统计年龄超过18的学生，结果显示学生姓名、学号和出生日期。

3. "教学管理"数据库的学生表中包含学号、姓名、班级、数学、物理和化学6个字段。

（1）创建分组统计查询"每个班级学生数"，统计每个班级的学生人数，结果显示班级名和学生数，其中学生数=Count(学生编号)。

（2）创建查询"班级最高分"，查询每个班级每门课程的最高分，结果显示班级名称、数学的Max、物理的Max和化学的Max。

（3）创建参数查询"查询班级不及格成绩"，通过输入班级来查询数学不及格的情况，参数提示为"请输入班级"，结果显示班级名称、姓名和数学成绩。

第**4**章 窗　体

学习目标

- 理解窗体的作用和分类。
- 掌握窗体操作的 5 种视图的作用。
- 掌握窗体的组成结构及各节的作用。
- 掌握窗体各种创建方法，例如自动创建、使用向导创建和在设计视图中创建窗体。
- 熟悉常用控件的功能和常用的属性。
- 熟悉字段列表窗格、属性窗格的使用。

　　窗体是 Access 数据库的对象之一，用于输入、输出数据，是用户和 Access 应用程序之间的主要接口和界面，在窗体中可以包含文字、图形、图像、音频和视频等不同形式的信息，使用窗体可以方便地对其所基于的表或查询进行记录的维护，例如通过窗体对数据源中的记录进行添加、删除和修改等。

　　窗体的作用主要有以下几方面：

① 通过窗体创建一个友好的界面使得用户可以方便地对数据记录进行维护。

② 创建切换面板窗体用来打开其他的窗体或报表。

③ 创建自定义的对话框接受用户的输入，并根据输入的数据选择适当的操作。

④ 使用窗体显示各种提示信息，例如消息、错误和警告。

本章介绍窗体的类型和组成、窗体的不同创建方法以及对窗体的编辑操作。

4.1　窗体的概念

　　窗体是以表或查询为基础创建的，用于显示表和查询中的数据，对数据进行输入、修改等操作，但是，窗体本身并不存储数据，它所操作的数据是建立窗体的数据源，因此，窗体是用户设计的以不同的形式对数据进行操作的界面。

4.1.1　窗体和表的对比

　　窗体的主要作用是构造用户需要的输入/输出界面，显示、编辑数据库中的数据，接收用户输入的数据或命令，其中接收用户命令要通过在窗体上建立命令按钮来实现。

　　和表中显示信息相比，窗体中显示的信息有以下区别：

① 对于表中的 OLE 类型的字段，例如图形，无论其具体内容是什么，都无法在表中显示，只有在窗体中，才能将该字段的内容显示出来。

② 数据表中显示的内容有字段名和记录两类，而在窗体中，除了显示记录外，还可以显示用户附加的信息和控件，附加的信息包括说明性的文字。例如，标题和为了使窗体美观而添加的图形元素，这些信息不随记录变化而变化，使用控件，可以在窗体的信息和窗体的数据源之间建立链接，也可以和后面介绍的宏、模块联系起来，从而形成完整的应用程序。

③ 表是以行列的形式显示数据，而窗体中除了数据表窗体是以行列形式显示数据外，还有其他几种显示数据的形式。

4.1.2 窗体的分类

根据显示数据方式和工作方式的不同，可以将窗体分为多类，这些都体现在"窗体"分组中的不同按钮（见图 4-1）和"其他窗体"下拉菜单（见图 4-2）中，例如分割窗体、多个项目窗体、空白窗体、数据表窗体、数据透视图窗体和数据透视表窗体等，还有模式对话框等。

图 4-1 "窗体"分组

1. 窗体

这种窗体是最常用的一种，如图 4-3 所示，图中是以"学生"表为数据源创建的视图，该表没有子表，即没有和其他的表创建表间关系，如果包含子表，则创建的窗体是含有子窗体的窗体。

该类窗体的最大特点是一次只显示一条记录，在显示记录时，每行显示一个字段，其中左列显示的是每个字段的名称，右列显示的是字段对应的值，窗体最下面一行称为记录导航按钮，用来切换当前记录。

2. 多个项目窗体

该窗体中以数据表的形式显示多条记录，每条记录占一行，这与数据表或查询显示的界面是一样的，如图 4-4 所示。

图 4-2 下拉菜单

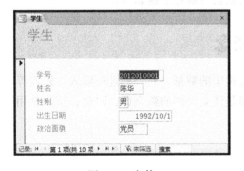

图 4-3 窗体

图 4-4 多个项目窗体

3. 分割窗体

分割窗体实际上是前两类窗体的组合，窗体由上下两部分分区组成，如图 4-5 所示，下部分区域显示一个数据表，上部分区域显示一个窗体，在下部分区的数据表中选择某个记录时，可以在上部分区的窗体中对该记录进行输入和编辑。

实际上数据表和窗体可以是左右位置，也可以是上下位置，可以通过窗体的"分割窗体方向"属性（见图 4-6）进行设置。

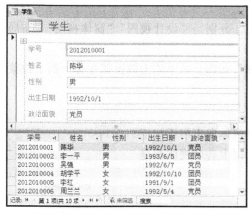

图 4-5 分割窗体   图 4-6 "分割窗体方向"下拉菜单

4．主/子窗体

如果一个表和另一个表之间建立了一对多的关系，则对主表创建窗体时，创建的窗体由主窗体和子窗体组成，如图 4-7 所示。包含子窗体的基本窗体称为主窗体，主窗体中的窗体称为子窗体，其中"一方"数据在主窗体中显示，"多方"数据在子窗体中显示。

图中的"学生"表和"选修成绩"表之间是一对多的关系，其中"一方"的"学生"表显示在主窗体中，"多方"的"选修成绩"表显示在子窗体中。

在显示数据时，子窗体与主窗体保持同步，即主窗体显示某一条记录，子窗体中就会显示出与主窗体当前记录相关的记录。

5．数据透视表窗体

数据透视表是指通过指定格式（布局）和计算方法（求和、平均等）汇总数据的交互式表，它的计算方法类似于交叉表查询，用此方法创建的窗体称为数据透视表窗体，如图 4-8 所示。图中分别计算了不同小组男生和女生的年龄的平均值，即分别按两个分类字段小组和性别汇总数据。

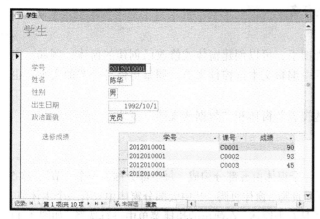

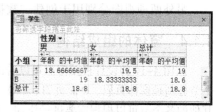

图 4-7 包含子窗体的窗体   图 4-8 数据透视表窗体

在数据透视表窗体下，可以查看和组织数据库中的数据、明细数据和汇总数据，但不能添加、编辑或删除透视表中显示的数据值。

4.1.3 窗体的视图

对窗体进行操作时，可以使用的视图主要有 5 种，分别是"设计视图""窗体视图""布局视图""数据透视表视图"和"数据透视图视图"。

"设计"选项卡的"视图"分组中只有一个"视图"按钮，可以单击该按钮在弹出的下拉菜单中切换视图，如图 4-9 所示。

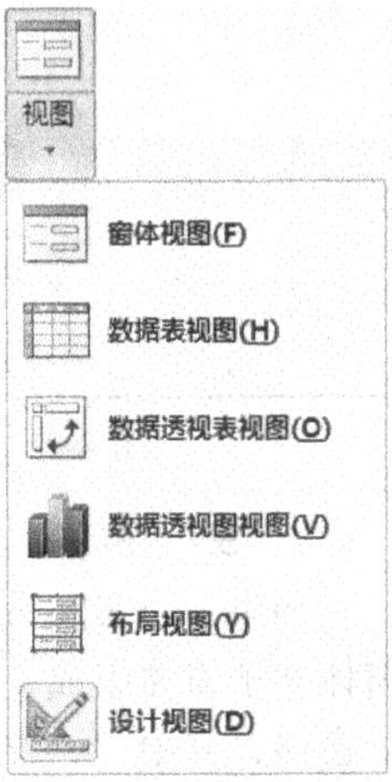

1．窗体视图

"窗体视图"显示记录数据，在该视图下可以通过窗体向表中添加记录和修改表中的数据，也就是窗体的最终显示结果，以上各个视图都是在"窗体"视图下显示的。

2．数据表视图

以表格形式显示表、查询、窗体中的数据，用于编辑字段，添加和删除数据，使用方法与查询中的数据表视图是一样的。

3．数据透视表视图

这种视图是交互式的表，用来动态改变窗体的版面布局，重新改变行标题、列标题和汇总字段，改变版面布局时，窗体会按照新的布局重新计算汇总字段的数据，包括小计、总计等。

4．数据透视图视图

用于创建动态的交互式图表，将表中的数据和汇总的数据以图形化的方式显示出来。

图 4-9 切换视图方式

5．布局视图

"布局视图"是用于修改窗体的最直观的视图，以行列形式显示表、查询的数据，在此视图下可以添加记录、修改数据或删除数据。

在布局视图中，窗体上实际正在运行，看到的数据与它们在窗体视图中的显示外观非常相似，只不过可以在此视图中对窗体设计进行更改。

由于在修改窗体的同时可以看到数据，因此，是非常直观的视图，可用于设置控件大小或执行几乎所有影响窗体的外观和可用性的任务。

6．设计视图

"设计视图"如图 4-10 所示，在此视图下，可以创建窗体或修改已创建的窗体，例如，向窗体中添加、删除或移动控件，在文本框中编辑文本框控件来源，调整窗体各个节的大小，也可以看到窗体的页眉、主体和页脚部分。

另外两种视图分别用于创建"数据透视表"窗体和"数据透视图"窗体。

4.1.4 窗体的组成结构

从图 4-10 的设计视图窗口可以看出，一个窗体由五部分构成，每个部分称为一个"节"，这 5 个节分别是窗体页眉、页面页眉、主体、页面页脚、窗体页脚，其中大部分窗体中只有一个主体节，其他的各个节可以根据需要进行添加，方法是右击窗体，在弹出的快捷菜单中进行选择，如图 4-11 所示。

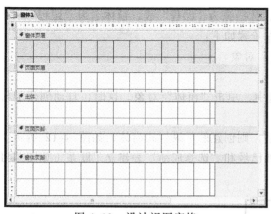

图 4-10 设计视图窗格   图 4-11 快捷菜单

每一个节中都可以放置字段信息和控件信息，同一个信息添加在不同的节中，效果是不同的。各节的作用如下：

1．窗体页眉

窗体页眉位于窗体的顶部或打印页的开头，一般用于设置窗体的标题、使用说明、用于打开其他相关窗体或模块的按钮等。

2．页面页眉

页面页眉用来设置在打印窗体时每个输出页的顶部要打印的信息，例如标题、日期或页码等。

3．主体

主体节中通常用来显示记录数据，可以设置显示一条记录或多条记录。

4．页面页脚

页面页脚用来设置在打印窗体时每个输出页的底部要打印的信息，例如汇总、日期或页码等。

页面页眉和页面页脚在窗体视图中是不显示的，要想显示这两部分的设计效果，可以在打印预览中进行显示。

5．窗体页脚

窗体页脚位于窗体的底部或打印页的尾部，一般用于对所有记录都要显示的内容、操作说明信息，也可以有命令按钮。

4.2 创 建 窗 体

可以使用向导自动创建窗体，也可以在设计视图下通过手动设计来创建窗体。使用向导创建窗体时，每一步都可以在向导的提示下进行相关的操作。

在"创建"选项卡中，单击"窗体"分组中的各个按钮，可以创建不同的窗体，本节分别介绍用各个向导创建不同的窗体。

4.2.1 自动创建窗体

自动创建窗体可以直接使用"窗体"按钮或用向导方式。

使用向导方式可以创建纵栏式、表格式、数据表式和两端对齐式的窗体，使用向导时创建的窗体中包含了数据源中的所有字段及所有记录，这几种窗体的创建过程是一样的。

【例 4.1】使用"窗体"按钮创建窗体，数据源为"课程"表，窗体名为"课程"。

使用"窗体"按钮自动创建窗体，操作步骤如下：

① 在数据库窗口的导航区，单击"表"对象。

② 单击数据源"课程"。

③ 在"创建"选项卡的"窗体"分组中，单击"窗体"对象，这时，自动创建了与表同名的名为"课程"的新建窗体。

如果"课程"表没有与其他表创建联系，则创建的是纵栏式窗体，如图 4-12 所示。如果该表已和某个表创建了一对多的联系，例如已经和"选修成绩"表建立了联系（见图 4-13），则创建的是主/子窗体，如图 4-14 所示。

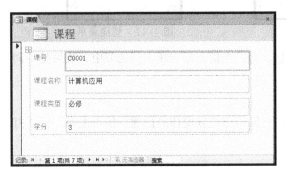

图 4-12　纵栏式窗体

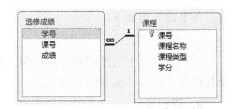

图 4-13　表间关系

④ 命名并保存窗体。单击工具栏中的"保存"按钮，弹出"另存为"对话框，对话框中默认显示的窗体名称与数据源名称相同，如果要改名，在此对话框中输入窗体的名称，然后单击"确定"按钮，该窗体建立完毕。

在导航区双击刚建立的窗体，可以在工作区打开这个窗体，通过这个窗体下方的记录选择器可以浏览不同的记录，也可以直接在字段值所在的框中修改数据，例如，如果将第 1 条记录的"学分"字段的值改为"4"，当重新打开"课程"表时，可以发现，该记录的这个字段已经被改变。

用这种方法只能创建基于一个数据源的窗体，而且也不能对数据源进行字段的选择。

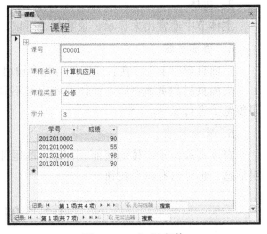

图 4-14　主/子窗体

4.2.2　窗体向导

使用"窗体"分组中的"窗体向导"按钮 📐 创建窗体时，数据源可以来自一个表或查询，也可以来自多个表或查询，而且都可以对数据源中的字段进行选择，数据源有多个时，可以创建主窗体/子窗体式的窗体，下面分别介绍这两种情况。

【例 4.2】使用窗体向导创建窗体，数据源为"学生"表，窗体名为"学生"，窗体中中包含"学生"表中的所有字段。操作步骤如下：

① 在"创建"选项卡的"窗体"分组中，单击"窗体向导"按钮 📐，弹出"窗体向导"

第 1 个对话框,如图 4-15 所示。

② 指定数据源。在此对话框中,单击"表/查询"下拉列表框右侧的下拉按钮,从打开的列表框中选择"表:学生",这时,在该框下方的"可用字段"列表框中列出了该表所有的字段供选择。

③ 选择字段。在"可用字段"列表框中,选择"学号"字段,然后单击中间的按钮">"将该字段加到右侧"选定字段"列表框中。

按相同的方法分别将"姓名""性别""出生日期"和"政治面貌"字段也添加到右侧的列表框中。最后,单击"下一步"按钮,弹出"窗体向导"第 2 个对话框,如图 4-16 所示。

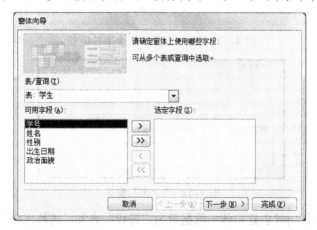

图 4-15 "窗体向导"第 1 个对话框

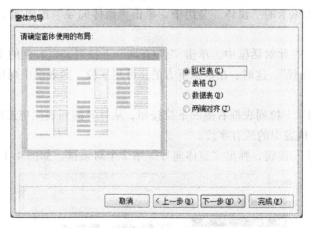

图 4-16 "窗体向导"第 2 个对话框

④ 选择布局。这个对话框中列出了窗体的不同布局,这里单击选择第 4 种布局即"两端对齐",然后单击"下一步"按钮,弹出"窗体向导"第 3 个对话框,如图 4-17 所示。

⑤ 命名窗体。在图 4-13 所示的"请为窗体指定标题"文本框已显示默认的窗体名称"学生",因此,可直接单击"完成"按钮。这时,屏幕上显示出创建的窗体,如图 4-18 所示。

如果数据源是两个,例如来自两个表或两个查询,而且它们之间也存在一对多的关系,这时,用"窗体向导"的方法可以创建主/子窗体。

对于子窗体的放置,有两种方法:一种是将其固定在主窗体中,就像图 4-10 那样;另一种方法是将子窗体设置成弹出式窗体的情况。

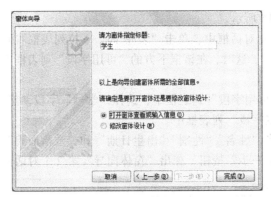

图 4-17 "窗体向导"第 3 个对话框

图 4-18 "学生"窗体

【例 4.3】使用窗体向导创建窗体，数据源为"课程"表和"选修成绩"表，这两个表之间已经建立一对多的关系，主表是"课程"。操作步骤如下：

① 在"创建"选项卡的"窗体"分组中，单击"窗体向导"按钮，弹出"窗体向导"第 1 个对话框。

② 指定数据源。在此对话框中，单击"表/查询"下拉列表框右侧的下拉按钮，从打开的列表框中选择"表：课程"，这时，在该框下方的"可用字段"列表框中列出了该表所有的字段供选择。

再单击"表/查询"下拉列表框右侧的下拉按钮，从打开的列表框中选择"表：选修成绩"，单击">>"按钮选择该表中的所有字段。

③ 单击"下一步"按钮，弹出"窗体向导"第 2 个对话框，如图 4-19 所示。

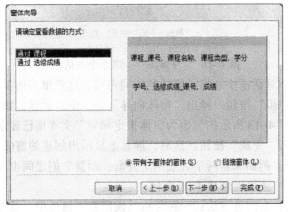

图 4-19 "窗体向导"第 2 个对话框

④ 确定子窗体的放置方式。对比例 4.2，可以看出，前两步操作是一样的，但第 2 个向导对话框却是不一样的，这是因为在第②步中选定了两个数据源，而且它们之间已经建立了一对多的关系，因此，向导中自动将"多方"的借阅登记表作为子窗体。

对话框下方有两个单选按钮，如果选择"带有子窗体的窗体"，则子窗体固定在主窗体中；如果选择"链接窗体"，则将子窗体设置成弹出式的窗体，这里选择"带有子窗体的窗体"，然后单击"下一步"按钮，弹出"窗体向导"第 3 个对话框，如图 4-20 所示。

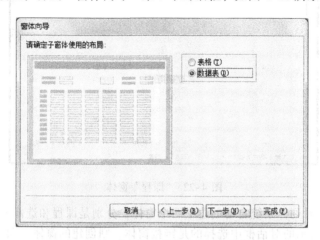

图 4-20 "窗体向导"第 3 个对话框

⑤ 选择布局。在对话框中单击其中的"表格"，然后单击"下一步"按钮，屏幕显示向导的最后一个对话框，如图 4-21 所示。

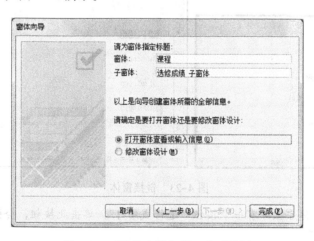

图 4-21 "窗体向导"第 4 个对话框

⑥ 命名窗体。在对话框中，在"窗体"文本框中输入"课程"，在"子窗体"文本框中输入"选修成绩　子窗体"，单击"完成"按钮，这时，屏幕上显示出创建的主窗体"课程"，如图 4-22 所示。

在主窗体中，当前记录的课号为 C0001，子窗体中显示的记录正是主窗体中课号为 C0001 的所有记录，即选修了该课程的所有学生，在记录选择器中单击按钮选择不同课号时，子窗体中显示的记录也随之变化。注意到窗体中有两组用于浏览记录的记录选择器，分别用来控制主窗体和子窗体中的记录。

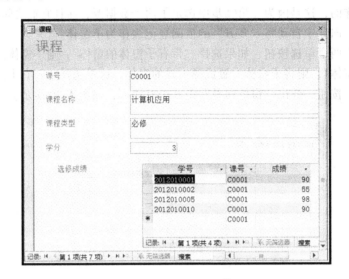

图 4-22 "课程"窗体

在导航区也可以看到，系统自动创建了两个窗体，分别是课程和选修成绩。

如果在图 4-19 所示的对话框中选择的是链接窗体，则创建的窗体如图 4-23 所示，其中左边是主窗体，右边是链接到的子窗体。

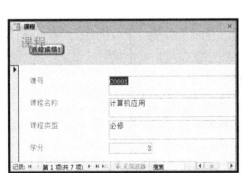 

图 4-23 链接窗体

注意：这个主窗体左上方有一个按钮"选修成绩 1"，单击此按钮，会弹出图 4-19 右边的子窗体"选修成绩 1"。

图 4-23 的子窗体中显示的记录正是主窗体中学号为 0001 的记录，再单击这个按钮，子窗体则在屏幕上消失。

在主窗体中单击记录选择器分别选择其他的记录，可以看到，随着主窗体中当前记录的变化，子窗体中的记录也随之变化。

用"窗体向导"的方法创建主/子窗体只能在两个数据源之间，而且要求两个数据源之间已经建立一对多的关系，否则会显示出错信息。

4.2.3 图表向导

使用图表可以更直观地表示表或查询中的数据，例如柱形图、饼形图等，包含图表的窗体就是图表窗体，可以用图表向导来创建。

Access 2010 中创建图表使用的是窗体中的一个名为"图表"的控件。

【例 4.4】使用图表控件创建图表窗体，数据源为"必修成绩"表，窗体名为"学生成绩"，窗体中包含的字段有姓名、计算机应用、高等数学和大学英语，其中图表类型是柱形图，以每个记录的三门课成绩作为柱形的高度。操作步骤如下：

① 在"创建"选项卡的"窗体"分组中，单击"窗体设计"按钮，打开窗体设计视图，这里，功能区出现"窗体设计工具"的 3 个选项卡。

② 在"窗体设计|设计"选项卡的"控件"分组中，单击"图表"按钮 📊，在设计视图的主体节中，沿对角线方向拖动出一个矩形区域用来放置图表，弹出"图表向导"第 1 个对话框，如图 4-24 所示。

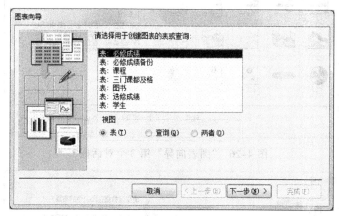

图 4-24 "图表向导"第 1 个对话框

③ 选择数据源。在此对话框中选择数据源"必修成绩"，然后单击"下一步"按钮，弹出"图表向导"第 2 个对话框，如图 4-25 所示。

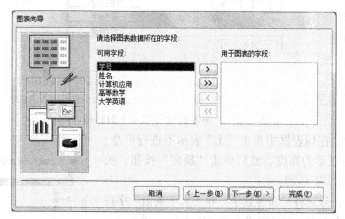

图 4-25 "图表向导"第 2 个对话框

④ 选择字段。在"可用字段"列表框中，单击"姓名"字段，然后单击中间的按钮">"

将该字段加到右侧"选定的字段"列表框中。

按相同的方法分别将"计算机应用""高等数学"和"大学英语"字段也添加到右侧的列表框中，最后，单击"下一步"按钮，弹出"图表向导"第 3 个对话框，如图 4-26 所示。对话框中列出了各种不同的图表类型。

⑤ 选择图表类型。在第 3 个对话框中，选择左上角的第一行第一个"柱形图"，然后，单击"下一步"按钮，弹出"图表向导"第 4 个对话框，如图 4-27 所示。

⑥ 设计图表布局。在第 4 个对话框中，"计算机应用"字段已经显示在预览区的下方，汇总字段"计算机应用合计"已出现在左上角，双击左上角的"计算机应用合计"按钮，弹出如图 4-28 所示的"汇总"对话框。

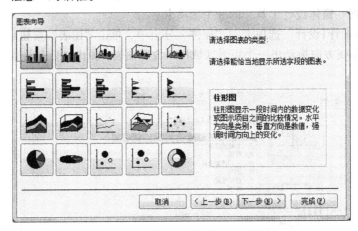

图 4-26　"图表向导"第 3 个对话框

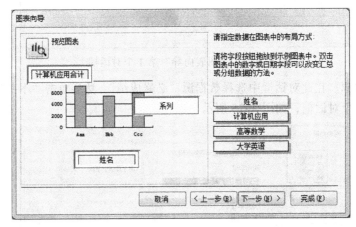

图 4-27　"图表向导"第 4 个对话框

在该对话框中，在列表框中单击"无"表示不进行汇总，而是用字段值作为柱形的高度，然后单击"确定"按钮，关闭此对话框，又回到图 4-27。

在图 4-27 中，分别将"高等数学"和"大学英语"字段拖动到汇总字段列表框中，汇总方式也设置成"无"，单击"下一步"按钮，弹出"图表向导"第 5 个对话框，如图 4-29 所示。

图 4-28　"汇总"对话框

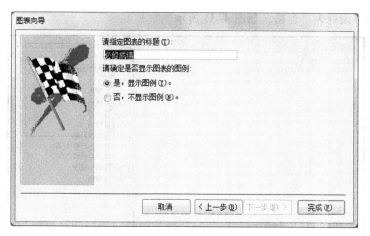

图 4-29　"图表向导"第 5 个对话框

⑦ 为图表命名标题。在图 4-29 中，在"请指定图表的标题"文本框中已显示默认的窗体名称"必修成绩"，这里不改变名称，直接单击"完成"按钮，这时，屏幕上显示出如图 4-30 所示的图表窗体。

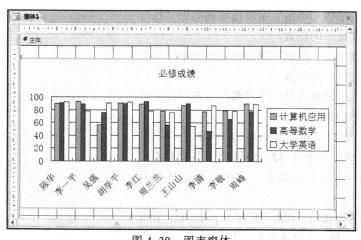

图 4-30　图表窗体

⑧ 命名窗体。单击"保存"按钮，弹出"另存为"对话框，在此对话框中输入窗体名称"必修成绩"，单击"确定"按钮。至此，图表窗体创建完毕。

4.2.4　数据透视表向导

数据透视表是汇总数据的一种方法，它是指按两个或两个以上分类字段对其他字段进行汇总分析，例如计算求和、平均值等，包含数据透视表的窗体称为数据透视表窗体。

【例 4.5】创建如图 4-8 所示的数据透视表窗体，数据源为"学生"表，窗体名为"数据透视表窗体"，透视表中的分类字段分别为"小组"和"性别"，汇总字段为"年龄"，汇总方式为"平均"。操作步骤如下：

① 在"创建"选项卡的"窗体"分组中，单击"其他窗体"，在下拉列表中，选择"数据透视表"，显示窗体的设计视图窗格，同时功能区显示"数据透视表工具|设计"选项卡。

② "数据透视表工具|设计"选项卡的"显示/隐藏"分组中，单击"字段列表"按钮，显

示"数据透视表字段列表"窗格，如图 4-31 所示。

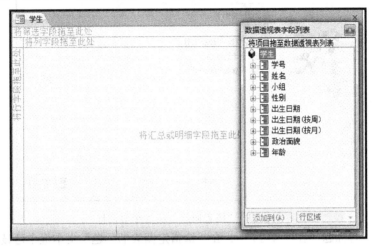

图 4-31　数据透视表设计视图和字段列表

③ 设置透视表的版式。在图 4-31 中：

- 将字段列表中的"小组"字段拖动到图中"将行字段拖至此处"的位置。
- 将字段列表中的"性别"字段拖动到图中"将列字段拖至此处"的位置。
- 将"年龄"字段拖动到图中"将汇总或明细字段拖至此处"的位置。

④ 设置汇总方式。在设计区右击"年龄"字段，在弹出的快捷菜单（见图 4-32）中选择"自动计算"→"平均值"命令，这时屏幕显示完成的数据透视表窗体。

⑤ 单击"保存"按钮，弹出"另存为"对话框，在此对话框中输入窗体名称"数据透视表窗体"，单击"确定"按钮。至此，数据透视表窗体创建完毕。

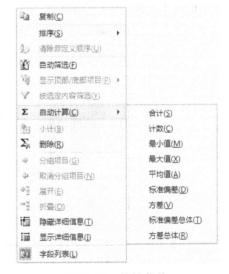

图 4-32　快捷菜单

4.3　在设计视图中创建窗体

使用上一节介绍的各种方法可以方便地创建不同类型的窗体。但是，向导所创建的窗体，其版面布局、内容显示都是系统定义好的，无法满足用户对窗体设计的特殊要求。例如，改变字段在窗体中的显示位置，添加不同的按钮，与数据库中的其他对象建立联系等。这时，就要在设计视图下创建窗体。在设计视图下设计的窗体称为自定义窗体。

也可以利用向导先创建一个窗体的框架，然后在设计视图下进行修改和补充，最终满足用户的要求。

窗体中显示的所有内容都是通过不同的控件来实现的，也就是说，一个窗体是由若干个类型不同、属性不同的控件组成的。在用向导创建的窗体中，所选择的每一个控件的类型和控件的属性是由系统自动完成的，而在设计视图中，则需要用户自己定义每个控件的使用。因此，自定义窗体的过程，实际上就是分别选择不同的控件和为每个控件设计不同属性不同事件的过程。

4.3.1 设计视图窗口中使用的工具

在设计视图窗格中用于窗体设计的工具有很多，例如控件分组中的各个控件、属性窗格等。

1．命令按钮

在窗体的设计视图下，自动出现"窗体设计工具"的 3 个选项卡，分别是"设计"选项卡（见图 4-33）、"排列"选项卡（见图 4-34）和"格式"选项卡（见图 4-35），各选项卡中的按钮都是用于窗体设计的。

图 4-33 "设计"选项卡

图 4-34 "排列"选项卡

图 4-35 "格式"选项卡

2．控件

在"设计"选项卡的"控件"分组中，列表框中显示了一部分控件，单击控件列表框中滚动条下侧的"其他"按钮 ，可以显示出所有的控件，如图 4-36 所示。将鼠标停在某个控件上，控件旁边会显示出该控件的名称。

在设计窗体时，可以从中选择控件并向窗体中进行添加，这些控件同样也可以使用在第 5 章介绍的报表的设计中。

下面分别介绍常用的各个控件及作用。

（1）选择

用于选定窗体、窗体中的节或窗体中的控件，单击该按钮可以释放前面锁定的控件。

图 4-36 各个控件

（2）使用控件向导

用于打开或关闭控件向导，打开向导时，可以在向导提示下创建列表框、组合框、选项组、命令按钮、子窗体或子报表等。

（3）标签

标签控件用于在窗体或报表中显示说明性的文本，例如窗体的标题信息。标签没有数据来源，因此，不能用标签显示字段或表达式的值，它所显示的内容也不会随着记录的变化而变化。

向窗体中添加标签有两种方法：一种方法是从工具箱中使用标签控件直接创建，这种方法创建的标签称为独立的标签，这种标签在"数据表"视图中是不显示的；另一种方法是在"字段列表"中通过拖动字段名来建立的，这时在窗体中建立了两个控件，一个是标签，用来显示字段名称，另一个根据字段类型不同可以是文本框或绑定对象框，用来显示字段的值，这种方法创建的标签称为附加到其他控件上的标签。

（4）文本框

用于显示、输入、编辑数据源的数据，显示计算结果或用户输入的数据。按用途不同，可以将文本框分为3类：结合型、非结合型和计算型。

结合型文本框与表、查询中的字段相结合，用来显示字段的内容，例如，从"字段列表"中通过拖动字段名建立的两个控件中，其中的文本框就是结合型的。

非结合型文本框没有和某个字段链接，一般可以用来显示提示信息或接收用户输入的数据。

计算型文本框用来显示表达式的计算结果。

（5）选项组

选项组作为可以容纳一组可选项的容器，由一个组框和一组选项组成，其中的选项可以是切换按钮、选项按钮或复选框。

单击选项组中的某个值，可以为字段选定数据，在选项中每次只能选择一个选项。

按用途不同，同样可以将选项组分为3类，即结合型、非结合型和计算型。

要注意的是，对结合型的选项组，实际上是将选项组框架结合到某个字段，而不是选项组内的复选框、切换按钮或选项按钮。

（6）切换按钮

切换按钮是与"是/否"型数据相结合的控件，使用时可以单独作为输入数据的控件，也可以和"是/否"型字段相结合，也可以作为选项组中的一个可选项。

如果按下切换按钮，其值为"是"，否则其值为"否"。

（7）选项按钮

选项按钮是代表"是/否"值的小圆形，选中时圆形内有一个小黑点，代表"是"，未选中时代表"否"，它的使用方法和切换按钮相同。

（8）复选框

复选框是代表"是/否"值的小方框，选中方框时代表"是"，未选中时代表"否"，它的使用方法和切换按钮相同。

（9）组合框

该控件包含了一个可以用来编辑的文本框和一个含有可供选择数据的列表框。

在窗体中，如果要输入的数据是来自某个表或查询中记录的值，或某些固定的内容，可以将这些值放在列表框中，这样，在输入数据时，只需要单击列表框中的某个值即可。

组合框中的列表由多行数据组成，但平时只显示一行，单击其右侧的下拉按钮时，列表框可以完全显示出来。在使用组合框输入数据时，既可以从列表中进行选择，也可以输入列表中没有的内容。

（10）列表框

该控件包含了可供选择数据的列表框，和组合框不同的是，用户只能从列表框中选择数据作为输入，而不能输入列表以外的其他值。

（11）按钮

用于完成各种操作，这些操作是通过设置该控件的事件属性实现的。

（12）图像

在窗体中显示静态图像，用来美化窗体。

（13）未绑定对象框

用于在窗体中显示非结合的 OLE 对象，这些对象包括声音、图像或图形的数据，它们属于窗体的一部分，和窗体的对象或查询的对象的数据没有关联。这样，在窗体中显示不同的记录时，该对象保持不变。

（14）绑定对象框

用于在窗体中显示结合的 OLE 对象，这些对象与数据源的字段有关。这样，在窗体中显示不同的记录时，将显示不同的内容。

（15）插入分页符

分页符控件在创建多页窗体时用来指定分页位置。

（16）选项卡控件

用于创建具有多页选项卡的窗体，当窗体中的内容较多无法在一页中全部显示时，可以使用选项卡进行分页。

（17）子窗体/子报表

用来显示多个表中的数据，在一个窗体中包含另一个窗体，即子窗体，不同的窗体中显示相关的数据源的信息。

（18）直线

在窗体上绘制直线，可以是水平线、垂直线或斜线，线的宽度和颜色都可以改变，用来在窗体中隔离对象。

（19）矩形

在窗体中绘制矩形，将相关的数据组织在一起，突出某些数据的显示。

（20）ActiveX 控件

选择该命令时，会弹出"插入 ActiveX 控件"对话框，如图 4-37 所示。对话框中列出发了以上控件之外的其他控件，从中可以选择所需要的控件。

在设计视图下，向窗体中添加控件的方法是：在"控件"分组中，单击选定要添加的控件，然后在窗体的适当区域单击，设置该控件的具体属性，例如名称等。也可以在工具箱中单击后，在窗体中用拖动鼠标的方法确定该控件的大小。

如果要向窗体中重复添加同一个控件，可以先在工具箱中双击该控件将这个控件锁定，然后在窗体中就可以进行反复添加，这样，不必每次都在工具箱中重复单击。

单击工具箱上的其他控件或按 Esc 键可以将锁定的控件解锁。

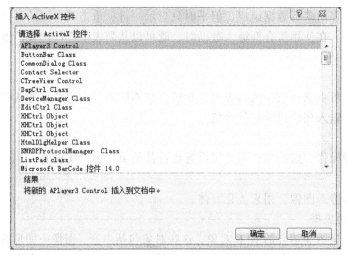

图 4-37　"插入 ACTIVEX 控件"对话框

3. 属性窗格和常用的属性

Access 数据库的每个对象都有自己的不同属性，对象中的每个控件以及窗体中各个节也都有自己的属性，不同的属性确定了对象及控件的特性，包括数据特性和外观特性。

所有的属性可以通过属性窗格进行设置，在设计视图窗口中选定不同的位置，例如窗体、节或不同的控件，然后单击工具栏中的属性按钮，就可以打开相应的属性窗格。图 4-38 显示的是窗体、窗体中某个"文本框"控件和某个"标签"控件的属性窗格。

图 4-38　不同的属性窗格

每个控件都有一组不完全相同的属性，在属性窗格中，列出了可以设置的各个属性，这些属性通过选项卡进行组织，前4个分别按"格式""数据""事件"和"其他"进行分类，最后一个选项卡"全部"是将所有属性安排在一起。

在"格式"选项卡中的属性用来设置控件的外观或显示格式，其中窗体的格式属性中包括了默认视图、滚动条、记录选择器、浏览按钮、分隔线、控制框、最大化/最小化按钮、边框样式等，控件的格式属性包括标题、字体名称、字体大小、前景颜色、背景颜色、特殊效果等。

在"数据"选项卡中的属性用来设置窗体或控件的数据来源、数据的操作规则等。其中，窗体的数据属性包括记录源、排序依据、允许编辑等，控件属性包括控件来源、输入掩码、有效性规则、有效性文本、默认值、是否锁定等。

在"事件"选项卡中列出了窗体和控件可以触发的不同事件，使用这些事件可以将窗体和宏、模块等结合进来构成完整的应用程序。

在"其他"选项卡中列出了一些附加的特性，其中窗体的其他属性包括独占方式、弹出方式、循环等，控件的其他属性包括名称、状态栏文字、自动Tab键、控件提示文本等。

可以使用以下方法设置属性：

① 先在窗格中单击要设置的属性，然后在属性框中输入一个设置的值或表达式。

② 有些属性框单击后其右侧有一个向下的按钮，单击该按钮，可以打开列表框，然后在列表框中进行选择。

③ 有些属性框单击后，右侧显示有"生成器"按钮，单击该按钮可以弹出一个"表达式生成器"对话框（见图4-39），可以在此对话框中设置属性，设置后单击"确定"按钮返回属性窗格。

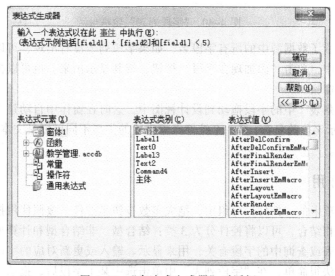

图4-39 "表达式生成器"对话框

下面是在窗体和控件中常用的一些属性。

（1）标题

所有的窗体和标识控件（例如文本框）都有一个标题属性。对一个窗体，标题属性定义了窗口标题栏中显示的内容。如果标题属性为空，窗体标题栏则显示窗体中字段所在表格的名称。对一个控件，标题属性定义了在标识控件时的文字内容。

（2）控件的提示文本

该属性可以使得用户在使用窗体时，如果将鼠标放在一个对象上后就会有一段提示文本显示，就像将鼠标放在工具栏的某个按钮后，屏幕会显示出该按钮名称的提示信息。

（3）控件来源

在一个独立的控件中，"控件来源"属性告诉系统如何检索或保存在窗体中要显示的数据。如果一个控件是用来更新数据，则可以将该属性设置为字段名。

（4）是否锁定

这个属性决定一个控件中的数据是否能够被改变。如果设置为"是"，则该控件中的数据被锁定且不能被改变。如果一个控件处于锁定状态，则在窗体中呈灰色显示。

4. 字段列表

在用设计视图创建窗体时，当指定了数据源后，在设计视图窗格中会出现字段列表窗格，如图 4-40 所示。

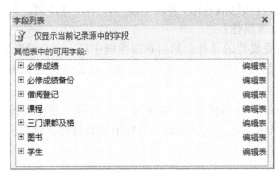

图 4-40 "字段列表"窗格

字段列表中显示了数据源中的所有字段名，如果字段列表没有出现，可以在"设计"选项卡的"工具"分组中，单击"添加现在字段"按钮，将其显示出来。也可以再次单击这个按钮关闭"字段列表"窗格。

如果将"字段列表"中的字段拖动到设计视图中，这时在窗体中自动建立了两个控件：一个是标签，用来显示字段的名称；另一个控件根据字段的类型不同可以是文本框或绑定对象框，用来显示字段的值。

4.3.2 控件的作用

在"设计"选项卡的"控件"分组中，绝大多数按钮是控件，按照使用控件时是否与表或查询中的字段数据相结合，可以将控件分为 3 类：结合型、非结合型和计算型。

结合型控件和表或查询中的字段有关，用来显示、输入或更新对应的字段值，向窗体中添加结合型控件的方法很简单，在"字段列表"中单击选中某个字段后，拖动到窗体的合适位置即可。

非结合型控件没有数据源，用来显示说明性信息的文本框、线条、图形和图像等，向窗体中添加非结合型控件时，可在工具箱中单击选择相应控件，然后在窗体的合适位置单击即可。

计算型控件用表达式作为数据源，用来显示计算出的结果，表达式可以利用表或查询中字段的数据，也可以是其他控件中的数据。计算型控件通常用文本框实现，当选中文本框并拖动到窗体中时，直接在框内输入计算表达式，该表达式必须以等号"="开始。

例如，用文本框计算并显示数学、物理、化学三门课程总和时，应向框内输入如下内容：

= [数学] + [物理] + [化学]

4.3.3 向窗体中添加不同的控件

在窗体的"设计视图"窗格中,可以从字段列表中将一个或多个字段拖动到主体节中,Access会自动地为该字段结合适当的控件。

例如,如果从字段列表中将"学号"字段拖动到主体节中,则 Access 自动地为该字段分配一个标签控件和一个文本框控件,其中标签控件用来显示字段的名称,文本框控件用来显示某条记录对应的该字段的值。

用户也可以指定创建某个控件,例如结合控件、非结合控件和计算控件。

以下通过例子说明窗体中常用的不同类型控件的创建方法。

1. 创建结合型文本框控件和标签控件

从字段列表中拖动字段,可以直接创建结合型文本框,而对标签的操作,主要是添加标题,即用来显示的信息。

【例 4.6】以"学生"表作为数据源创建窗体,窗体名为"学生信息",要求窗体中包含"学号""姓名""性别""出生日期"和"政治面貌"5 个字段,并为窗体添加标题为"学生基本情况"。操作步骤如下:

① 在功能区"创建"选项卡的"窗体"分组中,单击"窗体设计"按钮,打开窗体的设计视图窗格,如图 4-41 所示,同时窗口中显示字段列表窗格。

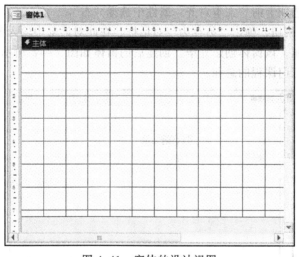

图 4-41 窗体的设计视图

② 单击字段列表窗格中的"学生"表前面的展开按钮,这时窗格中显示出该表的所有字段。

③ 从字段列表中依次将"学号""姓名""性别""出生日期"和"政治面貌"这 5 个字段拖到窗体主体节的适当位置,这时,系统自动根据每个字段的数据类型创建相应的控件,包括结合型文本框。直接双击某个字段,也可以将其放到设计视图中。

④ 在"设计"选项卡的"页眉/页脚"分组中,单击"标题"按钮,在窗体中添加一个"窗体页眉"节,同时在该节中自动添加了一个标签控件。

⑤ 输入标签的内容"学生基本情况"即窗体的标题。

⑥ 单击"保存"按钮,弹出"另存为"对话框,在此对话框中输入窗体名称"学生信息",

然后单击"确定"按钮，至此，该窗体创建完毕。

2．添加计算型文本框控件

【例 4.7】"必修成绩"表中有"学号""姓名""计算机应用""高等数学"和"大学英语"
5 个字段，以该表作为数据源创建窗体，窗体名为"成绩表"，要求在窗体中显示表中的所有字
段，并添加一个计算型文本框，用来显示每个学生的 3 门课的总分。操作步骤如下：

① 在功能区"创建"选项卡的"窗体"分组中，单击"窗体设计"按钮，打开窗体的设
计视图窗格，同时窗口中显示字段列表窗格。

② 单击字段列表窗格中的"必修成绩"表前面的展开按钮，这时窗格中显示出该表的所
有字段。

③ 从字段列表中依次将"学号""姓名""计算机应用""高等数学"和"大学英语"这 5
个字段拖到窗体主体节的适当位置，这时，系统自动根据每个字段的数据类型创建相应的控件，
包括结合型文本框。

④ 单击控件分组中的"文本框"按钮 ，在窗体主体节的"大学英语"字段下方单击，
则在该节中添加了一个标签控件和一个文本框控件。

⑤ 设置控件属性，在标签中输入"总分"，右击文本框控件，在弹出的快捷菜单中选择
"属性"命令，打开文本框"属性"窗格，在"数据"选项卡的"控件来源"属性中输入下
列内容：

=[计算机应用]+[高等数学]+[大学英语]

然后在"格式"选项卡的"文本对齐"属性中选择"右"。

⑥ 单击"保存"按钮，弹出"另存为"对话框，在此对话框中输入窗体名称"成绩表"，
然后单击"确定"按钮，该窗体创建完毕。创建后的窗体如图 4-42 所示，可以看出，最后一
个文本框中显示的是三门课程的总和。

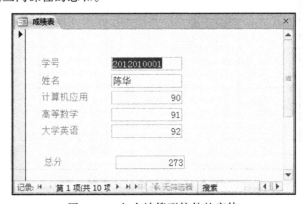

图 4-42　包含计算型控件的窗体

3．使用选项组控件

"选项组"控件用来给用户提供必要的选择选项，操作时首先是进行控件的参数设置，然
后在"选项组"中指定要添加的是复选框、切换按钮还是选项按钮控件。

【例 4.8】"学生信息"表中有"学号""姓名""性别""专业"和"政治面貌"5 个字段，
其中"政治面貌"字段的值采用编码的方法，编码规则是："党员"编码为 1，"团员"编码为 2，
"群众"编码为 3。

以该表作为数据源创建窗体，窗体名为"学生信息"，要求在窗体中显示这 5 个字段，其中对"政治面貌"字段使用选项按钮，并且添加在选项组中，窗体名称为"学生基本信息"。操作步骤如下：

① 在功能区"创建"选项卡的"窗体"分组中，单击"窗体设计"按钮，打开窗体的设计视图窗格，同时窗口中显示字段列表窗格。

② 单击字段列表窗格中"学生信息"表前面的展开按钮，这时窗格中显示出该表的所有字段。

③ 从字段列表中依次将"学号""姓名""性别""专业"和"政治面貌"这 5 个字段拖到窗体主体节的适当位置。

④ 在"设计"选项卡的"控件"分组中，单击"使用控件向导"按钮，确保该按钮呈下沉显示。

⑤ 在"设计"选项卡的"控件"分组中，单击"选项组"按钮，然后在窗体上单击要放置"选项组"的位置，弹出"选项组向导"第 1 个对话框，向对话框中输入选项组中每个选项的标签名称，这里分别输入"党员""团员"和"群众"，如图 4-43 所示。然后单击"下一步"按钮，弹出"选项组向导"第 2 个对话框，如图 4-44 所示。

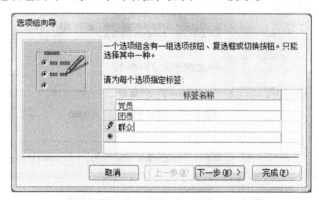

图 4-43 "选项组向导"第 1 个对话框

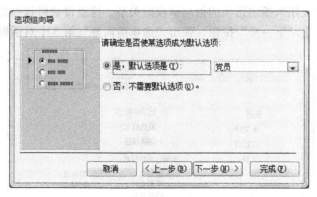

图 4-44 "选项组向导"第 2 个对话框

⑥ 第 2 个对话框要求用户确定是否需要默认的选项，这里选择"是"并且将"党员"作为默认项，然后单击"下一步"按钮，弹出"选项组向导"第 3 个对话框，如图 4-45 所示。

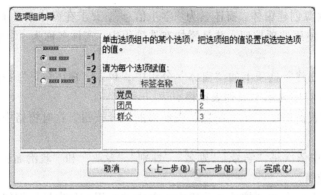

图 4-45 "选项组向导"第 3 个对话框

⑦ 第 3 个对话框用来对每个选项赋值，这里使用系统默认的值，即选项"党员"赋值为 1，选项"团员"赋值为 2，选项"群众"赋值为 3，然后单击"下一步"按钮，弹出"选项组向导"第 4 个对话框，如图 4-46 所示。

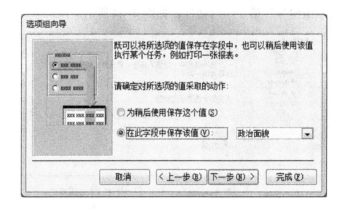

图 4-46 "选项组向导"第 4 个对话框

⑧ 第 4 个对话框用来指定选项的值与字段的关系，这里设置将选项的值保存在"政治面貌"字段中，然后单击"下一步"按钮，弹出"选项组向导"第 5 个对话框，如图 4-47 所示。

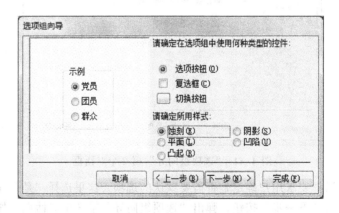

图 4-47 "选项组向导"第 5 个对话框

⑨ 在第 5 个对话框中指定"选项按钮"作为选项组中的控件，指定"蚀刻"作为采用的样式，然后单击"下一步"按钮，弹出"选项组向导"第 6 个对话框，也就是最后一个对话框，如图 4-48 所示。

图 4-48 "选项组向导"第 6 个对话框

⑩ 最后一个对话框要求输入选项组的标题，这里输入"政治面貌"，单击"完成"按钮。最后，单击"保存"按钮，弹出"另存为"对话框，在此对话框中输入窗体名称"学生基本信息"，然后单击"完成"按钮。这时，将刚才拖动到窗体中的"政治面貌"字段对应的标签和文本框删除，该窗体创建完毕。

创建后的窗体和数据表如图 4-49 所示，其中图 4-49（a）是数据表，可以看出，数据表中"政治面貌"字段保存的是编码，在图 4-49（b）中显示的是与编码对应的"党员""团员"和"群众"，如果在窗体中第 2 条记录的政治面貌中单击选择"党员"，则数据表中该记录的政治面貌会自动地改为编码 1。

（a）

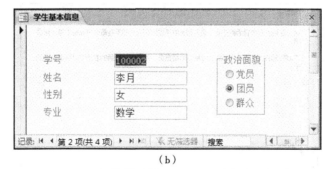

（b）

图 4-49 表和对应的窗体

4. 创建结合型列表框

【例 4.9】以"学生信息"表作为数据源创建窗体，窗体名为"学生专业"，要求在窗体中显示"学号""姓名"和"专业"这3个字段，其中对"专业"字段使用结合型列表框，列表框中显示所有的专业名称"计算机""数学""物理"和"化学"。操作步骤如下：

① 在功能区"创建"选项卡的"窗体"分组中，单击"窗体设计"按钮，打开窗体的设计视图窗格，同时窗口中显示字段列表窗格。

② 单击字段列表窗格中的"学生信息"表前面的展开按钮，这时窗格中显示出该表的所有字段。

③ 从字段列表中依次将"学号""姓名"这2个字段拖到窗体主体节的适当位置。

④ 在"设计"选项卡的"控件"分组中，单击"使用控件向导"按钮，确保该按钮呈下沉显示。

⑤ 在"设计"选项卡的"控件"分组中，单击"列表框"按钮，然后在窗体上单击要放置"列表框"的位置，弹出"列表框向导"第1个对话框，如图4-50所示。

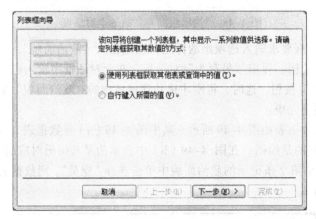

图4-50 "列表框向导"第1个对话框

在对话框中选中"自行键入所需的值"，然后单击"下一步"按钮，弹出"列表框向导"第2个对话框。

⑥ 第2个对话框要求用户输入各个选项的值，在"第1列"中分别输入"计算机""数学""物理"和"化学"，输入后的对话框如图4-51所示。然后，单击"下一步"按钮，弹出"列表框向导"第3个对话框，如图4-52所示。

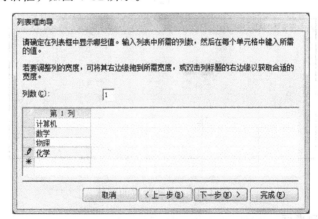

图4-51 "列表框向导"第2个对话框

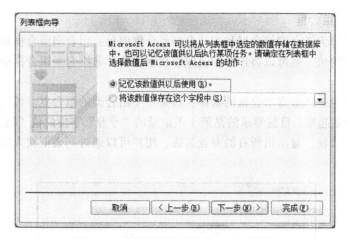

图 4-52 "列表框向导"第 3 个对话框

⑦ 第 3 个对话框指定选项的值与字段的关系,这里选中"将该数值保存在这个字段中"单选按钮,再单击右侧的下拉按钮,在下拉列表框中选择"专业"字段,然后单击"下一步"按钮,弹出"列表框向导"第 4 个对话框,如图 4-53 所示。

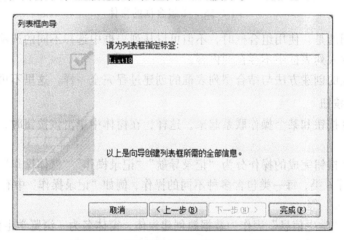

图 4-53 "列表框向导"第 4 个对话框

⑧ 第 4 个对话框要求为列表框指定标签,这里输入"专业",单击"完成"按钮。

⑨ 单击"保存"按钮,弹出"另存为"对话框,在此对话框中输入窗体名称"学生专业",然后单击"确定"按钮,该窗体创建完毕。创建后的窗体如图 4-54 所示。

图 4-54 带列表框控件的窗体

5．创建结合型组合框

组合框也可以分为结合型组合框和非结合型组合框两种：组合型组合框和某个字段联系起来，可以显示字段的值，也可以将选择的值保存在字段中；非结合型组合框中的值用来决定其他控件的内容。

图 4-55 所示为一个带有组合框的窗体，这是一个结合型的组合框。可以看出，该组合框和"专业"字段联系起来，目前显示的是第 1 条记录的"专业"字段的值"物理"，单击右边的下拉按钮，出现列表框，显示出所有的专业名称，用户可以通过列表框输入新的专业或修改已输入的专业名称。

图 4-55　带组合框的窗体

与列表框不同的是，使用组合框时，不但可以从列表框中选择不同的选项，也可以输入新的选项的值，即输入列表框中不存在的内容。

结合型组合框的创建方法与结合型列表框的创建过程完全一样，这里不再重复。

6．创建命令按钮

窗体中的命令按钮和某个操作联系起来，这样，在窗体中单击该按钮时，可以执行相应的操作。

窗体中的命令按钮完成的操作分为"记录导航""记录操作""窗体操作""报表操作""应用程序""杂项"等 6 类，每一类包含多种不同的操作，例如"记录操作"中有"保存记录""删除记录""复制记录"等。

【例 4.10】以"学生信息"表作为数据源创建窗体，窗体名为"浏览学生信息"，具体要求如下：

- 在窗体中显示"学号""姓名"和"专业"这 3 个字段。
- 在窗体中不显示系统自动添加的记录浏览器。
- 在窗体下方添加 3 个命令按钮，分别用来执行显示下一条记录、上一条记录和关闭窗体的操作。

操作步骤如下：

① 在功能区"创建"选项卡的"窗体"分组中，单击"窗体设计"按钮，打开窗体的设计视图窗格，同时窗口中显示字段列表窗格。

② 单击字段列表窗格中"学生信息"表前面的展开按钮，这时窗格中显示出该表的所有字段。

③ 从字段列表中依次将"学号""姓名""专业"这 3 个字段拖到窗体主体节的适当位置。

④ 在"属性表"窗格中，先在列表框中选择"窗体"，然后单击"格式"选项卡，在"导航按钮"属性框中选择"否"，这样，在窗体中将取消系统自动产生的浏览按钮，如图 4-56 所示。

⑤ 在"设计"选项卡的"控件"分组中，单击"使用控件向导"按钮，确保该按钮呈下沉显示。

⑥ 在"设计"选项卡的"控件"分组中，单击"选项组"按钮 ，然后在窗体上单击要放置"命令按钮"的位置，弹出"命令按钮向导"第 1 个对话框，如图 4-57 所示。

 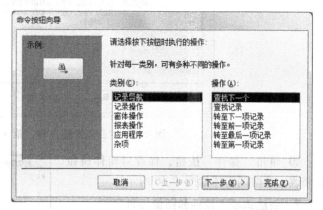

图 4-56　窗体的"属性"对话框　　　　图 4-57　"命令按钮向导"第 1 个对话框

⑦ 在对话框的"类别"列表框中选择"记录导航"，在右侧的"操作"列表框中选择"转至前一项记录"，然后，单击"下一步"按钮，弹出"命令按钮向导"第 2 个对话框，如图 4-58 所示。

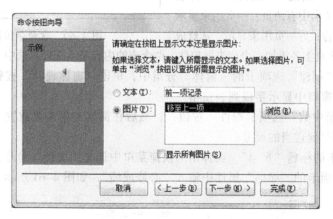

图 4-58　"命令按钮向导"第 2 个对话框

⑧ 第 2 个对话框指定在按钮中显示的是文本还是图片，这里选择"文本"，在文本框中输入"前一条"，然后，单击"下一步"按钮，弹出"命令按钮向导"第 3 个对话框，如图 4-59 所示。

⑨ 第 3 个对话框为创建的命令按钮命名，在文本框中输入"前一条"，单击"完成"按钮，完成第一个命令按钮的创建。

重复第⑥～⑨步分别创建其他两个命令按钮，其中第二个命令按钮的"类别"为"记录浏览"，"操作"是"转至下一项记录"，显示的文本是"下一条"，第三个命令按钮的"类别"是"窗体操作"，选择的"操作"是"关闭窗体"，显示的文本是"关闭窗体"。

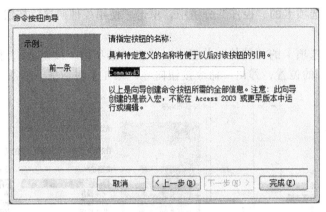

图 4-59 "命令按钮向导"第 3 个对话框

⑩ 单击"保存"按钮，保存对窗体所做的修改，这时的窗体如图 4-60 所示。

7．创建选项卡控件和图像控件

选项卡控件的主要作用是将要显示的内容分页显示，这样，在窗体中分别单击选项卡的标签，就可以切换到不同的页面。

【例 4.11】创建包含选项卡的窗体，窗体名为"学生成绩"。选项卡中有两页：一页用来显示"必修成绩"表的内容；另一页用来显示"选修成

图 4-60 含命令按钮的窗体

绩"表的内容。每个页上各添加一个列表框控件，两个表的内容显示在列表框中。操作步骤如下：

① 在功能区"创建"选项卡的"窗体"分组中，单击"窗体设计"按钮，打开窗体的设计视图窗格，同时窗口中显示字段列表窗格。

② 单击工具箱中的"选项卡控件"按钮 ，然后在窗体上单击要放置"选项卡控件"的位置，将其大小调整到适当的尺寸。

③ 右击选项卡的标题"页 1"，在弹出的快捷菜单中选择"属性"命令，打开"属性"窗格。在"格式"选项卡的"标题"属性中输入"必修成绩"，如图 4-61 所示。

图 4-61 带选项卡的窗体

④ 单击工具箱中的"列表框"控件，然后在第 1 页的合适位置单击，弹出"列表框向导"第 1 个对话框，如图 4-62 所示。

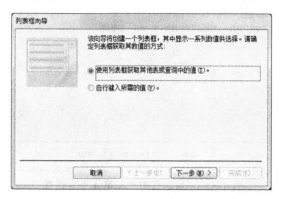

图 4-62 "列表框向导"第 1 个对话框

⑤ 在对话框中选中"使用列表框获取其他表或查询中的值"，然后单击"下一步"按钮，弹出"列表框向导"第 2 个对话框，如图 4-63 所示。

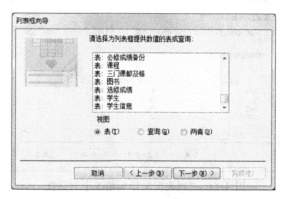

图 4-63 "列表框向导"第 2 个对话框

⑥ 在第 2 个对话框中选择数据源，这里在列表框中选择"必修成绩"，然后单击"下一步"按钮，弹出"列表框向导"第 3 个对话框，如图 4-64 所示。

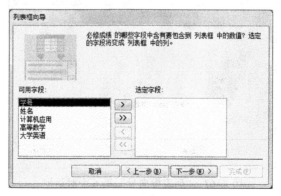

图 4-64 "列表框向导"第 3 个对话框

⑦ 第 3 个对话框用来指定要显示的字段，单击">>"按钮，选定所有的字段，然后单击

"下一步"按钮，弹出"列表框向导"第 4 个对话框，如图 4-65 所示。

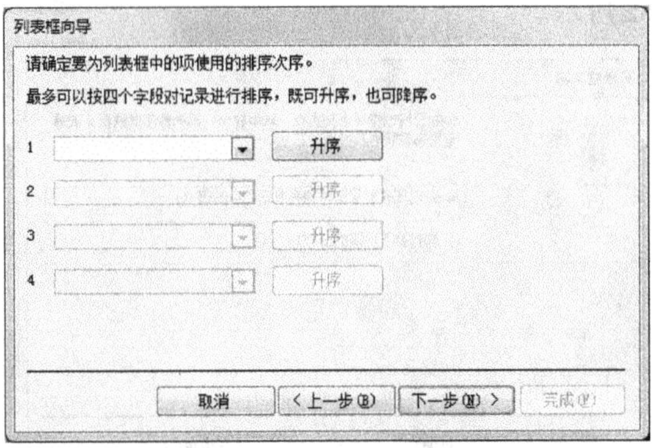

图 4-65　"列表框向导"第 4 个对话框

⑧ 第 4 个对话框设置列表框中的排序次序，这里设置为按"学号"的升序，然后单击"下一步"按钮，弹出"列表框向导"第 5 个对话框，如图 4-66 所示。

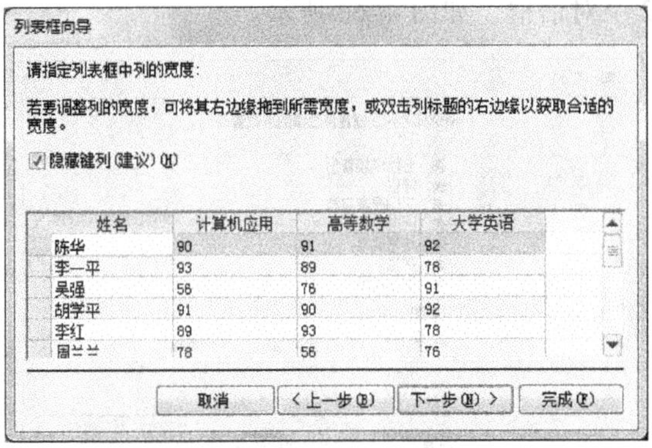

图 4-66　"列表框向导"第 5 个对话框

⑨ 第 5 个对话框调整列的宽度，这里不进行调整，单击"下一步"按钮，弹出"列表框向导"第 6 个对话框，用来指定列表框的标签，直接单击"完成"按钮，如图 6-67 所示。

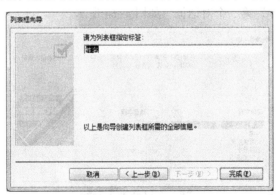

图 4-67　"列表框向导"第 6 个对话框

选择"标签"控件，然后按 Delete 键，将标签删除，右击列表框，在弹出的快捷菜单中选择"属性"命令，打开属性窗格，然后在"格式"选项卡中将"列标题"的属性设置为"是"，如图 4-68 所示。

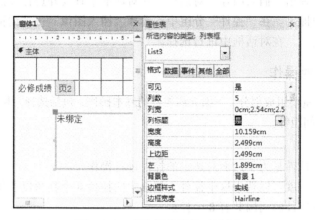

图 4-68　列表框的属性对话框

重复第③～⑨步在页 2 中设置显示的内容为 "选修成绩" 表。

⑩ 单击工具栏中的 "保存" 按钮，在 "另存为" 对话框中输入窗体的名称 "学生成绩"，然后单击 "确定" 按钮，该窗体创建完毕。创建的窗体两个选项中的内容如图 4-69 所示。

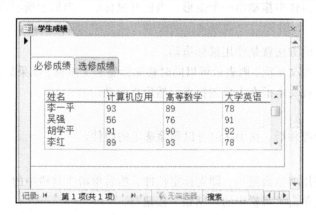

图 4-69　带选项卡的窗体

8. 图像控件和其他控件

创建图像控件的方法比较简单，单击工具箱中的 "图像" 控件按钮 ，然后在窗体上要放置图片的位置单击，弹出"插入图片"对话框，在对话框中查找并选择要插入的图片文件，然后单击"确定"按钮即可。在"控件"分组中，选择"插入图像"→"浏览"命令，也可以弹出"插入图片"对话框，在对话框中进行选择。

4.3.4　控件的其他操作

控件是窗体中的重要组成部分，下面介绍控件的基本操作，包括选择、移动、删除、复制、改变大小、对齐、调整间距等。

1．选择

选择一个或多个控件是为了后面对选定的控件进行操作。

直接单击某个控件就可以选中这个控件，被选中的控件4个拐角以及每条边的中间都会显示出1个控点，这样控件的周围共有8个控点。

如果要选择多个控件，可以先按住Shift键，然后分别单击每个控件。

在水平标尺上某个位置单击，则该点垂直延伸到窗体的线条所经过的所有控件都被选中。同样，在垂直标尺上的某个位置单击，则该点水平延伸到窗体的线条所经过的所有控件都被选中。

如果要选择窗体中的所有控件，可以使用快捷键Ctrl+A。

此外，用鼠标在窗体中拖动出一个矩形，当松开鼠标后，矩形中所有的控件也被选择。

2．移动

移动控件最简单的方法就是使用鼠标拖动。

如果选择的控件为文本框，则表示可以同时移动标签和文本框，如果只要移动其中的一个，应将鼠标移动到标签或文本框左上角的控点，然后再拖动。

3．删除

选定一个或多个控件后，按Del键可以删除选定的控件。

4．复制

复制控件可以使用剪贴板进行，即先选定控件，然后单击工具栏中的"复制"按钮 ，最后在要复制的位置上单击工具栏中的"粘贴"按钮 。

复制操作可以在同一窗体内进行，也可以在两个窗体之间进行。

5．改变大小

拖动被选定控件周围的控点就可以改变控件的大小。

对于选定的多个控件，可以同时调整到同样的大小，方法是使用"排列"选项卡中的"调整大小和排序"分组中的"大小/空格"按钮，在其下拉列表中进行选择，例如"正好容纳""对齐网格""至最高"等，如图4-70所示。

6．对齐

对于选定的多个控件，可以设置向某个方向对齐，方法是单击"排列"选项卡中的"调整大小和排序"分组中的"对齐"按钮，在其下拉列表中进行选择，例如其中的"靠左""靠右""靠上"等，如图4-71所示。

7．调整间距

调整控件之间的间距，同样使用"排列"选项卡中的"调整大小和排序"分组中的"大小/空格"按钮，在其下拉选项中进行选择，例如"水平相等""水平增加""垂直相等"等。

此外，还可以设置控件的边距（图 4-72）和控件的定位（图 4-73）。

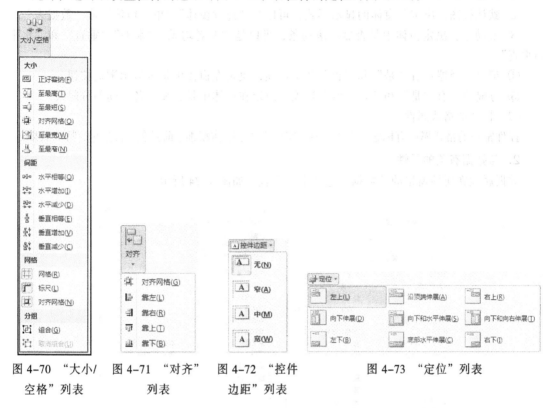

图 4-70　"大小/　　图 4-71　"对齐"　　图 4-72　"控件　　　　图 4-73　"定位"列表
空格"列表　　　　　列表　　　　　边距"列表

4.4　窗体的编辑

对于创建好的窗体，还可以进行一些编辑操作，使窗体更加符合用户的需要，这些操作主要是通过设置窗体或控件的属性进行的。

4.4.1　窗体和控件的属性

在 Access 的数据库中每一个对象，例如表、查询、窗体等都有自己的属性，而窗体或报表中每个控件也都有各自的属性，这些属性可以影响窗体或控件的结构和外观，并且可以影响与窗体和控件有关的数据。

在选定了窗体、节或某个控件后，单击"工具"分组中的"属性"按钮，可以打开属性窗格，在属性窗格中通常将这些属性分属在不同的 5 个选项卡中，例如"格式""数据""事件""其他"和"全部"，其中最后一个"全部"是将前 4 类属性放在一起。使用属性表就可以设置相应的属性。

1. 与格式有关的属性

格式属性用来控制窗体的显示格式或控件的外观，这些属性可以在属性窗格的"格式"选项卡中设置。

（1）窗体的格式属性

窗体常用的格式属性如下：

① 标题：设置在窗体标题栏上显示的内容。

② 默认视图：决定了窗体的显示形式，可以是"连续窗体""单一窗体"或"数据表"。

③ 滚动条：决定窗体中是否显示滚动条，可以是"两者均无""水平""垂直"和"水平和垂直"。

④ 记录选择器：有"是"和"否"两个选项，决定在窗体中是否显示浏览按钮。

⑤ 分隔线：有"是"和"否"两个选项，决定在窗体中是否显示各节间的分隔线。

（2）控件的格式属性

控件常用的格式属性有标题、字体名称、字体大小、字体粗细、前景色、背景色、特殊效果等。

2. 与数据有关的属性

数据属性在属性窗格的"数据"选项卡中设置，如图 4-74 所示。

图 4-74　窗体和控件的"数据"选项卡

（1）窗体常用的数据属性

窗体常用的数据属性如下：

① 记录源：指明该窗体的数据源，通常是数据库中的表名或查询名。

② 排序依据：指定排序的规则，可以是字段名或由字段名组成的表达式。

③ 允许编辑：属性值为"是"或"否"，决定在窗体运行时是否允许编辑数据。

④ 允许添加：属性值为"是"或"否"，决定在窗体运行时是否允许添加数据。

⑤ 允许删除：属性值为"是"或"否"，决定在窗体运行时是否允许删除数据。

⑥ 数据输入：属性值为"是"或"否"，决定在窗体打开时，只显示一个空记录或显示已有的记录。

（2）控件常用的数据属性

控件常用的数据属性如下：

① 控件来源：如果控件来源中包含一个字段名，则在控件中显示的就是数据表中该字段的值，这时在窗体中对数据进行的任何修改将保存到字段中，如果该属性是一个计算表达式，则该控件用来显示计算的结果；如果该属性值为空，则该控件中显示的数据不会被保存到字段中。

② 输入掩码：用于指定控件的输入格式，该属性仅对文本型或日期型数据有效。

③ 有效性规则：用来设置在控件中对输入数据进行合法性检查的表达式，该表达式可以

使用表达式生成器向导建立。

④ 有效性文本：指定当输入的数据不符合有效性规则时显示的提示性信息。

⑤ 默认值：用来指定计算型控件或非结合性控件的初始值，可以使用表达式生成器向导来建立。

⑥ 是否锁定：属性值为"是"或"否"，确定是否允许在窗体运行时接收编辑控件中显示的数据。

3. 与事件有关的属性

不同的对象可以触发不同事件，事件属性在属性窗格的"事件"选项卡中设置，如图 4-75 所示。

图 4-75 窗体和控件的"事件"属性选项卡

窗体或控件常见的事件如下：

（1）键盘事件

键盘事件是指在窗体或控件具有焦点时，由操作键盘所引发的事件：

① 键按下：在键盘上按下任何键时所发生的事件。

② 键释放：释放一个按下的键时所发生的事件。

③ 击键：按下并释放一个键时所发生的事件。

（2）鼠标事件

鼠标事件是指操作鼠标引发的事件：

① 单击：指在控件上单击时引发的事件。

② 双击：指在控件上双击时引发的事件，对于窗体，如果双击空白区或窗体上的记录选定器时引发该事件。

③ 鼠标按下：指控件在按下左键时发生的事件。

④ 鼠标移动：指当鼠标在窗体或控件上来回移动时发生的事件。

⑤ 鼠标释放：指当鼠标位于窗体或控件上时，释放一个按下的按键时引发的事件。

（3）对象事件

常用的对象事件如下：

① 获得焦点：指当窗体或控件接收焦点时发生的事件。

② 失去焦点：指当窗体或控件失去焦点时发生的事件。

③ 更新前：在控件或记录用更改过的数据更新之前发生的事件。

④ 更新后：在控件或记录用更改过的数据更新之后发生的事件。

⑤ 更改：指当文本框或组合框的部分内容更改时发生的事件。

（4）窗口事件

窗口事件是指操作窗口引发的事件。常用的窗口事件如下：

① 打开：指在窗体打开，在第一条记录显示之前发生的事件。

② 关闭：指在关闭窗体，并从屏幕上移去窗体时发生的事件。

③ 加载：指在打开窗体，并且显示了它的记录时发生的事件。显然，该事件发生在"打开"事件之后。

（5）操作事件

操作事件是指与操作数据有关的操作。常用的操作事件如下：

① 删除：指在删除一条记录时，在确认删除和实际执行删除之前发生的事件。

② 插入前：指在新记录中输入第一个字符，但还未将记录添加到数据库之前发生的事件。

③ 插入后：指一条记录添加到数据库之后发生的事件。

④ 成为当前：指在焦点移动到一条记录使其成为当前记录，或重新查询窗体的数据源时发生的事件。

⑤ 确认删除前：在删除一条或多条记录后，但在出现一个确认或取消删除对话框之前发生的事件，显然，该事件发生在"删除"事件之后。

⑥ 确认删除后：指在确认删除记录并且记录已经被删除或在取消删除之后发生的事件。

上面只是介绍了事件的类型和作用，在实际使用窗体时，要为这些事件编写特定的事件代码，完成这些要与数据库中的模块对象结合起来，具体的编写代码操作参见第 7 章。

4. 其他属性

其他属性在属性窗格的"其他"选项卡中设置，如图 4-76 所示。

图 4-76 窗体和控件的"其他"属性选项卡

窗体或控件常见的其他属性如下：

（1）窗体的其他属性

① 弹出方式：该属性可以选择"是"或"否"，选择"是"时创建弹出式窗体，用来显示信息或提示用户输入数据，它始终显示在其他已打开的数据库对象的上方，即使另一个对象正

处于活动状态。

② 模式：该属性可以选择"是"或"否"，表示将弹出式窗体设置成"无模式"或"有模式"状态。打开无模式的弹出式窗体，可以访问其他对象和菜单命令；如果打开有模式的弹出式窗体，则无法访问其他对象或菜单命令，除非将该窗体隐藏或关闭。

③ 循环：该属性可以设置的值有"所有记录""当前记录"和"当前页"，表示当移动控制点时记录的移动规律，"所有记录"表示从某条记录的最后一个字段移动到下一条记录，"当前记录"表示从某条记录的最后一个字段移动到该记录的第一个字段，而"当前页"则表示从某条记录的最后一个字段移动到当前页中的第一条记录。

（2）控件的其他属性如下：

① 名称：窗体中的每个控件都有一个名称，这个名称可以是系统自动命名的，例如标签 1、文本框 2 等，也可以由用户在对话框中直接输入，在程序中要使用对象时，就可以使用这个名称。

② 允许自动更正：该属性有"是"和"否"两个选项，选择"是"时，会更正控件中的拼写错误。

③ 控件提示文本：该属性用于设置在窗体运行时，如果将鼠标移动到该对象上时将显示的提示文本。

4.4.2　使用主题

对已经创建好的窗体，用户可以从系统提供的固定样式中选择某个格式，这些样式称为主题。主题确定了窗体的颜色、文字格式等内容，使用主题可以简化对窗体外观的设计工作，可以快速地对窗体使用特定的主题。

设置窗体的主题，在"窗体设计工具|设计"选项卡的"主题"分组中，分别使用主题、颜色、字体 3 个按钮，在其下拉选项中进行选择，如图 4-77～图 4-79 所示。

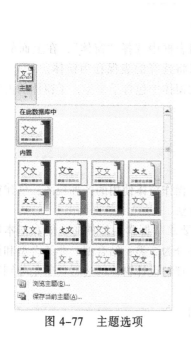

图 4-77　主题选项

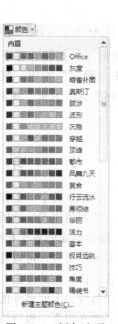

图 4-78　颜色选项

图 4-79　字体选项

将鼠标在某个主题选项中移动时，窗体的外观也会同步地进行变化。

4.4.3 添加当前日期和时间

在窗体中添加系统的当前日期和时间，操作步骤如下：

① 在设计视图窗格中打开要添加日期和时间的窗体。

② 在功能区"设计"选项卡的"页眉/页脚"分组中，单击"日期和时间"按钮，弹出"日期和时间"对话框，如图 4-80 所示。

③ 要插入日期和时间，可以分别选中"包含日期"和"包含时间"复选框。

④ 对选中的日期，在其下方的单选按钮中选择具体的日期格式，同样，对选中的时间，在其下方的单击按钮中选择具体的时间格式。

⑤ 单击"确定"按钮，关闭该对话框。

图 4-80 "日期和时间"对话框

4.4.4 将表另存为窗体

已创建的表，可以在保存时直接将其保存成窗体，方法是在导航窗格的表对象中单击表对象，然后选择"文件"→"对象另存为"命令，弹出"另存为"对话框，如图 4-81 所示。

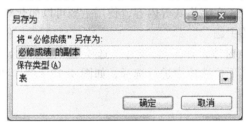

图 4-81 "另存为"对话框

单击对话框"保存类型"右侧的下拉按钮，在下拉列表框中选择"窗体"，在上面的文本框中输入窗体的名称，然后单击"确定"按钮，就可以将选择的表保存为窗体。

如果选择的表是已经创建了表间关系的主表，则创建的窗体中包含子窗体，子窗体的内容就是从表的内容。

小 结

本节介绍了窗体的作用与分类；窗体中各个节的作用；操作窗体使用的各种视图；创建窗体的各种不同方法，主要是向导的方法和使用设计视图的方法。

本章的另一个主要内容是组成窗体界面的各个控件，要求掌握常用控件的功能和基本属性，根据使用时是否与表或查询中的字段结合，可以将控件分为 3 类：结合型、非结合型和计算型，掌握向窗体中添加控件和设置控件属性的方法，深入理解设计窗体的过程，就是分别选择不同的控件和为每个控件设计不同属性、不同事件的过程。

窗体中使用的这些控件中绝大多数在报表中也可以使用。

习　题

一、选择题

1. 下列关于列表框和组合框的叙述中，错误的是（　　　）。
   A. 列表框和组合框可以包含一列或几列数据
   B. 可以在组合框中输入新值，而列表框中不行
   C. 可以在列表框中输入新值，而组合框中不行
   D. 在列表框和组合框中均可以选择数据

2. 以下各项中，可以使用用户定义的界面形式操作数据的是（　　　）。
   A. 表　　　　　　B. 查询　　　　　　C. 窗体　　　　　　D. 宏

3. 以下各项中不是窗体必备组件的是（　　　）。
   A. 节　　　　　　B. 控件　　　　　　C. 数据来源　　　　D. 都需要

4. 以下各项中，不是窗体组成部分的是（　　　）。
   A. 窗体设计器　　B. 主体　　　　　　C. 窗体页脚　　　　D. 窗体页眉

5. 用表达式作为数据源的控件类型是（　　　）。
   A. 结合型　　　　B. 计算型　　　　　C. 非结合型　　　　D. 以上都是

6. 以下控件中，属于交互式控件的是（　　　）。
   A. 标签控件　　　　　　　　　　　B. 文本框控件
   C. 命令按钮控件　　　　　　　　　D. 图像控件

7. 为窗体上的控件设置 Tab 键的顺序，应选择属性表中的（　　　）选项卡。
   A. 格式　　　　　B. 数据　　　　　　C. 事件　　　　　　D. 其他

8. 下述有关"选项组"控件叙述正确的是（　　　）。
   A. 如果选项组结合到某个字段，实际上是组框架内的控件结合到该字段上
   B. 在选项组可以选择多个选项
   C. 只要单击选项组中所需的值，就可以为字段选定数据值
   D. 以上说法都不对

9. 下列不属于窗体数据属性的是（　　　）。
   A. 特殊效果　　　B. 数据输入　　　　C. 允许编辑　　　　D. 排序依据

10. 如果窗体中的内容太多无法放在一页中全部显示时，可以用下列（　　　）控件来分页。
    A. 命令按钮　　　B. 选项卡　　　　　C. 组合框　　　　　D. 选项组

11. 下列不属于控件格式属性的是（　　　）。
    A. 标题　　　　　B. 字体大小　　　　C. 正文　　　　　　D. 字体粗细

12. 主窗体和子窗体通常用来显示和查询多个表中的数据，这些数据之间具有的关系是（　　　）。
    A. 多对一　　　　B. 多对多　　　　　C. 一对一　　　　　D. 一对多

13. 没有数据来源，且可以用来显示信息、线条、矩形或图像的控件的类型是（　　　）。
    A. 结合型　　　　B. 非结合型　　　　C. 计算型　　　　　D. 非计算型

14. 通过窗体，用户不能实现的功能是（　　　）。
    A. 存储数据　　　　　　　　　　　B. 输入数据

C. 编辑数据 D. 显示和查询表中的数据

15. 将窗体的一个显示记录按列分隔，每列的左边显示字段名，右边显示字段内容的是（　　　）类型的窗体。

    A. 表格式窗体   B. 数据表窗体

    C. 纵栏式窗体   D. 主/子窗体

16. 为窗体指定数据源后，在窗体设计视图窗口中，从（　　　）中取出数据源的字段。

    A. 属性表   B. 工具箱   C. 自动格式   D. 字段列表

17. 如果要隐藏控件，应将（　　　）属性设置为"否"。

    A. 何时显示   B. 可用   C. 锁定   D. 可见

18. 在窗体设计中的"输入掩码"用于设置控件的输入格式，"输入掩码"对（　　　）数据有效。

    A. 日期型   B. 货币型   C. 数字型   D. 备注型

19. 将窗体属性中的"浏览"按钮属性设置成"否"，则不显示（　　　）。

    A. 记录定位器   B. 记录选定器

    C. 分割线   D. 水平滚动条

20. 下列控件中，（　　　）代表了一个或一组操作。

    A. 文本框   B. 命令按钮   C. 组合框   D. 标签

21. 下列控件中，（　　　）用来显示窗体或其他控件的说明文字，而与字段没有关系。

    A. 命令按钮   B. 标签   C. 文本框   D. 复选框

22. 如果不允许编辑文本框中的数据，则需要设置文本框中的（　　　）属性。

    A. 何时显示   B. 可用   C. 可见   D. 锁定

23. 不是窗体格式属性的选项是（　　　）。

    A. 滚动条   B. 默认视图   C. 标题   D. 可见性

24. 如果在窗体上输入的数据总是取自于查询或取自某固定内容的数据，或者某一个表中记录的数据，可以使用以下（　　　）控件来完成。

    A. 选项卡   B. 文本框

    C. 列表框或组合框   D. 选项组

25. 数据透视表是一种（　　　）的表，它可以实现用户选定的计算。

    A. 数据透明   B. 数据投影   C. 交互式   D. 计算型

26. 关于控件的组合，下列叙述中错误的是（　　　）。

    A. 多个控件组合后，会形成一个矩形组合框

    B. 移动组合中的单个控件超过组合边界时，组合框的大小会随之改变

    C. 当取消控件的组合时，将删除组合的矩形框并自动选中所有的控件

    D. 选择组合框，按 Del 键就可以取消控件的组合

27. 如果要快速地调整窗体的格式，例如字体、颜色等，则要在（　　　）中修改。

    A. 字段列表   B. 属性表

    C. 工具箱   D. 主题

28. 在窗体的"窗体"视图中可以进行（　　　）。

    A. 创建报表   B. 创建和修改窗体

    C. 显示、添加或修改表中的数据   D. 以上说法都正确

29. 下列关于窗体的说法中，错误的是（　　　）。

A. 窗体是数据库中用户和应用程序之间的主要接口

B. 窗体是一种主要用于在数据库中输入和显示数据的数据库对象

C. 在窗体中可以有文字、图像、图形，还可以嵌入声音、视频

D. 不可以对窗体进行查找、排序和筛选的操作

30. 在窗体中使用（　　　）控件可以显示标题或提示性文本。

A. 文本框　　　　　B. 标签　　　　　C. 列表框　　　　　D. 组合框

31. 窗体由多个节组成，其中可以显示在每一个打印页底部的信息是（　　　）节。

A. 窗体页眉　　　　B. 窗体页脚　　　　C. 页面页眉　　　　D. 页面页脚

二、填空题

1. 窗体中的控件有结合型、_____和_____ 3 种。

2. 窗体由多个部分组成，每个部分称为一个节，大部分的窗体只有_____。

3. 窗体或报表设计中页码的输出、分组统计数据的输出等均是通过设置绑定控件的控件源为计算表达式形式而实现的，这些控件称为_____。

4. _____属性主要是针对控件的外观或窗体的显示格式而设置的。

5. 组合框和列表框的主要区别是是否允许在框中_____。

6. 控件分组的作用就是向窗体_____。

7. 用于输入或编辑数据最常用的控件是_____。

8. 窗体属性对话中包括数据、格式、_____、_____和全部 5 个选项卡。

9. 向窗体中添加控件可以从_____和_____中进行选择添加。

10. 在工具箱中用来创建计算控件的按钮有_____、_____和复选框。

三、操作题

1. 在"教学管理"数据库中，创建一个窗体，并在窗体上创建一个选项卡控件，要求选项卡有 3 页，第一页用于显示"教师信息"，第二页用于显示"学生信息"，第三页中插入一个"日历"控件。

2. 创建一个窗体，在窗体中添加当前日期和时间。

3. 创建一个窗体，在窗体上放置一个命令按钮，然后创建该命令按钮的"单击"事件过程，功能是在"窗体视图"下单击该按钮，系统会显示"测试完毕"的信息。

4. 用"教学管理"数据库中的"教师表"为数据源，创建一个数据透视表窗体，用于统计各系不同职称的教师人数，窗体名称为"各系不同职称人数透视表"。

5. 创建带有子窗体的窗体"学生信息"，主窗体的数据源为"基本情况"表，子窗体的数据源为"成绩"表，主窗体显示"基本情况"表的所有字段，子窗体显示"成绩"表的所有字段，子窗体宽度为 10 厘米。

6. 以"学生.accdb"数据库中的"基本情况"表为数据源，创建窗体"基本情况"，向窗体的页眉加入文本框，居中显示当前日期，在页脚中添加按钮"前一记录""后一记录"和"关闭窗体"按钮，分别实现浏览前一记录、下一记录、关闭窗体。

7. 教学数据库中有"基本情况"表和"选修成绩"表，利用窗体向导，创建带有子窗体的窗体：

（1）主窗体的数据源使用"基本情况"表，包含字段为"学号""姓名""性别""专业"，

　　　　窗体名称为"学生信息"。

（2）子窗体的数据源使用"选修成绩"表，其布局为"数据表"，子窗体名称为"课程成绩"。

（3）对主窗体做如下设置：

在页眉中添加名为"学生基本信息"的标签，其字体为"楷体""22 号"，居中对齐。

取消窗体中的记录浏览按钮。

对数据的操作设置为允许修改、不允许添加。

（4）对子窗体做如下设置：

设置子窗体宽度为 9.5 厘米。

对数据的操作设置为不允许修改。

（5）对窗体进行筛选操作，筛选学号为 100001 的记录。

第 **5** 章　报　　表

学习目标

- 理解报表的作用和分类。
- 掌握报表操作的 4 个视图的作用。
- 掌握报表的组成结构及各节的作用。
- 掌握报表的各种创建方法，例如自动创建、使用向导创建和在设计视图中创建窗体。
- 熟悉与报表有关的控件的功能和常用的属性。

Access 数据库的报表对象主要用于设计打印输出，可以按指定的格式输出数据，并且对输出的数据进行分组、排序、汇总。本章介绍报表的不同创建方法、报表的分组以及报表的编辑等操作。

5.1　报表的分类和组成

5.1.1　报表的分类

报表的主要作用是构造用户需要的打印输出格式，根据输出数据的方式不同，可以将报表分为 4 类：纵栏式报表、表格式报表、标签报表和图表报表。

1．纵栏式报表

纵栏式报表与纵栏式窗体的格式相似，如图 5-1 所示。其特点是显示记录时，每行显示一个字段，其中左列显示的是每个字段的名称，右列显示的是字段的值。

2．表格式报表

表格式报表以行列形式显示记录，如图 5-2 所示。通常一行显示一条记录，一页显示多条记录。报表中，各字段名只在报表的每页上方出现一次。

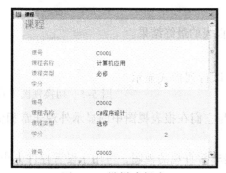

图 5-1　纵栏式报表

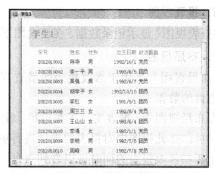

图 5-2　表格式报表

3．标签报表

标签报表如图 5-3 所示，这是 Access 的一个实用的功能，要创建一个标签，可以使用标签向导或设计视图。

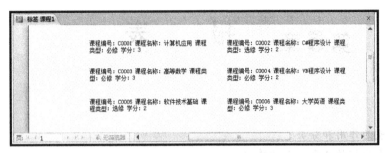

图 5-3　标签报表

4．图表报表

图表报表是以图表方式显示数据，如图 5-4 所示，图表报表可以单独使用，也可以放在子报表中。

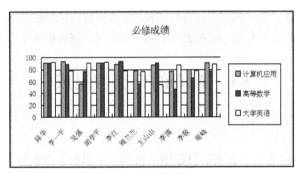

图 5-4　图表报表

5.1.2　报表的视图

对报表进行操作时，可以使用的视图主要有 4 种，分别是"设计视图""报表视图""布局视图"和"打印预览"。

"设计"选项卡的"视图"分组中只有一个"视图"按钮，可以单击该按钮，在弹出的下拉菜单中切换视图，如图 5-5 所示。

1．报表视图

"报表视图"显示记录数据，在该视图下可以显示报表的最终结果。

2．布局视图

"布局视图"是用于修改报表的最直观的视图，以行列形式显示表、查询的数据。

图 5-5　切换视图方式

在布局视图中，报表实际正在运行，看到的数据与它们在报表视图中的显示外观非常相似，只不过可以在此视图中对报表的设计进行更改。

由于在修改报表的同时可以看到数据，因此，是非常直观的视图，可用于设置控件大小或执行几乎所有其他影响报表的外观和可用性的任务。

3．设计视图

在此视图下，可以创建报表或修改已创建的报表。例如，向报表中添加、删除或移动控件，插入日期、页码等，在文本框中编辑文本框控件来源，调整报表各个节的大小，也可以看到窗体的页眉、主体和页脚部分。

4．打印预览

"打印预览"视图用来显示报表的页面输出形式，也就是最后打印输出的形式，在该视图下可以显示报表中的实际数据和输出格式。

5.1.3　报表的组成结构

设计视图窗格的组成如图 5-6 所示，从设计视图窗格可以看出，一个报表由五部分构成，每部分称为一个"节"，这 5 个节分别是报表页眉、页面页眉、主体、页面页脚、报表页脚。实际上，在首次打开设计视图窗格时，窗格中只有页面页眉、主体、页面页脚这 3 个节，另外两个节报表页眉和报表页脚可根据需要通过单击"页眉/页脚"分组中的"标题"按钮进行添加。除了这五部分之外，如果在报表中设计了分组，设计视图窗格中还可以有另外两个节，分别是分组页眉和分组页脚，这样，在报表中可以使用的节总共有 7 个。

每一个节中都可以放置字段信息和控件信息，同一个信息添加在不同的节中，效果是不同的。各节的作用如下：

1．报表页眉

报表页眉位于报表的开始，一般用于设置报表的标题、使用说明。整个报表中只有一个报表页眉，并且仅在报表的第一页的顶端打印一次，这样，报表页眉这一节通常显示报表的标题，例如"学生成绩单""职工工资统计表""图书借阅登记表"等。

报表标题通常是用标签实现的，要显示的文字通过标签的标题属性设置，而且标题文字的字体、字号、颜色等格式属性都可以在属性对话框中进行设置。

在报表中是否使用"报表页眉"节或"报表页脚"节是通过单击"页眉/页脚"分组中的"标题"按钮添加进行设置的。

2．页面页眉

放在页面页眉节中的内容在报表的每一页顶端都显示一次，在表格式报表中用来设置显示报表的字段名称或分组名称。对报表的第一页，页面页眉显示在报表页眉的下方。

在报表中是否使用"页面页眉"节或"页面页脚"节可以通过右单节的位置，在弹出的快捷菜单（见图 5-7）中通过命令同时进行设置或取消。

3．分组页眉

在报表中是否使用"组页眉"或"组页脚"，这是由"设计"选项卡中"分组和汇总"分组中的"分组和排序"命令按钮进行设置的，也就是说，和其他两组页眉和页脚相比，"分组页眉"和"分组页脚"可以根据需要单独进行设置。

在该节中，主要是对分组字段的数据进行设置，从而可以实现报表的分组输出和分组统计。例如，如果将学生表中的"性别"字段设置在该节中，则报表就可以按不同的性别进行分组处理，这时，这两节的名称在设计视图中分别变成了"性别页眉"和"性别页脚"，也就是用分组字段的名称作为节的名称。

也可以指定其他的分类字段对每个分组继续分组，例如，对记录按性别分组后，分别对男生和女生组再按班级分组，这样，可以根据需要建立具有多级层次的分组页眉和分组页脚。

在分组页眉中设置的内容，将在报表的每个分组的开始显示一次。

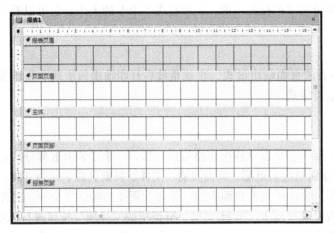

图 5-6　报表的设计视图　　　　　　　　　图 5-7　快捷菜单

4．主体

主体节是报表中显示数据的主要区域，用来显示每条记录的数据，根据字段类型不同，字段的数据使用文本框、复选框或绑定对象框进行显示，也可以包含对字段的计算结果。

每当显示一条记录时，在该节中设置的其他信息都将重复显示。

例如，如果从字段列表中直接将字段拖动到主体节中，则字段的名称和字段的值都在主体节中显示，前面所说的纵栏式报表就属于该类。

又如，如果只将字段的数据安排在主体节中，而将字段的名称信息放在页面页眉节中，当字段名称与字段数据垂直方向上对齐时，就可以将数据以行列的形式显示，一行显示一条记录，一页显示多行记录，前面所说的表格式报表就属于此类。

5．分组页脚

分组页脚节中通常安排分组的统计数据，主要是通过文本框实现。例如，可以在该节中设置分别计算男生和女生数学成绩的平均值等。

在该节中设置的内容显示在每个分组的结束位置。

6．页面页脚

页面页脚出现在每页的底部，每一页中有一个页面页脚，用来设置本页的汇总说明，插入日期或页码等，最常用的是在每页的底部显示页码的信息，如"第 3 页共 9 页"。

7．报表页脚

报表页脚只出现在报表的结尾处，用于显示对所有记录都要显示的内容，包括整个报表的汇总说明、结束语等。

综上所述，可以得到这样的结论，在每个节（区）中设置的内容，在报表的输出中显示的次数是不同的，在报表"页眉/页脚"中设置的内容，在整个报表中只显示一次，在"页面页眉/页脚"中设置的内容在报表的每个输出页中显示一次，在"组页眉/页脚"中设置的内容则在每个分组中显示一次，而在"主体"节中设置的内容则在每处理一条记录时显示一次。

5.1.4 创建和编辑报表使用的工具

在创建和编辑报表时，功能区自动显示与报表操作相关 4 个选项卡，分别是"设计工具｜设计"选项卡（见图 5-8）、"排列"选项卡（见图 5-9）、"格式"选项卡（见图 5-10）、"页面设置"选项卡（见图 5-11）。

图 5-8 "设计"选项卡

图 5-9 "排列"选项卡

图 5-10 "格式"选项卡

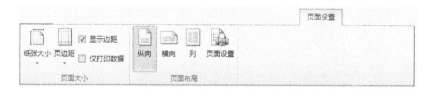

图 5-11 "页面设置"选项卡

5.2 使用向导创建报表

可以使用向导自动创建报表，也可以在设计视图下通过手动设计来创建报表，使用向导创建报表时，每一步都可以在向导的提示下输入或选择相关信息。

创建报表使用"创建"选项卡的"报表"分组（见图 5-12）中的按钮。

"报表"分组中有 5 个按钮，对应了 5 种创建报表的方法：

① 报表：以当前表或查询作为数据源自动创建基本报表，然后在基本报表中添加功能，例如分组或合计。

② 报表设计：在设计视图中创建一个空白的报表，然后可以向该报表中添加各种类型的控件或编写代码。

图 5-12 "报表"分组

③ 空报表：先创建一个空白的报表，然后可以向报表中插入字段和控件对报表进行设计。

④ 报表向导：显示报表向导，在向导方式下创建简单的自定义报表。

⑤ 标签：显示标签向导，在向导方式下创建标签或自定义标签。

其中，创建图表报表使用的是"控件"分组中的"图表"控件📊，其创建过程与第 4 章介绍过的图表窗体创建过程类似。

本节分别介绍使用各个向导创建不同的报表。

5.2.1 自动创建报表

自动创建报表可以用向导来创建纵栏式和表格式的报表，使用这个向导创建报表时，要先指定数据源，然后自动生成报表。报表中包含了数据源中的所有字段及记录，这两种报表的创建过程是一样的。

【例 5.1】使用向导创建表格式报表，数据源为"必修成绩"表，报表名为"必修成绩"。操作步骤如下：

① 在数据库窗口的导航区中，单击"表"对象。

② 单击选择"必修成绩"表。

③ 在"创建"选项卡的"报表"分组中，单击"报表"按钮，这时工作区自动显示名为"选修成绩"的报表，如图 5-13 所示。

报表下方还有两个按钮："添加组"和"添加排序"，分别用来设置分组字段和排序的关键字。

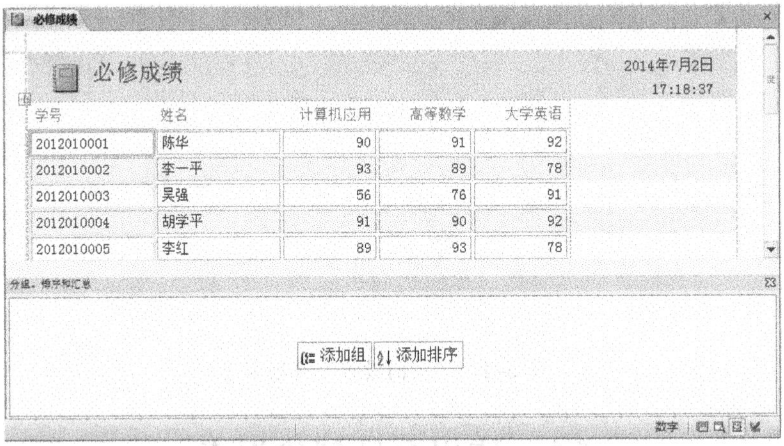

图 5-13　创建报表

④ 命名并保存报表。单击工具栏中的"保存"按钮，弹出"另存为"对话框，在此对话框中输入报表的名称，这里直接使用默认的名称，然后单击"确定"按钮，该报表建立完毕。

右击该窗格的标签区，从弹出的快捷菜单中选择"打印预览"命令，即可在屏幕上显示这个报表，可以通过滚动条来显示这个报表的不同内容。

将这个报表切换到"设计视图"，如图 5-14 所示，可以看出系统对这个报表所做的各个设置。

从图 5-14 中可以看到：

① 在报表页眉节，系统自动添加的报表页眉内容是"必修成绩"，即与数据源的名称相同。

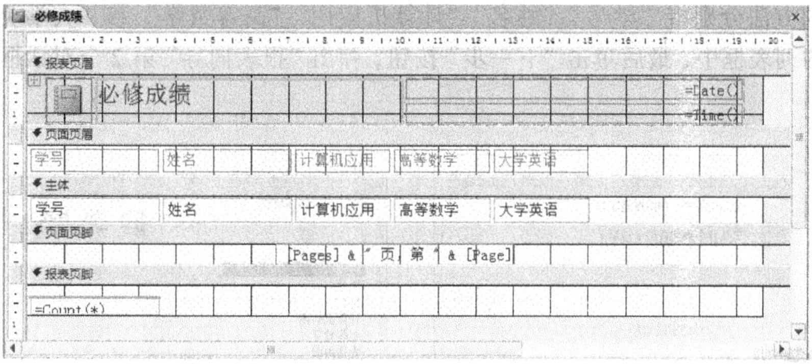

图 5-14 报表的设计视图

在报表页眉节的右侧,显示的是系统的日期和时间,这通过向第一个文本框中输入"=Date()"实现,第二个文本框中输入"=Now()",其中的 Date()和 Now() 都是系统函数,分别是当前的日期和时间。

② 在页面页眉节中,共有 5 列,每一列用标签来显示字段的名称。

③ 在主体节中,共有 5 列,每一列用来显示数据源中的每一个字段,每一列用文本框来显示字段的内容。

④ 在页面页脚节中,系统自动设置的内容是页码信息,这可以通过向文本框中输入下面的内容来实现:

="共 " & [Pages] & " 页,第 " & [Page] & " 页"

其中,Pages 和 Page 是系统保留的变量,分别表示报表的总页数和当前页码。

⑤ 报表页脚区中显示有 "=Count(*)",表示在该节显示记录的个数,即学生人数。

⑥ 由于该报表中没有设置分组字段,因此,没有组页眉和组页脚。

用这种方法只能创建基于一个数据源的报表,而且也不能对数据源进行字段的选择。

5.2.2 报表向导

使用"报表向导"的方法创建报表时,可以根据向导的提示指定数据源、选择字段和确定版面格式,数据源可以来自一个表或查询,也可以来自多个表或查询,而且都可以对数据源中的字段进行选择,数据源有多个时,同样可以创建主报表/子报表式的报表。

【例 5.2】使用报表向导创建报表,数据源为"学生成绩"表,该表有 6 个字段。要求如下:报表标题为"学生成绩表",报表中包含的字段有性别、学号、姓名、计算机应用、高等数学和大学英语,在报表中以"性别"作为分组字段,汇总值为三门课程成绩的平均值,每个分组中,所有记录按"学号"字段的降序输出。操作步骤如下:

① 在"创建"选项卡的"报表"分组中,单击"报表向导"按钮,弹出"报表向导"第 1个对话框,如图 5-15 所示。

② 指定数据源。在此对话框中,单击"表/查询"下拉列表框右侧的下拉按钮,在弹出的列表框中选择"表:学生成绩",这时,在该对话框下方的"可用字段"列表框中列出了该表所有的字段供选择。

③ 选择字段。在"可用字段"列表框中,单击"性别"字段,然后单击中间的按钮">"将该字段加到右侧"选定字段"列表框中。

　　用相同的方法分别将"学号""姓名""计算机应用""高等数学"和"大学英语"字段也添加到右侧的列表框中，最后单击"下一步"按钮，弹出"报表向导"第2个对话框，如图5-16所示。

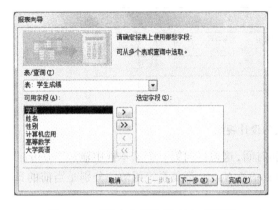

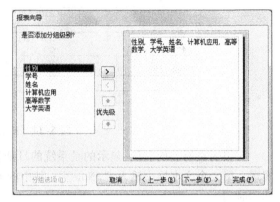

图 5-15　"报表向导"第 1 个对话框　　　　　　图 5-16　"报表向导"第 2 个对话框

　　④ 确定分组级别。这个对话框用于确定分组，如果有多个分组字段，还要指定分组的级别，本例中只有一个分组字段即性别，在左侧的列表框中，单击"性别"字段，然后单击中间的">"按钮将该字段添加到右侧最上方的分组字段中，然后单击"下一步"按钮，弹出"报表向导"第 3 个对话框，如图 5-17 所示。

　　⑤ 设置排序次序。在第 3 个对话框中，单击第一个排序依据右侧的下拉按钮，在弹出的字段列表框中选择"学号"，并单击其右侧的"升序"按钮，该按钮显示为"降序"，然后单击"汇总选项"按钮，弹出"汇总选项"对话框，如图 5-18 所示。

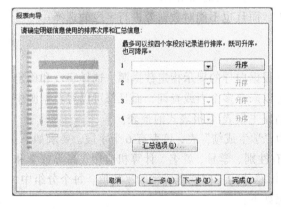

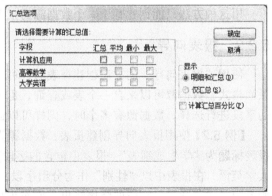

图 5-17　"报表向导"第 3 个对话框　　　　　　图 5-18　"汇总选项"对话框

　　⑥ 设置汇总选项。在汇总选项对话框中，分别选中"计算机应用""高等数学"和"大学英语"字段的"平均"列，在"显示"框区中选中"明细和汇总"，然后单击"确定"按钮，又回到向导的第 3 个对话框，单击"下一步"按钮，弹出"报表向导"第 4 个对话框，如图 5-19 所示。

　　⑦ 选择报表布局方式。在第 4 个对话框的"布局"框中选择"递阶"方式，然后单击"下一步"按钮，弹出"报表向导"第 5 个对话框，如图 5-20 所示。

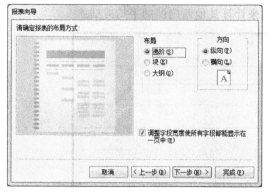
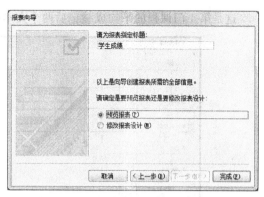

图 5-19　"报表向导"第 4 个对话框　　　　图 5-20　"报表向导"第 5 个对话框

⑧ 为报表指定标题。在图 5-20 中，在"请为报表指定标题"文本框中输入报表标题"学生成绩"，然后，单击"完成"按钮，显示该报表的结果，如图 5-21 所示。

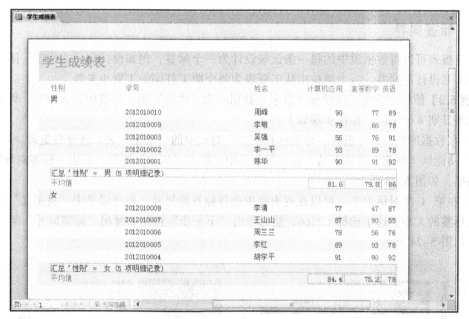

图 5-21　学生成绩报表

⑨ 用向导创建的报表，系统使用数据源的名称作为报表的名称自动保存。如果要改名保存，可选择"文件"→"对象另存为"命令，弹出"另存为"对话框，输入新名称后，单击"确定"按钮即可。至此，报表创建完毕。

该报表的设计视图如图 5-22 所示。

由于设置了分组字段，设计视图中出现了 7 个节，包括性别页眉和性别页脚。

在性别页脚节中显示的是性别分组的小节，其第 1 行文本框中显示如下内容：

="汇总 " & "'性别' = " & "" & [性别] & " (" & Count(*) & "" & IIf(Count(*)=1,"明细记录","项明细记录") & ")"

可以将该文本框中的内容与报表结果中显示的内容进行对比。

性别页脚节中第 2 行有 3 个文本框，其中第 1 个文本框的内容如下：

=Avg([计算机应用])

这是第 1 门课程的平均成绩，后两个文本框用来计算其他两门课的平均成绩。

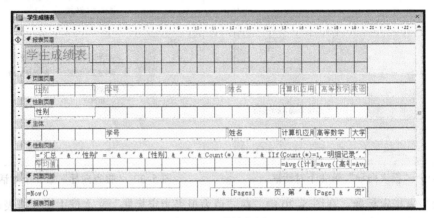

图 5-22　设计视图

5.2.3　标签向导

标签报表可以将数据源中的每一条记录设计为一个标签，例如设计物品的标签、图书馆中为每一本书设计的标签、一个单位中从工资表为每个职工打印的工资小条等。

【例 5.3】使用标签向导创建标签报表，数据源为"学生"表，标签中包含学号、姓名、性别和出生日期 4 个字段。操作步骤如下：

① 在数据库窗口的导航区，单击选择"表"对象中的"学生"表，选择数据源。

② 功能区"创建"选项卡的"报表"分组中，单击"标签"按钮，弹出"标签向导"第 1 个对话框，如图 5-23 所示。

③ 在第 1 个对话框中，可以在列表框中选择标签的尺寸，也可以单击"自定义"按钮自行定义标签的大小，这里选择 C2166，然后单击"下一步"按钮，弹出"标签向导"第 2 个对话框，如图 5-24 所示。

图 5-23　"标签向导"第 1 个对话框

图 5-24　"标签向导"第 2 个对话框

④ 在第 2 个对话框中，可以设置标签文本的字体、字号、颜色、下画线等，设置后，单击"下一步"按钮，弹出"标签向导"第 3 个对话框。

⑤ 在第 3 个对话框中设置标签上要显示的内容，在右侧的"原型标签"框中输入"学号："，再双击左侧"可用字段"列表中的"学号"字段，然后在右侧的"原型标签"框中输入"姓名："，再双击左侧"可用字段"列表中的"姓名"字段，然后在"原型标签"框中先按 Enter 键，在下一

行输入"性别:",再双击"可用字段"列表中的"性别"字段,最后,在"原型标签"框中输入"出生日期:",再双击"可用字段"列表中的"出生日期"字段,设置后的内容如图 5-25 所示。

这时,单击"下一步"按钮,弹出"标签向导"第 4 个对话框,如图 5-26 所示。

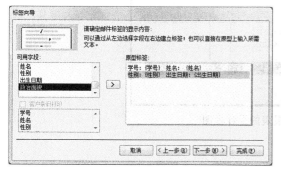
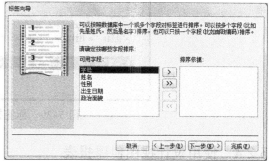

图 5-25　"标签向导"第 3 个对话框　　　　图 5-26　"标签向导"第 4 个对话框

⑥ 第 4 个对话框指定对标签排序的字段,这里选择"学号"字段,然后,单击"下一步"按钮,弹出"标签向导"的第 5 个对话框,如图 5-27 所示。

图 5-27　"标签向导"第 5 个对话框

⑦ 第 5 个对话框中,可以为新建的报表指定名称,在名称框中输入"基本情况",单击"完成"按钮,完成标签报表的设计,如图 5-28 所示。

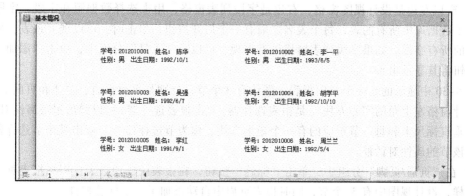

图 5-28　标签报表

该报表的设计视图如图 5-29 所示。

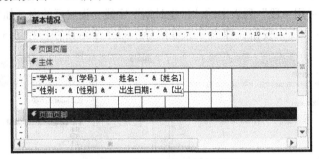

图 5-29　标签报表的设计视图

5.2.4　使用设计视图创建报表

在创建报表时，可以使用报表向导的方法，也可以使用设计视图。前一种方法创建的报表其格局、样式是由系统自动确定的，而在设计视图中，用户可以设置自己需要的格式，例如添加页眉页脚、添加各种控件、进行统计分析、设置排序和分组、改变报表的外观等。

【例 5.4】使用设计视图创建报表，数据源为"课程"表。操作步骤如下：

① 在功能区"创建"选项卡的"报表"分组中，单击"报表设计"按钮，打开设计视图窗格，如图 5-30 所示。

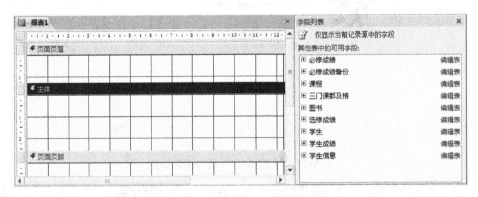

图 5-30　"设计视图"窗格和"字段列表"窗格

② 窗口左边是设计视图窗格，右边是字段列表窗格，用来选择数据源和字段，字段列表中显示了数据库中所有的表，每个表名之前有一个展开按钮，单击时，可以展开该表，显示出该表中的所有字段。如果字段列表窗格没有出现，可以在"工具"分组中，单击"添加现有字段"按钮将其显示出来。

图 5-30 中显示的是一个空白报表，默认有 3 个节，分别是页面页眉、主体和页面页脚。

设计窗格左上角的实心方块█是报表选择器，双击报表选择器，可以弹出报表属性对话框。左侧的垂直标尺上和每一节对应的有一个矩形方块，称为节选择器▨，双击某个节选择器，可以弹出该节的属性对话框。

③ 在"页眉/页脚"分组中，单击"标题"按钮，在报表中添加报表页眉和报表页脚两个节，这样，设计视图中有 5 个节，同时报表页眉中自动添加了一个标签控件。

④ 向报表页眉节中的标签控件输入标题"开设课程"，然后单击"工具"分组中的"属性

表"按钮，打开标签的属性窗格，在该窗口中选择"格式"选项卡，如图 5-31 所示。在"字号"一行中输入字号"20"，然后，单击关闭按钮，关闭属性窗格。

⑤ 从字段列表中分别将课程表的 4 个字段拖动到报表的主体节中，如图 5-32 所示，可以看到，每拖动一个字段，在报表中同时添加两个控件：一个是标签控件，显示字段的名称；另一个是绑定文本框控件，用来显示字段的具体内容。每个控件的左上角有一个小块控点用来拖动控件移动位置。

图 5-31 "标签"属性窗口

⑥ 在报表的主体节中删除"课号"标签，然后向页面页眉中添加一个标签控件，并插入标题"课号"。

同样，将主体节中的其他 3 个标签删除，再向页面页眉中添加 3 个标签，并分别加上标题，然后分别调整页面页眉节和主体节中控件的大小、位置并对齐，操作时使用"排列"选项卡中的"调整大小和排序"分组中的按钮，调整后的报表布局如图 5-33 所示。

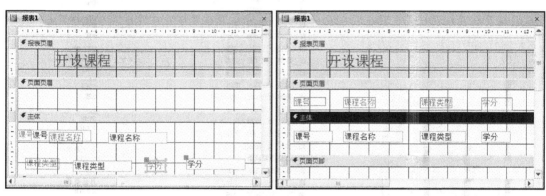

图 5-32 向报表添加的数据源字段　　　　图 5-33 报表中控件的布局

⑦ 切换到"打印预览"视图查看显示的报表，如果不满意，可以切换回设计视图重新调布局。如果满足要求，单击工具栏中的"保存"按钮，在"另存为"对话框中输入报表名称"开设课程"，最后单击"确定"按钮完成报表的创建。

5.3 编 辑 报 表

例 5.4 介绍了在设计视图中创建报表的一般方法，使用设计视图，也可以对已创建的报表进行编辑和修改，例如设置报表的格式、添加背景图案、向报表中插入页码及日期等。

在设计视图中打开报表时，数据库窗口的功能区自动显示了与报表设计有关的 4 个选项卡，分别是报表设计工具中的设计、排列、格式和页面设置，设计和编辑报表时可以使用这些选项卡各个分组中的按钮，主要使用的有"控件"分组、字段列表和属性窗格。

不论是报表、报表中的每个节，还是报表中的每一个控件，都有一个对应的属性窗格，用来设置不同的属性，双击报表选择器可以打开报表属性窗格，双击节选择器可以打开节属性窗格，而双击控件时，就可以打开控件的属性窗格，也可以右击这些不同的部分，在弹出的快捷菜单中选择"属性"命令来打开属性窗格。

5.3.1 设置报表的主题

同窗体的设计类似，对已经创建好的报表，用户也可以从系统提供的固定样式中选择某个格式，这些样式称为主题，主题与早期版本中的自动套用格式类似。主题确定了窗体的颜色、文字格式等内容，使用主题可以简化对窗体外观的设计工作，可以快速地对窗体使用特定的主题。

设置窗体的主题，在"报表设计工具|设计"选项卡的"主题"分组中，分别使用主题、颜色、字体 3 个按钮，在其下拉选项中进行选择，如图 5-34～图 5-36 所示。

图 5-34 "主题"选项

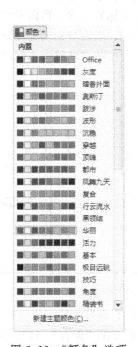

图 5-35 "颜色"选项

图 5-36 "字体"选项

将鼠标在某个主题选项中移动时，报表的外观也会同步地进行变化。

5.3.2 添加背景图案

为报表添加背景图案是指将某个指定的图片作为报表的背景。设计步骤如下：

① 在"设计视图"中打开报表。

② 双击报表左上角的报表选择器，打开"报表属性"窗口。

③ 在"报表属性"窗格中选择"格式"选项卡，该选项卡中包含了关于图片设置的操作，如图 5-37 所示。

④ 单击选项卡中"图片"一行，然后单击该行右侧的 按钮，弹出"插入图片"对话框，如图 5-38 所示。

⑤ 在"插入图片"对话框中选择要作为背景的图片文件所在的盘符、文件夹和文件名，单击"打开"按钮，被选择的图片文件的内容加到报表中。

图 5-37 "报表属性"窗格

图 5-38 "插入图片"对话框

⑥ 选择了背景图片后，在"报表属性"窗格中，还可以对选择的图片进行下面的属性设置：

- 图片类型：可以选择"嵌入""链接"或"共享"方式。
- 图片缩放模式：可以选择"剪辑""拉伸""缩放""水平拉伸"或"垂直拉伸"来调整图片的大小。
- 图片对齐方式：可以选择"左上""右上""中心""左下"或"右下"确定图片在报表中的位置。
- 图片平铺：选择是否平铺背景图片。
- 图片出现的页：可以设置图片出现在"所有页""第一页"或"无"。

5.3.3　插入日期和时间

向报表中插入日期和时间，可以使用功能区的按钮或控件。

1. 使用功能区的按钮

操作步骤如下：

① 在设计视图窗格中打开要添加日期和时间的报表。

② 在功能区"设计"选项卡的"页眉/页脚"分组中，单击"日期和时间"按钮，弹出"日期和时间"对话框，如图 5-39 所示。

③ 要插入日期和时间，可以分别选中"包含日期"和"包含时间"复选框。

④ 对选中的日期，在其下方的单选按钮中选择具体的日期格式；同样，对选中的时间，在其下方的单选按钮中选择具体的时间格式。

⑤ 单击"确定"按钮，关闭该对话框。

使用这种方法可以将日期和时间添加到报表的页眉区。

2. 使用文本框插入日期和时间

使用文本框在报表中插入日期和时间时，可以将日期和时间显示在报表的任何节中。操作步骤如下：

① 在"设计视图"中打开报表。

② 向报表中添加一个文本框，添加的位置根据需要可以是报表中的任何一个节。

③ 删除与文本框同时添加的"标签"控件，双击"文本框"控件，打开属性窗格，在属

性窗格中选择"数据"选项卡。

④ 如果要向报表中插入日期，可以单击窗格中的"控件来源"一行，然后向其中输入下面的表达式：

=Date()

设置的内容如图 5-40 所示。

图 5-39 "日期和时间"对话框   图 5-40 "文本框"的属性

如果要显示时间，可以输入下面两个表达式中的任何一个：

=Time()   或   =Now()

5.3.4 插入页码

在报表中插入页码的操作步骤如下：

① 在"设计视图"中打开报表。

② 在"页眉/页脚"分组中单击"页码"按钮，弹出"页码"对话框，如图 5-41 所示。

③ 在对话框中可以设置页码的格式、位置、对齐方式以及是否在首页显示页码。其中，对齐方式是设置存放页码的文本框的位置，有以下 5 种：

- 左：将文本框添加在左页边距。
- 居中：将文本框添加在左页边距和右页边距的中间。
- 右：将文本框添加在右页边距。
- 内：奇数页的文本框添加在左侧，偶数页的文本框添加在右侧。

图 5-41 "页码"对话框

- 外：奇数页的文本框添加在右侧，偶数页的文本框添加在左侧。

④ 单击"确定"按钮完成设置。

5.3.5 手工分页

对报表进行打印输出时，每页输出内容的多少是根据打印纸张的型号即不同的尺寸和页面设置中的上、下、左、右的边距来确定的。当一页打印完后，会自动将其余的内容继续打印在下一页，这是自动分页。

也可以在一页未打印完时人为地将后面的内容打印在新的一页，这种方法称为手工分页。手工分页有两种方法：一种方法是在报表中需要人为分页的位置插入"分页符"；另一种方法是通过设置组页眉、组页脚或主体节中的"强制分页"属性，后一种方法在 5.3.7 节中介绍。

插入分页符的具体操作步骤如下：

① 在"设计视图"中打开报表。

② 在"设计"选项卡的"控件"分组中，单击"插入分页符"按钮。

③ 在报表中需要添加分页符的位置单击，这时，添加的分页符会以短虚线的标志显示在报表的左边界上。

切换到预览视图下，可以看到分页的效果。

如果要删除已添加的人工分页符，可以单击分页符标志，然后按 Delete 键即可。

5.3.6　设置报表的属性

报表的属性窗格如图 5-37 所示，报表的属性分布在 5 个选项卡中，在"格式"选项卡中，常用的属性如下：

① 页面页眉：控制页面页眉是否出现在所有的页上、报表页眉不要、报表页脚不要或报表页眉/页脚都不要。

② 页面页脚：控制页面的页脚是否出现在所有的页上、报表页眉不要、报表页脚不要或报表页眉/页脚都不要。

③ 宽度：设置报表的宽度。

④ 网格线 X 坐标：指定报表在水平方向上每英寸的点的数量。

⑤ 网格线 Y 坐标：指定报表在垂直方向上每英寸的点的数量。

在"数据"选项卡中，有一个重要的属性是"记录源"，实际上是一条 SQL 的查询语句，用来为报表设置数据源。

5.3.7　节的操作

一个报表由各个节组成，每个节的使用都有其特定的效果，对节进行的操作包括设置节的属性、添加或删除某些节以及改变某个节的大小。

1. 设置节的属性

在设计视图窗口中，右击任何一个节，在弹出的快捷菜单中选择"属性"命令，都可以打开用于设置该节属性的对话框。图 5-42 所示为"报表页眉"节的属性对话框。

在节属性对话框中，所有的属性分布在 5 个选项卡中。常用的属性如下：

① 强制分页：单击该属性时，可以在下拉列表框中选择是否强制分页以及强制分页时分页的位置，分页的位置可以是"节前""节后""节前和节后"。

② 新行或新列：对于多列报表，这个属性可以强制在每一列的顶部显示两次标题。

③ 保持同页：设置为"是"，则该节区域内所有的行将显示在同一页中，设置为"否"时，跨页编排。

④ 可见：设置为"是"，在报表中可以显示该节，设置为"否"时不显示，用于在报表中取消某个节。

⑤ 可以扩大：设置为"是"，表示该区域可以扩展。

⑥ 可以缩小：设置为"是"，表示该区域可以缩小。

⑦ 高度：设置该节的高度。

⑧ 特殊效果：可以设置的特殊效果有平面、凸起和凹陷。

2．添加或删除节

对于页面页眉、页面页脚、报表页眉和报表页脚这几个节的添加或删除，可在快捷菜单中选择"页面页眉/页脚"或"报表页眉/页脚"命令，如图 5-43 所示。

图 5-42　"报表页眉"节的属性　　　　图 5-43　快捷菜单

某个节被删除后，系统会弹出对话框，提示该节中的所有控件也同时被删除，如图 5-44 所示。

图 5-44　确认删除对话框

使用快捷菜单命令时，页眉和页脚只能同时添加或同时删除，如果只需要删除其中的一个，可以通过属性窗格进行设置。方法如下：

① 将该节的"可见性"属性设置为"否"，或删除该节中的所有控件。

② 将该节的"高度"属性设置为 0。

3．改变节的大小

在报表中，所有节的宽度是一样的，如果改变某个节的宽度，将改变整个报表的宽度，而每个节的高度可以分别改变。

要改变某个节的高度，可以在该节的属性窗格中设置"高度"属性，也可以将鼠标移动到该节的底边，然后上下拖动鼠标。

要改变报表的宽度，可以在报表属性窗格中设置"宽度"属性，也可以左右拖动某个节的右边界，改变报表的宽度。

如果将鼠标移动到节的右下角，并沿对角线的方向拖动，可以同时改变宽度和高度。

5.3.8　添加线条和矩形

在报表中添加线条和矩形，目的是修饰报表，起到突出显示的效果。

1．添加线条

添加线条的操作步骤如下：

① 在"设计视图"中打开报表。

② 在"设计"选项卡的"控件"分组中，单击"直线"工具╲。

③ 在报表中拖动鼠标可以绘制出所需长短的线条。

④ 打开"线条"属性窗格，在窗格中可以设置线条的样式、颜色、宽度。

绘制的线条其长度和位置都可以通过属性窗格进行设置，也可以用鼠标进行调整。

单击线条，其四周出现 8 个控点，将鼠标移动到两个水平或垂直控点的中间位置，当鼠标形状变为一个具有 4 个方向箭头时，拖动鼠标可以改变线条的位置。

拖动控点可以改变线条的长度或角度。

如果要细微调整线条的位置，可以按住 Ctrl 键后通过 4 个方向键进行；如果要细微地调整线条的长度或角度，可以按住 Shift 键后通过 4 个方向键进行。

2．添加矩形

添加矩形的操作步骤如下：

① 在"设计视图"中打开报表。

② 在"设计"选项卡的"控件"分组中，单击"矩形"工具▭。

③ 在报表中拖动鼠标可以绘制出所需大小的矩形。

在添加矩形时，同样可以通过"矩形"属性窗格设置线条的样式、颜色、宽度。

在细微地调整矩形的位置和大小时，也可以通过按住 Ctrl 键或 Shift 键后，结合 4 个方向键进行。

5.4　报表中的排序、分组和计算

本节介绍报表的其他输出形式，包括使用计算控件、设置记录的输出顺序、分组。

5.4.1　使用计算控件

在设计报表时，如果从字段列表中将字段拖到报表中，则系统自动为每个字段设置一个标签和一个文本框，标签用来显示字段的名称，文本框则与字段的值绑定在一起。

有时，需要通过已有的字段计算出其他的数据，例如成绩表中的总分、工资表中的实发工资等，并将其在报表中显示出来，这可以通过在文本框的"控件来源"属性中设置表达式来实现，即将文本框与表达式绑定起来，这个保存计算结果的控件称为"计算控件"。

根据报表设计的不同，可以将计算控件添加到报表的不同节中。

1．将计算控件添加到主体节区

在主体节中添加计算控件，用于对数据源中的每条记录进行字段的计算，例如求和、平均等，相当于在报表中增加了一个新的字段。

2．将计算控件添加到报表页眉/页脚区或组页眉/页脚区

在报表页眉/页脚区或组页眉/页脚区添加计算控件，目的用于汇总数据。例如，对某些字段的一组记录或所有记录进行求和或平均等，如果说在主体节中添加的字段用于对数据源中每条记录进行行方向的统计，则在报表页眉/页脚区或组页眉/页脚区添加计算控件就是对数据源

中的每个字段进行列方向的统计。

在列向统计时，可以使用 Access 内置的统计函数，例如，函数 Sum()、Count()、Avg()分别用于求和、计数和平均。

例如，要计算成绩表中所有记录的"数学"成绩的平均，可以在报表的页脚区与"数学"字段对应的位置添加计算控件，并设置其控件来源为"=Avg（[数学]）"。

5.4.2 记录排序

在默认情况下，报表中输出的记录顺序是按数据源中记录的先后顺序进行显示的，也可以指定将记录的输出按某种顺序排列，例如按成绩由高到低的顺序排列。

设置记录排序，可以在报表向导中进行，也可以在设计视图中进行。所不同的是，使用报表向导设置排序时，最多只能设置 4 个排序字段，而且只能是字段，不能是表达式，而在设计视图中，最多可以设置 10 个排序字段或排序表达式。

【例 5.5】"必修成绩"表中有学号、姓名、计算机应用、高等数学、大学英语 5 个字段，以该表作为数据源，创建名为"总分降序"的报表，要求在报表中显示各条记录的所有字段以及总分，整个报表中只在开始显示字段名称，并将记录按总分的降序排序，最后对所有记录的"总分"计算平均值，并显示在报表的末尾。操作步骤如下：

① 在"创建"选项卡的"报表"分组中，单击"报表设计"按钮，打开报表的设计视图窗格。

② 在字段列表窗格中，双击"必修成绩"表的展开按钮，显示出该表中所有的字段。

③ 右击设计视图，在弹出的快捷菜单中选择"报表页眉/页脚"命令，在报表中添加报表页眉和报表页脚两个节。

④ 从字段列表中分别将学生表中的 5 个字段拖动到报表的主体节中。

⑤ 在报表的主体节中删除"学号"标签，然后单击"控件"分组中的标签控件，向页面页眉中添加一个标签控件，并插入标题"学号"。

也可以通过剪贴板将标签从主体节移动到页面页眉节中。

同样，将主体节中的其他 4 个标签删除，再向页面页眉中添加 4 个标签，并分别加上标题，然后分别调整页面页眉节和主体节中控件的大小、位置，并对齐。

⑥ 向页面页眉中添加一个标签控件，并插入标题"总分"，然后在主体节中添加一个文本框控件，右击该文本框，在弹出的快捷菜单中选择"属性"命令，打开"属性"窗格。

单击"数据"选项卡，在"控件来源"属性框中输入下面的内容：

=[计算机应用]+[高等数学]+[大学英语]

输入后的属性窗格如图 5-45 所示。

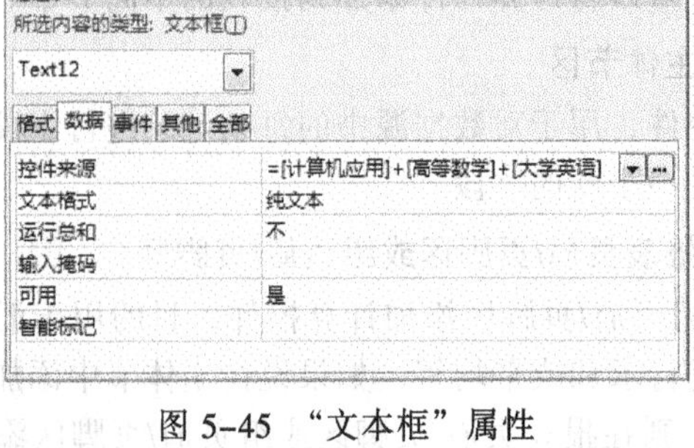

图 5-45 "文本框"属性

⑦ 在报表页脚区添加标签控件，输入标题"平均"，将该控件与主体节中的"大学英语"文本框上下对齐，然后在报表页脚区添加文本框控件，右击该文本框，在弹出的快捷菜单中选择"属性"命令，打开窗口，单击"数据"选项卡，在"控件来源"属性框中输入下面的内容：

=Avg([计算机应用]+[高等数学]+[大学英语])

这时的设计视图窗口如图 5-46 所示。

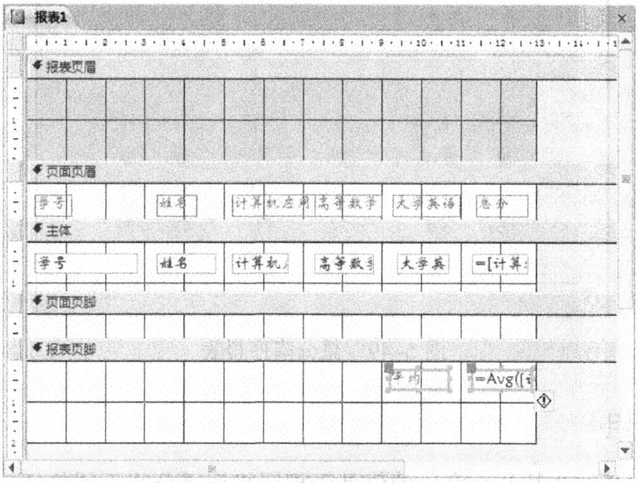

图 5-46　设计视图窗格

⑧ 单击"分组和汇总"分组中的"分组和排序"按钮，在设计视图下方显示"分组、排序和汇总"窗格，单击其中的"添加排序"按钮，窗格中显示"选择字段"列表框（见图 5-47），单击列表框中的"表达式"，弹出"表达式生成器"对话框，如图 5-48 所示。

向对话框中输入下面的表达式：

[必修成绩]![计算机应用] + [必修成绩]![高等数学] + [必修成绩]![大学英语]

输入后单击"确定"按钮，返回到"分组、排序和汇总"窗格，在窗格中选择"降序"。

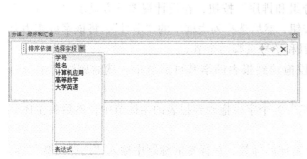

图 5-47　分组、排序和汇总窗格

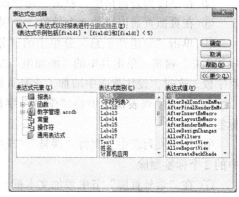

图 5-48　"表达式生成器"对话框

⑨ 分别在页面页眉的字段名下方和报表页脚的字段名上方各添加一条水平线。

⑩ 单击"保存"按钮，在弹出的"另存为"对话框中输入报表名称"总分降序"，最后单击"确定"按钮完成报表的创建。

该报表显示的结果如图 5-49 所示。

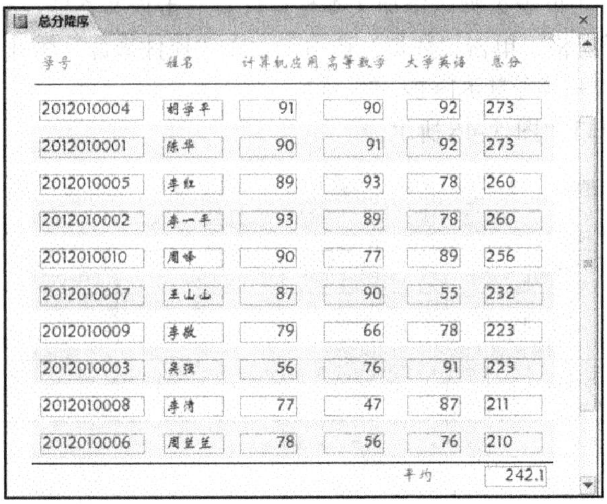
总分降序

学号	姓名	计算机应用	高等数学	大学英语	总分
2012010004	胡学平	91	90	92	273
2012010001	陈华	90	91	92	273
2012010005	李红	89	93	78	260
2012010002	李一平	93	89	78	260
2012010010	周峰	90	77	89	256
2012010007	王山山	87	90	55	232
2012010009	李敏	79	66	78	223
2012010003	吴强	56	76	91	223
2012010008	李清	77	47	87	211
2012010006	周兰兰	78	56	76	210
				平均	242.1

图 5-49　总分降序报表

5.4.3　记录的分组

分组是将记录按某个或某几个字段的值是否相同将记录分为不同的组，没有设置分组时，报表中最多只有 5 个节，当设置分组后可以向报表中添加分组页眉和分组页脚两个节，可以在这两个节中对每个分组进行汇总，例如计算平均、统计个数等。

【例 5.6】 用“选修成绩”表作为数据源，创建名为“选修门数统计”的报表，要求显示表中的“学号”“课号”“成绩”3 个字段，并分别统计每个人所选课程的门数。

要统计每个人所选课程的门数，需要对记录按学号进行分组。操作步骤如下：

① 在“创建”选项卡的“报表”分组中，单击“报表设计”按钮，打开报表的设计视图窗格。

② 在字段列表窗格中，双击“选修成绩”表的展开按钮，显示该表中所有的字段。

③ 在页面页眉中添加 3 个标签，分别设置其标题为“学号”“课号”和“成绩”。

④ 单击“分组和汇总”分组中的“分组和排序”按钮，在设计视图下方显示“分组、排序和汇总”窗格，单击其中的“添加组”按钮，然后选择列表框中的“学号”，将该字段作为分组字段，这时，设计视图中增加了学号页眉和学号页脚两个节。

⑤ 从字段列表窗格中将“学号”字段拖动到报表的学号页眉节中，然后删除“学号”标签。

⑥ 从字段列表中分别将“课号”“成绩”2 个字段拖动到报表的主体节中，然后将主体节中的 2 个标签删除。

⑦ 在“学号页脚”节中添加文本框及附加的标签，在标签的标题中输入“选课门数”，向文本框属性设置的“控件来源”输入“=Count([课号])”。

⑧ 在“页面页眉”中的标签控件下方添加一条直线。

⑨ 在“学号页脚”节的控件上方添加一条直线，该报表的设计视图如图 5-50 所示。

⑩ 单击“保存”按钮，在弹出的“另存为”对话框中输入报表名称“选修门数统计”，最后单击“确定”按钮完成报表的创建。创建后的报表输出形式如图 5-51 所示。

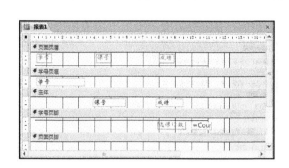

图 5-50 设置后的设计视图

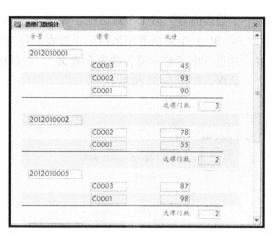

图 5-51 "选修成绩"报表

5.5 创建子报表

子报表是指插入到其他报表中的报表,在对两个报表进行合并时,必须将其中一个作为主报表。主报表有两种:一种是绑定的,即基于表、查询等数据源的;另一种是非绑定的,不基于数据源的,用来作为容纳子报表的容器。

主报表中可以包含多个子报表,也可以包含多个子窗体,而一个子报表中,还可以包含下一级的子报表或子窗体。

创建子报表有两种方法:一种方法是在现有的报表中创建子报表;另一种方法是将现有的报表插入到其他报表中成为子报表。

5.5.1 向已有的报表中添加子报表

在向已有的报表中插入子报表时,子报表中的控件必须与主报表相链接。这样,可以确保在子报表中显示的记录与主报表中显示的记录相一致。

向已有的报表中添加子报表的过程是通过"子报表向导"来完成的,该向导是报表中的一个控件。

【例 5.7】用"学生"表作为主报表的数据源,以"必修成绩"表作为子报表的数据源,创建包含子报表的报表,报表名称为"带子报表的报表"。对于主报表,要求只显示表中的"学号""姓名"和"性别"3个字段,对于子报表,要求显示"计算机应用""高等数学""大学英语"3个字段。操作步骤如下:

① 在"创建"选项卡的"报表"分组中,单击"报表设计"按钮,打开报表的设计视图窗格。

② 在字段列表窗格中,双击"学生"表的展开按钮,显示该表中所有的字段。

③ 将表中的"学号""姓名"和"性别"3个字段拖动到设计视图的主体节中,并调整大小和位置,然后调整主体节的大小,在主体节右部为子报表留出一块区域。

④ 在"设计"选项卡的"控件"分组中,单击"使用控件向导"按钮,使其呈下沉显示。

⑤ 单击"控件"分组中的"子窗体/子报表"按钮,然后单击主体节的右侧,这时,弹

出"子报表向导"第 1 个对话框，如图 5-52 所示。

⑥ 第 1 个对话框用来指定子报表的数据源，可以是表或查询，也可以是已有的窗体或报表，这里选中"使用现在的表和查询"，然后单击"下一步"按钮，弹出"子报表向导"第 2 个对话框，如图 5-53 所示。

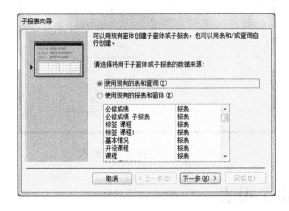

图 5-52 "子报表向导"第 1 个对话框   图 5-53 "子报表向导"第 2 个对话框

⑦ 在第 2 个对话框中，单击"表/查询"下拉列表框中的下拉按钮，然后在打开的下拉列表框中选择"表：必修成绩"作为子表的数据源，然后在下方的"可用字段"列表框中选择"计算机应用"字段，单击"＞"按钮，将其添加到右侧的"选定字段"列表框中，同样，继续将"高等数学"和"大学英语"添加到"选定字段"中，最后单击"下一步"按钮，弹出"子报表向导"第 3 个对话框，如图 5-54 所示。

⑧ 第 3 个对话框用于确定主报表与子报表的链接字段，可以从列表中选择，也可以由用户自行定义，这里选中"从列表中选择"，由于这两个表只有一个共同字段"学号"，所以列表框中也就只有一个选项，选择此项后单击单击"下一步"按钮，弹出"子报表向导"第 4 个对话框，也是最后一个对话框，如图 5-55 所示。

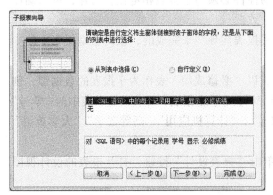

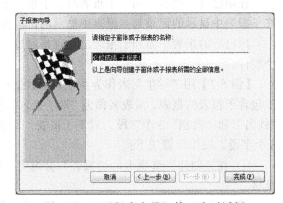

图 5-54 "子报表向导"第 3 个对话框   图 5-55 "子报表向导"第 4 个对话框

⑨ 第 4 个对话框为子报表指定名称，这里将子报表命名为"必修成绩 子报表 1"，单击"完成"按钮，关闭"子报表向导"，然后在设计视图窗口中调整各控件的位置。调整后的版面如图 5-56 所示。

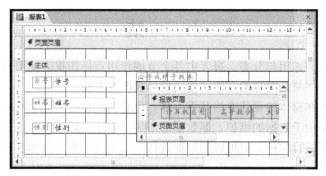

图 5-56 报表的设计视图窗口

⑩ 单击工具栏中的"保存"按钮,在弹出的"另存为"对话框中输入报表名称"带子报表的报表",最后单击"确定"按钮完成报表的创建。创建后的报表输出形式如图 5-57 所示。

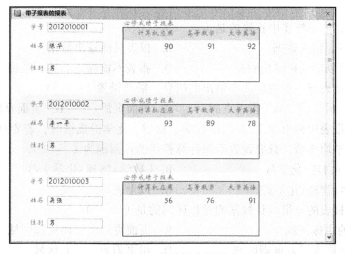

图 5-57 带子报表的报表

5.5.2 在已有的报表中添加子报表

在例 5.7 中,是先创建了主报表,然后在主报表中使用子报表向导插入子报表。如果两个报表已经分别创建好了,可以将一个作为主报表,将另一个作为子报表添加到主报表中。操作方法如下:

① 在"设计视图"中,打开作为主报表的报表。

② 在"设计"选项卡的"控件"分组中,单击"使用控件向导"按钮,使其呈下沉显示。

③ 在导航窗格中选择作为子报表的数据源,然后将其拖动到主报表中要插入子报表的节中,这时,子报表控件会自动添加到报表中。

④ 调整各控件的大小和位置,然后保存该报表。

在插入子报表之前,如果子报表和主报表之间已经建立了表间关系,则会自动将子报表插入到主报表中;如果还没有创建表间关系,则会弹出对话框,用来确定主报表与子报表的链接字段,这时可以从列表中选择链接字段。

小　结

　　本章介绍了报表的作用与分类；报表中各个节的作用；操作报表使用的各种视图；创建报表的各种不同方法，主要是向导的方法和使用设计视图的方法。

　　报表的设计方法和窗体的设计方法几乎一样，但它们的作用是完全不同的。窗体除了可以设计外观，重要的是用于数据的维护，即数据的增加、删除、修改等；报表主要是用来打印输出数据，不能对数据进行维护，但可以对数据进行一些汇总工作，例如求和、平均、计数等，也有输出格式的要求。

习　题

一、选择题

1. 关于报表，以下叙述中正确的是（　　　）。
　　A. 报表只能输入数据　　　　　　　　B. 报表只能输出数据
　　C. 报表可以输入和输出数据　　　　　D. 报表不能输入和输出数据

2. 要设置在报表每一页的底部都输出的信息，需要设置（　　　）。
　　A. 报表页眉　　　B. 报表页脚　　　C. 页面页眉　　　D. 页面页脚

3. 当在一个报表中列出学生 3 门课数学、物理、化学的成绩时，若要对每一位学生计算三门课的平均成绩，只要设置新添计算控件的控制源为（　　　）。
　　A. =数学+物理+化学/3　　　　　　　B. （数学+物理+化学）/3
　　C. =(数学+物理+化学)/3　　　　　　 D. 以上表达式均错

4. 用于实现报表的分组统计数据的操作区间的是（　　　）。
　　A. 报表的主体区域　　　　　　　　　B. 页面页眉或页面页脚区域
　　C. 报表页眉或报表页脚区域　　　　　D. 组页眉或组页脚区域

5. 如果要使报表的标题在每一页上都显示，那么应该设置（　　　）。
　　A. 报表页眉　　　B. 页面页眉　　　C. 组页眉　　　D. 以上说法都不对

6. 要在报表的每一页的底部显示页码号，应使用（　　　）。
　　A. 报表页眉　　　B. 页面页眉　　　C. 页面页脚　　　D. 报表页脚

7. 使用报表向导设计报表时，无法设置（　　　）。
　　A. 报表中显示字段　　　　　　　　　B. 记录排序次序
　　C. 报表布局　　　　　　　　　　　　D. 在报表中显示日期

8. 为报表指定数据来源之后，在报表设计窗口中，从（　　　）中取出数据源的字段。
　　A. 属性表　　　B. 工具箱　　　C. 自动格式　　　D. 字段列表

9. 要设置只在报表最后一页主体内容之后输出的信息，需要设置（　　　）。
　　A. 报表页眉　　　B. 报表页脚　　　C. 页面页脚　　　D. 页面页眉

10. 每个报表最多包含（　　　）种节。
　　A. 5　　　　　B. 6　　　　　C. 7　　　　　D. 8

11. 如果要制作一个公司员工的名片，应该使用（　　　）报表。
　　A. 纵栏式　　　B. 图表式　　　C. 表格式　　　D. 标签式

12. 图表式报表中，要显示一组数据的记录个数，应该使用（　　）函数。

    A. Count　　　　　B. Avg　　　　　C. Sum　　　　　D. Max

13. 预览主/子报表时，子报表页面页眉中的标签（　　）。

    A. 每页都显示一次　　　　　　　　　B. 每个子报表只在第一页显示一次

    C. 每个子报表每页都显示　　　　　　D. 不显示

14. 在报表设计中，以下控件中可以做绑定控件显示普通字段数据的是（　　）。

    A. 文本框　　　　　B. 标签　　　　　C. 命令按钮　　　D. 图像

15. 如果设置报表上某个文本框的控件来源属性为 "=2*3+1"，则打开报表视图时，该文本显示的信息是（　　）。

    A. 未绑定　　　　　B. 7　　　　　　　C. 2*3+1　　　　D. 出错

16. 一个完整的报表中，应包括报表本身、必要的节和（　　）。

    A. 控件　　　　　　B. 表　　　　　　C. 查询　　　　　D. 窗体

17. 下面各节中，在报表中有而在窗体没有的是（　　）。

    A. 页面页眉　　　　B. 组标头　　　　C. 页面页脚　　　D. 主体

18. 将大量数据按不同的类型集中在一起的操作称为（　　）。

    A. 分组　　　　　　B. 排序　　　　　C. 合计　　　　　D. 筛选

19. 在窗体和报表中可以使用超链接的控件是（　　）。

    A. 命令按钮　　　　B. 图表　　　　　C. 列表框　　　　D. 文本框

20. 最常用的计算控件是（　　）。

    A. 命令按钮　　　　B. 组合框　　　　C. 列表框　　　　D. 文本框

二、填空题

1. Access 2010 中，可以自动创建的报表有_____和_____。

2. 要在报表的页面页脚显示的页码格式为 "第 3 页共 10 页"，则计算控件的来源应设置为_____。

3. 默认情况下，报表中的记录是按照_____排列显示的。

4. 在绘制报表中的直线时，按住_____键后拖动鼠标，可以保证绘制出水平直线和垂直直线。

5. 对记录排序时，使用报表设计向导最多可以按照_____个字段排序。

6. 报表的视图有设计视图、_____、_____和_____。

7. 以紧凑形式打印表或查询中数据的报表是_____。

8. 一个主报表中最多可以包含_____子窗体和子报表。

9. 通过_____可以在报表中实现同组数据的汇总和显示输出。

10. 报表的打印预览视图由三部分组成，分别是主体、_____和_____。

三、操作题

"教学管理" 数据库有一个 "教师信息" 表，表中包括 "编号" "姓名" "性别" "工作时间" "职称" "电话号码" 等字段，同一文件夹下还有一个名为 back.gif 的图片文件，以该表为数据源，分别创建以下不同要求的报表。

1. 用报表向导创建 "教师基本信息" 报表，要求按 "性别" 分组，并将记录按编号升序排列。

2. 创建名为"教师信息"的报表。

3. 创建一个图表式报表，用于统计教师职称的人数。

4. 使用"图表向导"创建饼状报表图，报表名称为"分类"，分类字段为"职称"。

5. 将报表"分类"作为子报表插入到"教师基本信息"报表中。

6. 使用"标签向导"创建"通讯录"报表，报表中包括姓名和电话号码两个字段。

7. 修改"教师基本信息"报表，在报表的页脚中添加用于显示当前日期和时间的无标签文本框。

8. 将 back.gif 图片以"嵌入"方式添加到"教师基本信息"报表中作为背景，并让该图片平铺在报表中。

第 6 章　宏

学习目标

- 理解宏的概念和作用。
- 了解常用的宏操作命令。
- 掌握操作序列宏、宏组和条件操作宏的创建方法。
- 掌握宏的多种运行方法。
- 掌握宏的调试方法。

Access 的宏对象是具有名称的、由一个或多个操作命令组合而成，使用宏操作可以使得对数据库进行的操作变得更为方便。本章介绍宏的概念，宏、宏组以及条件宏操作的创建、运行和调试。

6.1　宏　的　概　念

在 Access 中提供了 60 多条可选择的操作命令，每个操作命令完成特定的功能，而本章所说的宏，正是由这些命令中的若干个所组成的。

6.1.1　宏设计窗格的组成

Access 为宏的设计提供了非常方便的可视化环境，在功能区的"创建"选项卡中，单击"宏与代码"分组（见图 6-1）中的"宏"按钮，工作区显示宏的设计视图窗格和操作目录窗格，如图 6-2 所示。

操作目录窗格中列出了所有的程序流程命令和操作命令，这些命令以文件夹的形式进行分类管理。双击文件夹展开按钮后，显示出该类的宏操作命令，双击某个命令，可以将其添加到宏设计窗格中。

图 6-1　"其他"分组

在设计窗格中，单击"添加新操作"下拉按钮，列表框中也可以显示出要添加的命令（见图 6-3），可以从中进行选择并添加到宏设计窗格中，因此，在创建宏时，有两种方法可以向宏中添加命令。

如果向宏中添加一条新命令，例如 OpenTable，即打开表命令，宏的设计窗格中显示命令编辑窗格，如图 6-4 所示。在该窗格中对命令 OpenTable 做进一步的设置，即添加该命令的参数。

图 6-2 宏设计窗格和操作目录窗格

图 6-3 命令列表

在该命令的编辑窗格中，可以对 3 个选项进行设置："表名称"下拉列表框用于选择要打开的表名称；"视图"下拉列表框用来选择打开表使用的视图方式，例如数据表视图、设计视图等；"数据模式"下拉列表框中用来选择表的使用模式，包括编辑、增加和只读。

图 6-4 命令编辑窗格

6.1.2 宏设计选项卡

在新建宏时，功能区显示出与宏操作有关的"宏工具|设计"选项卡，该选项卡中包含了 3 个分组（见图 6-5），分别是"工具""折叠/展开"和"显示/隐藏"。

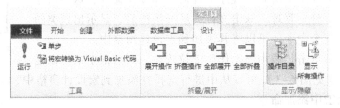

图 6-5 "设计"选项卡

宏设计选项卡的 3 个分组中各按钮的作用如下：

1. "工具"分组

① 运行：单击此按钮运行宏。

② 单步：单步运行宏。

③ 将宏转换为 Visual Basic 代码。

2．"折叠/展开"分组

① 展开操作：将命令展开后，窗格中显示命令和命令的参数。

② 折叠操作：将命令折叠后，窗格中只显示命令的名称，展开和折叠的效果如图 6-6 所示。

③ 全部展开：展开宏中的所有命令。

④ 全部折叠：折叠宏中的所有命令。

图 6-6　展开和折叠的效果

3．"显示/隐藏"分组

① 操作目录：用来显示或隐藏"操作目录"窗格。

② 显示所有操作：用来切换"操作"列中下拉列表的内容。

6.1.3　常用的宏操作

图 6-3 中按字母顺序列出了 Access 提供的 60 多个在创建宏时可以进行选择的宏操作命令，可以在该列表框中进行选择。

这 60 多个命令中，常用的有以下几种：

1．打开或关闭库对象

① OpenForm：打开窗体。

② OpenReport：打开报表。

③ OpenQuery：打开查询。

④ OpenTable：打开数据表。

⑤ CloseWindow：关闭指定的对象，需要在参数中设置关闭的对象，例如某个表、某个查询等。

2．运行程序与退出

① RunCode：指定执行 VB 的过程。

② RunMenuCommand：指定执行 Access 的菜单命令。

③ RunMacro：指定执行一个宏，可以在一个宏中运行其他宏。

④ QuitAccess：退出 Access。

3．设置值

① SetDisplayedCategories：指定要在导航窗格中显示的类别。

② SetProperty：设置控件的属性。

③ SetTempVar：为临时变量设置值。

4．记录操作

① Requery：指定控件重新查询，即刷新控件数据。

② FindRecord：查找满足条件的第一条记录。

③ FindNextRecord：查找满足条件的下一条记录。

④ GoToRecord：将指定的记录作为当前记录。

5．控制窗口

① MaximizeWindow：最大化激活窗口。

② MinimizeWindow：最小化激活窗口。

③ RestoreWindow：将最大化或最小化的窗口恢复到原来大小。

④ MoveSizeAndSizeWindow：移动并调整激活窗口。

6．通知或警告

① Beep：让计算机发出"嘟嘟"声。

② MsgBox：建立并显示消息框。

7．菜单操作

① AddMenu：为窗体或报表将菜单添加到自定义菜单栏，菜单栏中每个菜单都需要一个独立的 AddMenu 操作，也可以定义快捷菜单。

② SetMenuItem：设置活动窗口自定义菜单栏的菜单项状态。

6.1.4　宏操作的参数设置

在操作命令的列表框中选择了某个操作命令后，宏设计窗格下方会显示对该命令进行参数设置的窗格，在这一组参数中，光标停到某个参数，窗口中会自动显示出对该参数的解释信息。在设置参数时，可以根据这些信息来进行。

当单击操作参数文本框时，在文本框右侧显示下拉按钮，单击此按钮，可以在弹出的下拉列表框中选择参数。

也可以使用"表达式生成器"生成的表达式设置操作参数，方法是单击"生成器"按钮，在弹出的"表达式生成器"对话框中进行设置。

6.1.5　宏的作用

通过上面对宏操作命令的介绍可知，这些操作命令包括了对数据库及数据库各个对象的操作。这样，由这些命令组成的宏功能也十分强大。具体地说，使用宏，可以完成以下各种操作：

① 以某种视图方式打开或关闭表、查询、报表或窗体等对象。

② 运行选择查询或操作查询。

③ 运行 Access 菜单中的任何命令。

④ 显示或隐藏工具栏。

⑤ 对 Access 工作区窗口的操作，如移动、最小化、最大化等。

⑥ 设置窗体或报表中控件的值。

6.1.6　Access 2010 中新增的宏功能

Access 2010 中添加了以下新的功能和宏操作。

1．嵌入的宏

可以在窗体、报表或控件提供的任意事件中嵌入宏。嵌入的宏在导航窗格中是看不可见的，它成为创建它的窗体、报表或控件的一部分。

2．处理和调试错误

Access 2010 提供了几个新的宏操作，例如 OnError 和 ClearMacroError，其中前者类似于 VBA 中的 On Error 语句，这两个操作允许在宏运行过程中出错时执行特定操作。

新的 SingleStep 宏操作允许在宏执行过程中的任意时刻进入单步执行模式，从而可以通过每次执行一个操作来了解宏的工作方式。

3．临时变量

Access 2010 使用 3 个新的宏操作命令 SetTempVar、RemoveTempVar 和 RemoveAllTempVars，可以在宏中创建和使用临时变量。

临时变量有以下的作用：

① 在宏的条件表达式中控制宏的运行。

② 向报表或窗体传递数据和从报表或窗体接收数据。

③ 使用一个临时存储位置来存储值。

④ 和 VBA 之间传递数据。

6.2 宏 的 创 建

本节介绍 4 类不同的宏的创建，即操作序列宏、宏组、条件操作宏和子宏，不论哪一类，创建中都要指定宏名、添加操作命令、为命令设置参数。

6.2.1 创建操作序列宏

由于操作序列宏中各命令的执行是按命令在宏中的先后次序进行的，所以在建立操作序列宏时，要按照命令执行的顺序依次添加每一条命令。

【例 6.1】创建一个简单的宏，宏名为 Macro1，宏中只包含一条操作命令 MsgBox。该操作用于打开一个提示窗口，运行该宏时窗口中显示一行信息"欢迎再次使用本系统"。

操作步骤如下：

① 在功能区的"创建"选项卡中，单击"宏与代码"分组中的"宏"按钮，打开宏设计窗格。

② 在"宏"设计窗格中，单击"添加新操作"右侧的下拉按钮，在列表框中选择 MessageBox 命令，窗格中自动展开该命令，如图 6-7 所示。

图 6-7　宏设计窗格

③ 为该命令设置参数，在展开的窗格中：

- 在"消息"框中输入："欢迎再次使用本系统"。
- 在"标题"框中输入："程序正常结束"。

④ 保存宏，单击"保存"按钮，弹出"另存为"对话框，如图 6-8 所示。在此对话框中输入宏名 Macro1，然后单击"确定"按钮。至此，宏建立完毕。

⑤ 运行创建好的宏，单击"工具"分组中的运行按钮 ，该宏的运行结果如图 6-9 所示，或者在导航窗格中双击宏名"Macro1"也可以运行该宏。

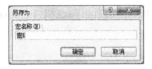

图 6-8 "另存为"对话框

图 6-9 宏运行结果

本例创建的宏 Macro1 仅包含了一个宏操作，通过这个简单的例子说明了创建宏的一般过程，如果在宏中还有其他的宏操作命令，可以重复本例中第②~③步继续添加其他的操作命令。

在保存宏时，如果保存的宏名为 AutoExec，Access 每当打开一个数据库时，会自动搜索库中是否包含名为 AutoExec 的宏，如果存在，就自动执行其中的操作，因此该宏可以在打开数据库时自动被运行。这样的宏可以用于打开应用程序时，在启动画面中运行某些操作。

6.2.2 创建宏组

如果有多个宏，可以将相关的宏定义在一个组中，称为宏组，以便于统一管理这些宏。

【例 6.2】创建一个宏组，宏组名为 Macro2，其中包括两个宏：Macro2_1 和 Macro2_2。宏 Macro2_1 中包含 3 个操作，分别是打开"学生"表、"MsgBox"命令和关闭表；宏 Macro2_2 中也包含 3 个操作，分别是打开"必修成绩"表、"MsgBox"和关闭表。创建步骤如下：

① 在功能区的"创建"选项卡中，单击"宏与代码"分组中的"宏"按钮，打开宏设计窗格。

② 在"操作目录"窗格中，单击"程序流程"文件夹中的 Group 按钮，即分组按钮，这时的宏设计窗格如图 6-10 所示。

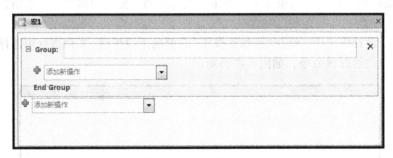

图 6-10 宏设计窗格

③ 在设计窗格的 Group 文本框内，输入宏组中第一个宏的名字 Macro2_1，然后，单击"添加新操作"下拉按钮，在下拉列表框中选择 OpenTable 命令，在窗口下方的参数框中第一行的表名列表框中选择"学生"。

④ 单击"添加新操作"下拉按钮，在下拉列表框中选择 MessageBox 命令，在窗口下方的参数框的第一行消息框中输入"单击确定显示下一张表"。

⑤ 单击"添加新操作"下拉按钮，在下拉列表框中选择 CloseWindow 命令，在窗口下方的参数框的"对象类型"列表框中选择"表"，"对象名称"列表框中选择"学生"。

⑥ 在"操作目录"窗格中，单击"程序流程"文件夹中的 Group 按钮，在设计窗格的 Group 文本框内，输入宏组中第 2 个宏的名字 Macro2_2，然后，单击"添加新操作"下拉按钮，在下拉列表框中选择 OpenTable 命令，在窗口下方的参数框第一行的表名列表框中选择"必修成绩"。

⑦ 单击"添加新操作"下拉按钮，在下拉列表框中选择 MessageBox 命令，在窗口下方的参数框的第一行消息框中输入"单击确定结束显示"。

⑧ 单击"添加新操作"下拉按钮，在下拉列表框中选择 CloseWindow 命令，在窗口下方的参数框的"对象类型"列表框中选择"表"，"对象名称"列表框中选择"必修成绩"。

⑨ 单击"保存"按钮，弹出"另存为"对话框，在宏名称文本框中输入宏组名 Macro2，然后单击"确定"按钮。

设计完成的宏组如图 6-11 所示。在宏组建立后，"数据库"窗口的"宏"对象中显示所有的宏和宏组的名字。

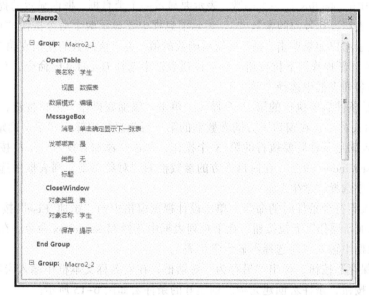

图 6-11　宏组 Macro2

6.2.3　创建条件操作宏

前面创建的宏在运行时，要顺序执行宏中的各个操作。有时，对于一个宏中的一个或多个操作，希望在满足一定条件时才执行，这就是条件操作宏。创建条件操作宏时，要在操作之前加上执行的条件。

【例 6.3】创建一个条件操作宏 Macro3，该宏完成这样的操作：先在屏幕上用消息框提示"是否显示"学生"表"，如果用户单击"是"按钮，则执行以下 3 个操作：显示"学生"表、显示消息框、关闭"学生"表；如果没有单击"是"按钮，则显示一个消息框，框内提示信息为"你选择不显示学生表"。创建步骤如下：

① 在功能区的"创建"选项卡中，单击"宏与代码"分组中的"宏"按钮，打开宏设计窗格。

② 在"操作目录"窗格中，双击"程序流程"文件夹中的"If"按钮，这时的宏设计窗格如图 6-12 所示。

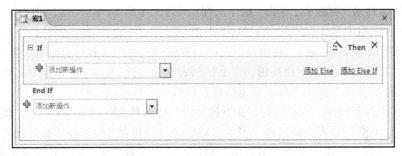

图 6-12　条件宏设计窗格

③ 在设计窗格 If 文件框内，输入下面的条件：

MsgBox("是否显示"学生"表?",4)=6

这里，条件中的 MsgBox 是一个函数，表示要显示一个消息框，框内显示的提示信息为"是否显示"学生"表?"，括号内的参数"4"表示消息框中要显示两个命令按钮"是"和"否"，等号后面的 6 表示用户如果单击"是"按钮后函数的值，关于该函数的使用在第 7 章详细介绍。

④ 单击"添加新操作"下拉按钮，在下拉列表框中选择 OpenTable 命令，在窗口下方的参数框第一行的表名列表框中选择"学生"。

⑤ 输入满足条件后要执行的第 2 个操作。单击"添加新操作"下拉按钮，在下拉列表框中选择 MessageBox 命令，在窗口下方的参数框的第一行消息框中输入"单击确定关闭表"。

⑥ 下面输入满足条件后要执行的第 3 个操作，单击"添加新操作"下拉按钮，在下拉列表框中选择 CloseWindow 命令，在窗口下方的参数框的"对象类型"列表框中选择"表"，"对象名称"列表框中选择"学生"。

⑦ 下面输入不符合条件时的命令，单击设计视图窗格中的"添加 Else"按钮，打开 Else 部分，单击"添加新操作"下拉按钮，在下拉列表框中选择 MessageBox 命令，在窗口下方参数框的第一行消息框中输入"你选择不显示学生表"。

⑧ 单击"保存"按钮，弹出"另存为"对话框，在宏名称文本框中输入宏名 Macro3，然后单击"确定"按钮，条件宏创建完毕。创建好的条件宏如图 6-13 所示。

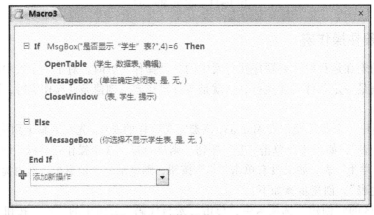

图 6-13　条件操作宏 Macro3

宏 Macro3 由 4 个操作命令组成，其中前 3 个是条件成立时执行，最后一个是条件不成立时的操作，带有条件的操作只有在条件表达式为真时，才被执行。

运行该宏时，先弹出如图 6-14 所示的对话框，如果单击"是"按钮，则顺序显示表、显示消息框及关闭表；如果单击"否"按钮，则弹出如图 6-15 所示的对话框。

图 6-14　Macro3 的执行　　　　图 6-15　单击"否"按钮后的效果

本题中的条件使用了函数 MsgBox()，除了用函数的值构成条件表达式外，还可以使用窗体或报表上控件的值。引用的格式如下：

Forms! [窗体名] ! [控件名]
Reports! [报表名] ! [控件名]

对于上面创建的不同类型的宏，都可以在设计视图窗格中进行编辑，编辑操作主要有添加宏操作、删除宏操作和改变操作的顺序。改变操作顺序可以使用设计窗格中的上移按钮⬆和下移按钮⬇。

删除一个宏操作时，先单击要删除的宏操作，然后单击设计视图窗格中的"删除"按钮 ✕即可。

6.2.4　创建子宏——宏操作添加快捷键

上面各例创建了命令序列宏、宏组和条件宏，在 Access 2010 中，还可以创建子宏，子宏中可以将每个操作的名称定义成组合键（快捷键），然后将该宏命名为 AutoKeys。

Access 2010 中有两个宏名在操作时有特殊的含义，这两个宏名分别是 AutoExec 和 AutoKeys。

每当打开一个数据库时，会自动搜索库中是否包含名为 AutoExec 和 AutoKeys 的宏，如果存在，就自动执行这两个宏中的操作。

通过 AutoExec 可以将打开程序界面的窗体操作放在该宏中，以便自动打开，通过执行 AutoKeys 宏，就可以使用已经在宏中定义的快捷键。

【例 6.4】创建一个名为 AutoKeys 的宏，该宏完成这样的操作：为打开"必修成绩"表设计快捷键 Ctrl+B，为打开"选修成绩"表设计快捷键为 Ctrl+X。

创建步骤如下：

① 在功能区的"创建"选项卡中，单击"宏与代码"分组中的"宏"按钮，打开宏设计窗格。

② 在"操作目录"窗格中，双击"程序流程"文件夹中的 Submacro 按钮即子宏，这时的宏设计窗格如图 6-16 所示。

③ 在设计窗格的"子宏"文本框内，输入宏名"^B"，然后，单击"添加新操作"下拉按钮，在下拉列表框中选择 OpenTable 命令，在窗口下方的参数框第一行的表名列表框中选择"必修成绩"。

在为子宏命名时，输入的宏名"^X"中用"^"表示 Ctrl 键。

④ 在"操作目录"窗格中，双击"程序流程"文件夹中的 Submacro 按钮。

　　⑤ 在设计窗格的"子宏"文本框内，输入宏名"^X"，然后，单击"添加新操作"下拉按钮，在下拉列表框中选择 OpenTable 命令，在窗口下方的参数框第一行的表名列表框中选择"选修成绩"。

　　⑥ 单击"保存"按钮，弹出"另存为"对话框，在宏名称文本框中输入宏组名 AutoKeys，然后单击"确定"按钮。

　　该宏的设计视图内容如图 6-17 所示。

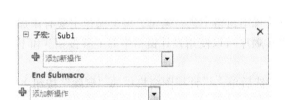

图 6-16　子宏　　　　　　　　　　　　图 6-17　AutoKeys 宏

　　运行该宏后，如果使用快捷键 Ctrl+B，就可以打开"必修成绩"表，如果使用快捷键 Ctrl+X，就可以打开"选修成绩"表。

　　每一个子宏中还可以添加其他的操作，当按下快捷键后，该子宏中的一系列操作都会被执行。

6.3　宏的运行和调试

　　本节介绍宏的各种运行方式和调试方法。

6.3.1　宏的运行

　　宏的运行有多种方式，可以直接运行宏，也可以在窗体或报表中为控件的事件响应运行宏。例如，单击窗体中的某个按钮，还可以在 VB 程序中运行宏等。

1．直接运行宏

　　直接运行宏，可以使用以下方法之一：

　　① 在宏设计窗格中，单击功能区中的运行按钮￼。

　　② 在数据库导航窗格中，双击要运行的宏名。

　　③ 在数据库导航窗格中，右击要运行的宏对象，在弹出的快捷菜单中选择"运行"命令。

　　④ 在功能区"数据库工具"选项卡的"宏"分组（见图 6-18）中，单击"运行宏"￼按钮，弹出"执行宏"对话框（见图 6-19），在对话中选择要执行的宏，然后单击"确定"按钮。

图 6-18 "宏"分组　　　　图 6-19 "执行宏"对话框

通常情况下，直接运行宏只是为了检测宏的运行情况。在经过检测设计正确后，要将宏附加到窗体、报表、控件或 VBA 程序中，使其对事件做出响应。

2. 直接运行宏组中的宏

直接运行宏组中的宏可以使用上面的运行宏的 4 种方法之一，但这 4 种方法的执行效果是不同的。使用前 3 种方法，由于只选择了宏组名，并没有指明宏组中的哪一个宏，这样，执行的是宏组中的第一个宏；第 4 种方法可以在下拉列表框中选择宏名，因此，可以直接指定要运行的是宏组中具体的哪一个宏。

宏组中的某个宏，可以用下面的方法表示：

[宏组名].[宏名]

例如，macro2.macro2_1 表示是宏组 macro2 中的宏 macro2_1。

3. 从其他宏运行宏

从其他宏运行宏，是指创建这样一个宏，其中含有操作命令 RunMacro，该操作的参数就是另一个宏的名称。

【例 6.5】创建一个宏 Macro4，其中只有一条操作命令 RunMacro，用来运行宏 Macro1。

操作步骤如下：

① 在功能区的"创建"选项卡中，单击"宏与代码"分组中的"宏"按钮，打开宏设计窗格。

② 在"宏"设计窗格中，单击"添加新操作"右侧的下拉按钮，在列表框中选择 RunMacro，窗格中自动展开该命令，该宏有 3 个参数，如图 6-20 所示。

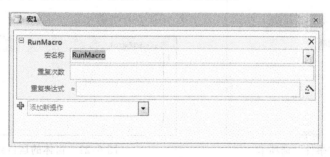

图 6-20　RunMacro 命令的设计窗格

③ 单击窗格下方第一行的"宏名称"，在下拉列表框中选择 Macro1，在第 2 行的"重复次数"框中输入"2"表示该宏被执行 2 次。如果该框为空，表示执行一次。

该窗格下方还有一个重复表达式，在每次运行宏时，都计算这个表达式，如果表达式的值为 False 时，将终止宏的运行。

④ 保存宏，单击"保存"按钮，弹出"另存为"对话框，在此对话框中输入宏名 Macro4，然后单击"确定"按钮。至此，宏建立完毕。

运行宏 Macro4，从结果可以看出，就是宏 Macro1 中的命令被重复执行了两遍。

4．在 VBA 中运行宏

在 VBA 程序中运行宏，要使用 DoCmd 对象中的 RunMacro 方法。

例如，在 VBA 中要运行宏 Macro1，可以使用下面的代码：

```
DoCmd.RunMacro "Macro1"
```

5．在窗体、报表中的控件为响应事件运行宏

当对窗体、报表或控件进行某些操作（例如单击、双击或改变数据）时，Access 会对这些事件做出响应。如果要在响应的事件中运行宏，只需在设计视图下双击相应的控件，在属性对话框中选择"事件"选项卡，就可以进行相应的设置。

【例 6.6】在例 6.1 中曾经建立了一个宏 Macro1，其中只包含一条操作命令。现在创建一个空白窗体，在窗体中设置一个命令按钮，当双击该命令按钮时运行宏 Macro1。操作步骤如下：

① 在功能区的"创建"选项卡的"窗体"分组中，单击"空白窗体"按钮，打开"空白窗体"的"布局视图"窗格，然后切换到设计视图。

② 在功能区的"设计"选项卡的"控件"分组中，单击"按钮"按钮，然后用鼠标在"设计视图"窗格"主体"区中拖动产生标题为 Command0 的命令按钮。

如果这时显示了命令按钮的向导对话框，可以单击向导对话框中的"取消"按钮。

③ 将该按钮的标题属性设置为"运行宏 Macro1"，单击该命令按钮，打开"属性"窗格，单击窗格的"事件"选项卡。

④ 在"事件"选项卡中，单击"双击"一行右侧的空白处，在下拉列表框中选择 Macro1 即宏名，如图 6-21 所示。

⑤ 单击"保存"按钮，在弹出的"另存为"对话框中输入窗体名"运行宏 Macro1"，然后单击"确定"按钮，窗体创建完毕。

该窗体的运行界面如图 6-22 所示，双击窗体中的命令按钮，就可以运行宏 Macro1。

图 6-21 "事件"选项卡

图 6-22 窗体的运行界面

下面再看一个稍微复杂的例子。

【例 6.7】创建一个用于检验用户输入登录密码的窗体，已知数据库"教学管理.accdb"中有"学生"表，要求如下：

① 创建的窗体名称为"密码检验"，先向窗体中添加一个标签和一个文本框，标签用于提示用户输入密码，文本框用来输入密码，文本框的名称为 PW，假定正确的密码为 abcd；

② 创建一个用于密码检验的条件宏，宏名为"密码检验"，当文本框 PW 的内容为 abcd 时打开"学生"表，文本框 PW 中为其他内容时显示一个对话框，提示"密码错误"。

③ 向窗体"密码检验"中添加一个命令按钮，用来运行宏"密码检验"，按钮名称为"判断"。

操作步骤如下：

（1）创建窗体

① 在功能区的"创建"选项卡的"窗体"分组中，单击"空白窗体"按钮，打开"空白窗体"并切换到"设计视图"窗格。

② 在功能区的"设计"选项卡的"控件"分组中选择"文本框"控件。

③ 向窗体中添加"文本框"控件，窗体中同时添加了一个标签和一个文本框。

④ 直接向标签的标题框中输入"请输入密码"。

⑤ 右击文本框，在弹出的快捷菜单中选择"属性"命令，打开"属性"窗格，在"属性"窗格中选择"其他"选项卡，将文本框的名称属性设置为 PW，如图 6-23 所示。

⑥ 将窗体的标题属性设置为"密码检验"，然后单击工具栏中的"保存"按钮，在"另存为"对话框中输入窗体名称"密码检验"，然后单击"确定"按钮。

（2）创建名为"密码检验"的宏

① 在功能区的"创建"选项卡中，单击"宏与代码"分组中的"宏"按钮，打开宏设计窗格。

② 在"操作目录"窗格中，单击"程序流程"文件夹中的 If 按钮。

③ 在设计窗格 If 文件框内，输入下面的条件：

[Forms]![密码检验]![PW]="abcd"

④ 单击"添加新操作"下拉按钮，在下拉列表框中选择 OpenTable 命令，在窗口下方的参数框第一行的表名列表框中选择"学生"。

⑤ 单击设计视图窗格中的"添加 Else"按钮，打开 Else 部分。

⑥ 单击"添加新操作"下拉按钮，在下拉列表框中选择 MessageBox 命令，在窗口下方的参数框的第一行消息框中输入"密码错误"。

⑦ 单击"保存"按钮，弹出"另存为"对话框，在宏名称文本框中输入宏名"密码检验"，然后单击"确定"按钮，条件宏创建完毕。创建好的条件宏如图 6-24 所示。

图 6-23　"其他"选项卡

图 6-24　宏设计窗格

（3）向窗体"密码检验"中添加一个命令按钮

① 在设计视图中打开前面已创建的窗体"密码检验"。

② 在"设计"选项卡的"控件"分组中，单击"使用控件向导"按钮，确保该按钮呈下沉显示。

③ 向窗体中添加控件"按钮" ，这时屏幕上自动显示"命令按钮向导"第 1 个对话框，用于选择单击该按钮时进行的操作，如图 6-25 所示。

④ 在第 1 个对话框的"类别"列表框中选择"杂项"，在"操作"列表框中选择"运行宏"，然后，单击"下一步"按钮，弹出向导的第 2 个对话框，用来选择要运行的宏，如图 6-26 所示。

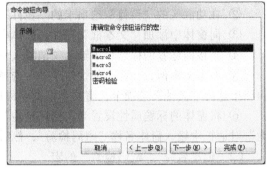

图 6-25 "命令按钮向导"第 1 个对话框　　　　图 6-26 "命令按钮向导"第 2 个对话框

⑤ 在第 2 个对话框的列表框中选择宏"密码检验"，然后单击"下一步"按钮，弹出向导的第 3 个对话框，用来设置按钮上显示的内容，如图 6-27 所示。

⑥ 在第 3 个对话框中选中"文本"单击按钮，在文本框中输入"判断"，然后，单击"下一步"按钮，打开向导的最后一个对话框，用来指定按钮的名称，如图 6-28 所示。

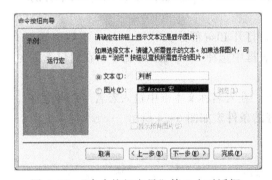
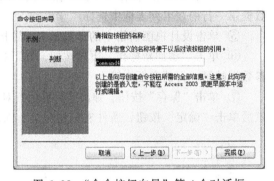

图 6-27 "命令按钮向导"第 3 个对话框　　　　图 6-28 "命令按钮向导"第 4 个对话框

⑦ 本题中可以使用默认的名称，所以直接单击"完成"按钮，关闭该对话框。

⑧ 单击"保存"按钮，保存对该窗体进行的编辑。

在窗体视图中打开该窗体时，显示内容如图 6-29 所示。这时，如果向文本框中输入正确密码 abcd，然后单击"判断"按钮，就会打开"学生"表，如果向文本框输入的不是 abcd，单击"判断"按钮后会出现如图 6-30 所示的出错提示对话框。

图 6-29 宏设计对话框　　　　　　　　　图 6-30 出错提示对话框

6．在工具栏中执行宏

在工具栏中执行某个宏，首先要将宏添加到 Access 的快速访问工具栏中。

【例 6.8】在快速访问工具栏中添加按钮，用来运行前面创建的宏 Macro3。

添加步骤如下：

① 右击快速启动工具栏，在弹出的快捷菜单中选择"自定义快速访问工具栏"命令，弹出"Access 选项"对话框，如图 6-31 所示。

图 6-31　"Access 选项"对话框之一

② 在对话框中的"从下列位置选择命令"下拉列表框中选择"宏"，这时对话框内容发生改变，列出了已创建的宏的名称，如图 6-32 所示。

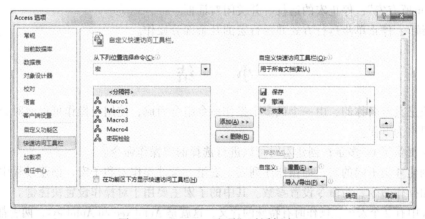

图 6-32　"Access 选项"对话框之二

③ 在对话框中选择 Macro3 宏，然后单击对话框中的"添加"按钮，将该宏添加到右侧的列表框中，单击"确定"按钮，关闭该对话框。

这时，可以看到，快速访问工具栏中多了一个运行宏的图标 ⛬，单击该图标就可以运行 Macro3 这个宏。

6.3.2　宏的调试

在运行宏时，如果最终运行的结果是错误的或者不是希望的结果，而又不能从宏的操作中明显地看出错误在哪里，这时可以采用单步运行宏的方法，从每一步运行的结果中查找出错的地方，这种单步执行方式就是宏的调试工具。

【例 6.9】以单步方式运行前面建立的宏 Macro3。操作步骤如下：

① 在设计视图中打开宏 Macro3。

② 在功能区"设计"选项卡的"工具"分组中，单击"单步"按钮 单步，使其下沉式显示。

③ 单击"工具"分组中的"运行"按钮 ，会弹出显示消息框，关闭消息框后，弹出"单步执行宏"对话框，如图 6-33 所示。

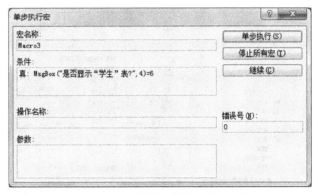

图 6-33 "单步执行宏"对话框

④ 对话框中列出了要执行的第一个操作的名称，右侧有 3 个命令按钮：

- "单步执行"：运行宏中下一个操作。如果没有发生任何错误，Access 将在对话框中显示下一个操作。
- "停止所有宏"：停止宏的运行，并关闭对话框。
- "继续"：停止单步运行方式并运行宏的其余部分操作。

小　结

宏对象是具有名称的，由一个或多个操作命令组合而成，使用宏操作可以使对数据库进行的操作变得更为方便。

Access 提供了 60 多条在创建宏时可以进行选择的宏操作命令。

可以创建 4 类不同的宏，即操作序列宏、宏组、条件操作宏和子宏，创建过程中都要指定宏名、添加操作命令、为命令设置参数。其中的子宏主要用于对操作设置快捷键。

Access 中有 2 个宏名在操作时有特殊的含义，这就是 AutoExec 和 AutoKeys，两者都是打开一个数据库时会自动搜索并执行的宏，前者主要用于程序的界面，后者主要用来设置宏的快捷键。

宏的运行方式有直接运行宏、直接运行宏组中的宏、从其他宏运行宏、在 VBA 程序中运行宏、在窗体（或报表）中的控件为响应事件运行宏和在工具栏中执行宏。

宏的调试可以采用单步执行方式来进行。

习　题

一、选择题

1. 下列关于宏的说法中，错误的是（　　　）。

A. 宏是若干个操作的集合

B. 每一个宏操作都有相同的宏操作参数

C. 宏操作不能自定义

D. 宏通常与窗体、报表中命令的按钮相结合使用

2. 宏组是由（　　　）组成的。

　　A. 若干个宏操作　　　　　　　　B. 一个宏

　　C. 一个或若干个宏　　　　　　　D. 以上都不是

3. 宏命令、宏和宏组的组成关系上由小到大是（　　　）。

　　A. 宏、宏命令、宏组　　　　　　B. 宏命令、宏、宏组

　　C. 宏、宏组、宏命令　　　　　　D. 以上都不是

4. 在 VBA 代码中直接运行宏，可以使用 Docmd 对象中的（　　　）方法。

　　A. RunMacro　　　　B. AutoExec　　　　C. RunCommand　　　　D. SendObject

5. 可以打开查询的宏操作是（　　　）。

　　A. OpenReport　　　　　　　　　B. OpenForm

　　C. OpenQuery　　　　　　　　　 D. OpenTable

6. 可以关闭查询的宏操作是（　　　）。

　　A. CloseReport　　　　　　　　　B. CloseForm

　　C. CloseQuery　　　　　　　　　 D. CloseWindow

7. 对于一个非条件的宏，在运行时，系统会（　　　）。

　　A. 执行部分宏操作　　　　　　　B. 执行全部宏操作

　　C. 执行设置了参数的宏操作　　　D. 等待用户选择执行每个宏操作

8. 下列各项中，属于宏命令 RunMacro 中的操作参数（　　　）。

　　A. 宏名　　　　　B. 重复次数　　　　C. 重复表达式　　　　D. 以上都是

二、填空题

1. 自动运行宏的宏名为＿＿＿＿＿＿。

2. 引用宏组中的宏，采用的语法是＿＿＿＿＿＿。

3. 采用＿＿＿＿＿＿便于对数据库中的宏对象进行管理。

4. 直接运行宏组时，将执行＿＿＿＿＿＿中的所有宏操作命令。

5. 通过＿＿＿＿＿＿可以一步一步地检查宏中的错误操作。

6. 通过宏打开某个数据表的宏操作命令是＿＿＿＿＿＿。

7. 用来显示提示或警告信息的消息框的宏操作命令是＿＿＿＿＿＿。

8. 在一个宏中运行另一个宏使用的宏操作命令是＿＿＿＿＿＿。

9. 一个宏操作命令由＿＿＿＿＿＿和＿＿＿＿＿＿组成。

三、操作题

1. 在"库存管理系统.accdb"数据库中有一个"库存情况"窗体和一个"产品定额储备"表，对该库进行如下操作：

（1）创建一个宏，使其能打开"产品定额储备"表，将所建宏命名为"打开表"。

（2）在"库存情况"窗体中放置两个命令按钮，命令按钮的宽度均为 2 厘米，功能分别是运行宏和退出(QuitAccess 命令)，所运行的宏名为"打开表"，按钮上显示文本分别为

　　"打开表"和"退出"。

2. 数据库"图书管理.accdb"中有"借阅登记表"和"书籍表"，对该库进行如下操作：

（1）创建两个宏"借阅登记"和"书籍"，分别打开"借阅登记表"和"书籍表"。

（2）创建名为"综合操作"的窗体，要求如下：

① 在页眉添加"综合操作"标签，文本为楷体 14 号红色。

② 在窗体中添加"借阅登记"和"图书"按钮，分别运行"借阅登记"和"书籍"这两个宏。

③ 在窗体中添加"关闭"按钮，用来关闭窗体。

3. 在"学生.accdb"数据库中，有"基本情况"表和"学生成绩"表，两个表中都有"学号"字段，对该库进行如下操作：

（1）以"基本情况"表为数据源，创建"基本情况"窗体。

（2）以"学生成绩"表为数据源，创建"学生成绩"窗体。

（3）创建名为"查询成绩"的宏，实现打开"学生成绩"窗体。

（4）在"基本情况"窗体的页脚区添加"查询成绩"按钮，用来运行"查询成绩"宏。

（5）创建名为"基本情况管理"的宏组，宏组中包括 3 个宏，每个宏的名称、操作命令、参数等如下：

宏　　名	宏　命　令	窗　体　名　称	数　据　模　式
显示基本情况	OpenForm	基本情况	只读
	MaximizeWindow		
添加学生记录	OpenForm	基本情况	增加
编辑学生记录	OpenForm	基本情况	编辑

第7章 模块和 VBA 编程

学习目标

- 理解模块的概念和分类。
- 理解宏与模块之间的关系，掌握将宏转换为模块的方法。
- 理解函数过程和子过程的区别。
- 熟悉 VBA 的编程环境及窗口组成。
- 了解面向对象程序设计的基本概念，理解类、对象、属性、方法和事件的概念。
- 掌握 DoCmd 对象的使用。
- 了解窗体、报表以及控件的常见事件及响应方法。
- 熟悉 VBA 的各种基本数据类型。
- 掌握 VBA 中变量的定义方法和命名规则。
- 理解 VBA 中数组的概念、定义方法、数组元素的使用。
- 掌握 VBA 中运算符的功能和使用。
- 熟悉 VBA 中常用内置标准函数的功能。
- 理解 VBA 中的程序流程控制结构及常用的控件语句。
- 了解 VBA 中程序的调试方法和使用的工具。
- 理解过程调用和参数传递的方式。

第 6 章介绍的宏对象可以完成对事件的响应处理，例如打开窗体、报表、查询，记录的查找、关闭数据库对象等操作。但是，使用宏所完成的操作比较简单，而且只能局限于 Access 提供的宏操作命令，在处理比较复杂的选择、循环结构以及对数据库对象做更高要求的处理时，宏对象就显得无能为力了。这种情况下，可以使用 Access 的另一个对象——模块。本章介绍模块的概念和用来建立模块的 VBA 语言的基础知识。

7.1 模块的概念

Access 的模块对象是用 VBA（Visual Basic for Application）语言编写的，VBA 是 Office 软件中内置的编程语言，它的语法与 Visual Basic 是兼容的。

7.1.1 模块的分类

在 Access 中，模块分为类模块和标准模块两类。

1．类模块

类模块是指包含对象定义的模块，在模块中定义的任何过程都将成为对象的属性和方法，窗体模块和报表模块都是类模块，它们分别与某一个窗体或报表相联系。

在创建窗体或报表时，可以为窗体或报表中的控件建立事件过程，用来控制窗体或报表的操作以及响应用户的操作。这些事件过程用于响应窗体或报表的事件，这种包含事件的过程就是类模块。

窗体模块和报表模块的作用范围在其所属的窗体或报表内部，其生命周期随着窗体或报表的打开而开始，随着窗体或报表的关闭而结束，因此，窗体模块和报表模块具有局部特性。

2．标准模块

标准模块中可以保存公共过程和私有过程，其中公共过程可以供数据库的各个对象使用，这些过程可以被窗体或报表中的过程调用，其作用范围在整个应用程序中，生命周期伴随着应用程序的运行而开始，伴随着应用程序的关闭而结束。

私有过程仅供本模块内部使用，其作用范围仅限于本模块的内部。

7.1.2　宏与模块

前面介绍的宏操作的功能，同样也可以在模块对象中通过编写 VBA 语句来实现，由于宏的每个操作在 VBA 中都有对应的语句，使用这些语句可以进行单独的宏操作，也可以将已创建好的宏转换为等价的 VBA 事件过程或模块。

1．将宏转换为模块

根据要转换的宏的类型不同，转换操作有两种情况：一是转换窗体或报表中的宏；二是转换不属于任何窗体和报表的全局宏。

（1）转换窗体或报表中的宏

【例 7.1】"教学管理.accdb"中有一个名为"运行宏 Macro1"的窗体，将其中的宏转换为模块。

操作步骤如下：

① 在"设计"视图窗格中打开窗体"运行宏 Macro1"。

② 在"窗体设计工具|设计"选项卡的"工具"分组中，单击"将窗体的宏转换为 Visual Basic 代码"按钮，弹出如图 7-1 所示的对话框。

③ 选中对话框中的两个复选框，然后单击"转换"按钮，弹出"转换完毕"对话框。

④ 单击"确定"按钮关闭对话框完成转换，转换后的 VBA 代码如图 7-2 所示。

注意到代码中有下面一行：

```
MsgBox "欢迎再次使用本系统", vbOKOnly, "程序正常结束"
```

这就是创建宏时设置的宏操作命令和相应的参数。

代码中有下面一行：

```
On Error GoTo Command0_DblClick_Err
```

这一行是错误处理的语句，这是选中图 7-1 中"给生成的函数加入错误处理"复选框产生的结果。

以单引号开始的行称为注释行，这些行是选中图 7-1 中"包含宏注释"复选框的结果。

转换报表中的宏，操作过程与转换窗体是完全一样的，只是将有窗体的地方改为报表即可。

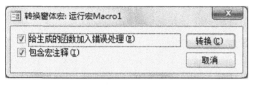

图 7-1　转换窗体宏对话框　　　　　　　图 7-2　窗体宏转换后的结果

（2）将全局宏转换为模块

如果要转换全局宏，可选择"文件"菜单中的"对象另存为"命令。

【例 7.2】"教学管理.accdb"中有名为 Macro2 的宏组，将其转换为模块。

操作步骤如下：

① 在导航区选中要转换为模块的宏 Macro2。

② 选择"文件"→"对象另存为"命令，弹出"另存为"对话框。

③ 在对话框的"将 Macro2 另存为"文本框中输入模块名"Macro2 的副本"，在"保存类型"下拉列表框中选择"模块"，如图 7-3 所示。然后单击"确定"按钮，弹出"转换宏"对话框。

④ 选中对话框中的两个复选框，然后单击"转换"按钮，弹出"转换完毕"对话框。

⑤ 单击"确定"按钮完成转换。

转换后的代码如图 7-4 所示，可以看出，代码中的命令就是创建宏时设置的各条命令。

图 7-3　"另存为"对话框　　　　　　　图 7-4　宏 Macro2 转换后的结果

2. 宏和模块的选择

虽然宏可以完成的操作，使用模块也可以完成，但在使用时，应根据具体的任务来确定选择宏还是模块。

对于以下操作，使用宏更加方便：

① 在首次打开数据库时，执行一个或一系列的操作。

② 建立自定义的菜单栏。

③ 为窗体创建菜单。

④ 使用工具栏上的按钮执行自己的宏或程序。

⑤ 随时打开或关闭数据库的对象。

对于以下操作，使用模块实现更加方便：

① 复杂的数据库维护和操作。

② 自定义的过程和函数。

③ 运行出错时的处理。

④ 在代码中定义数据库的对象，用于动态地创建对象。

⑤ 一次对多个记录进行处理。

⑥ 向过程传递变量参数。

⑦ 使用 ActiveX 控件和其他应用程序对象。

7.1.3 模块的组成

一个模块由声明和执行过程两部分组成，因此，一个模块中有一个声明区域和一个或多个过程，在声明区域对过程中用到的变量进行声明，过程是模块的组成单元，分为函数（Function）过程和子（Sub）过程两类。

1. 子过程

子过程又称 Sub 过程，用来执行一系列的操作。子过程没有返回值，其定义格式如下：

```
Sub 过程名
    [程序代码]
End Sub
```

其中的程序代码表示要完成一系列操作。

调用子过程时可以直接引用子过程的名称，也可以在过程名称之前加上关键字 Call。

2. 函数过程

函数过程又称 Function 过程，有返回值，其定义格式如下：

```
Function 过程名
    [程序代码]
End  Function
```

调用函数过程时，直接引用函数过程的名称。

7.1.4 VBE 编程环境

VBE 是指 Visual Basic Editor，即 Access 中 VBA 的编程环境。

1. 进入 VBE 编程环境

对于类模块和标准模块，进入 VBE 环境可以使用以下方法：

① 在功能区"数据库工具"选项卡的"宏"分组中，单击 Visual Basic 按钮 📖。

② 在功能区"创建"选项卡的"宏与代码"分组中，单击 Visual Basic 按钮 📖。

③ 在导航窗格中双击已创建的模块,可以进入 VBE 窗口并打开该模块,显然,这里打开的是标准模块。

④ 在窗体中打开某个控件的"属性"窗格,切换到"事件"选项卡,单击任何一个事件右侧的"生成器"按钮,在弹出的"选择生成器"对话框(见图 7-5)中选择"代码生成器"选项,然后单击"确定"按钮,这里打开的是类模块。

以上各种方法进入的 VBE 环境窗口如图 7-6 所示,可以单击工具栏中的"视图 Microsoft Access"按钮切换到数据库窗口。

图 7-5 "选择生成器"对话框

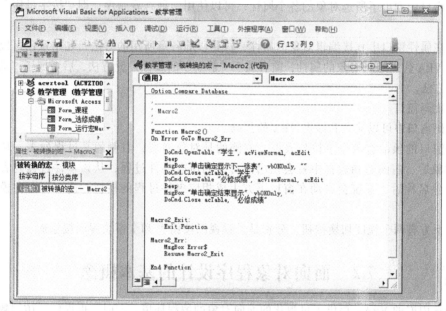

图 7-6 VBE 环境

2. VBE 窗口的组成

从图 7-6 可以看出,VBE 环境主要由工具栏、工程窗格、属性窗格和代码窗口四部分组成。

(1)VBE 的工具栏

VBE 工具栏的组成如图 7-7 所示,各按钮的作用如下:

图 7-7 VBE 窗口中的工具栏

① Access 视图: 用于从 VBE 切换到数据库窗口。

② 插入模块:插入新的模块。

③ 运行子过程/用户窗体:运行模块程序。

④ 中断:中断正在运行的程序。

⑤ 重新设置:结束正在运行的程序,重新进入模块设计状态。

⑥ 设计模式:进入和退出设计模式,处在设计模式时,该按钮呈下沉显示。

⑦ 工程资源管理器:用来打开工程资源管理器窗格。

⑧ 属性窗口：打开属性窗口。

⑨ 对象浏览器：打开对象浏览器窗口。

（2）工程窗口

该窗格口中列出了应用程序的所有模块文件，该窗口中有以下3个按钮：

① "查看代码"按钮▨：可以打开相应的代码窗口。

② "查看对象"按钮▨：可以打开相应的对象窗口。

③ "切换文件夹"按钮▨：可以隐藏或显示对象的分类文件夹。

（3）属性窗口

属性窗口中列出了所选对象的各个属性，可以使用两种查看顺序，即 "按字母序" 和 "按分类序"。

可以在属性窗口中直接编辑对象的属性，这是以前各章所用的方法，在本章也可以在代码窗口中用 VBA 代码编辑对象的属性，前者属于 "静态" 的属性设置方法，后者属于 "动态" 的属性设置方法。

（4）代码窗口

在代码窗口中可以输入和编辑 VBA 的代码。

代码窗口的顶部有两个下拉列表框，左侧的是对象列表，右侧的是过程列表。从左侧选择一个对象后，右侧的列表框中就会列出该对象的所有事件过程，从该事件过程列表框中选择某个事件名称后，系统会自动在窗口下方生成相应事件过程的模板，用户可以向模板中添加代码。

窗口下方有两个视图切换按钮，分别是过程视图按钮▤和全模块视图按钮▤。

7.2　面向对象程序设计的基本概念

Access 内嵌的 VBA，提供了可视化的面向对象的编程环境，同时，也提供了访问数据库和操作数据表中记录的基本方法。

7.2.1　对象的概念

1. 对象和类

在 Access 中，表、查询、窗体、报表等是数据库的对象，而控件则是窗体或报表中的对象。

每个不同的对象通过它的不同属性进行区分。例如，一个文本框可以有不同的事件，这些事件属于文本框的属性，一个命令按钮具有与文本框不完全相同的事件属性，这些属性上的不同，足以将一个文本框、一个命令按钮区分开。

具有相同属性和方法的对象组成了类，在窗体的设计视图中，"控件" 分组中的每个控件就是一个类，例如，"标签" 控件是一个类，在窗体中创建的具体的每个标签则是这个类中的一个对象。

可以这样说，对象是类的一个实例，而类则是对具有相同属性和方法的对象的抽象。

属于同一个类的两个对象是通过属性的值进行区分的，例如，有两个命令按钮，虽然它们的属性集是相同的，但是具体的属性值不一样，例如它们的标题不同、名称不同、调用的事件过程不同等，通过这些属性值可以区分这两个命令按钮。

Access 的数据库由表、查询、窗体、报表、宏和模块等对象构成，这些对象也是类，因此称为类对象。在数据库窗口的导航区单击某个对象，例如表，则可以显示出创建的不同的表，这些表就是"表"这个类的不同的对象。

2．属性、方法和事件

属性、方法和事件构成了对象的基本元素，创建了一个对象后，对一个对象的操作是通过与该对象有关的属性、方法和事件来描述的。

属性描述了对象的性质。例如，标签对象中的字体名称、字体大小。属性也可以反映对象的某个行为，例如，某个对象是否锁定或者是否可见等，数据库中各对象的属性可以通过"属性"窗格进行查阅和设置。

对象的方法描述了对象的行为，即在特定的对象上执行的一个过程，例如，一个窗体的打开或关闭都是窗体对象的行为。

事件是由 Access 定义好的，可以被对象识别的动作，例如，命令按钮就具有单击、双击等事件。事件通常由 VBA 的子过程或函数过程实现。

7.2.2　DoCmd 对象及其常用的方法

1．DoCmd 对象

DoCmd 是 Access 提供的一个重要的对象。通过该对象，可以调用 Access 内部的方法，这样就可以在 VBA 程序中实现对数据库的操作。例如，打开表、打开窗体、打开报表、显示记录、指针移动等。

用 DoCmd 调用方法的格式如下：

```
DoCmd.方法名　参数表
```

其中 DoCmd 和方法名之间用圆点连起来，这里的方法名是第 6 章介绍的绝大多数宏操作名，格式中的参数表列出了该操作的各个参数，这些参数就是在第 6 章的宏设计窗格下方显示的操作参数，而且参数的顺序也与宏设计窗口中参数显示的顺序一致。

例如，使用 DoCmd 调用打开"学生"表进行编辑操作的命令是：

```
DoCmd.OpenTable "学生",acViewNormal,acEdit
```

该命令由四部分组成，第一部分 DoCmd.OpenTable 表示调用打开表的操作，第二部分是打开的表名"学生"，第三部分是打开时的视图方式 acViewNormal，第四部分是打开后的数据模式 acEdit，后三部分都是 OpenTable 命令的参数。

该命令与打开表的宏操作命令 OpenTable 的对应关系如图 7-8 所示，图中的 3 个下拉列表框对应的就是 3 个参数，并且与命令中参数的顺序是一致的。显然，窗格中显示的就是 OpenTable 命令的可视化方式。

图 7-8　DoCmd 对象与宏设计窗口的对应关系

在代码窗口中输入代码时，系统会自动显示关键字列表、关键字属性列表、过程参数列表等提示信息。用户可以直接在列表中单击进行输入，方便了代码的输入。

例如，在代码窗口中输入 DoCmd 对象名和圆点时，系统会自动出现列表框（见图 7-9），列表框中显示出 DoCmd 对象可以调用的各种方法的名称，例如 OpenForm，可以在列表框中直接进行选择。

如果在列表框中选择了 OpenTable 并按下空格键，又会显示出提示消息（见图 7-10），提示信息显示出该方法中可以使用的参数。

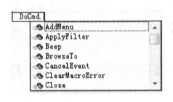

| 图 7-9　方法列表框 | 图 7-10　参数提示 |

在宏操作命令中，有少部分操作方法是 DoCmd 对象不支持的，这些操作在 VBA 中用其他的方式实现，这些方法及对应于 VBA 的操作如表 7-1 所示。

表 7-1　DoCmd 不支持的宏操作命令

方　　法	相应的 VBA 实现
MsgBox	MsgBox()函数
RunCode	过程调用语句（Call 语句）
StopAllMacros	Stop 或 End 语句
StopMacro	Exit Sub 或 Exit Function 语句

2．DoCmd 常用的方法

DoCmd 常用的方法包括打开窗体、报表、表和查询等对象，以及关闭这些对象。

（1）打开表操作

打开表使用 OpenTable 命令，格式如下：

```
DoCmd.OpenTable tablename[, view][, datamode]
```

其中，后两个参数是可选项，OpenTable 方法的各个参数的含义如下：

① tablename：字符串表达式，代表当前数据库中表的有效名称。

② view：固有常量 acViewDesign、acViewNormal（默认值）、acViewPreview 之一，采用默认值 acViewNormal 将在"数据表"视图中打开表。

③ datamode：固有常量 acAdd（添加）、acEdit（编辑，默认值）、acReadOnly（只读）之一。

例如，下面用 DoCmd 调用的命令，完成在"数据表"视图中打开"借阅登记"表。

```
DoCmd.OpenTable "借阅登记" , acViewNormal, acEdit
```

（2）打开窗体操作

打开窗体的方法为 OpenForm，其命令格式如下：

```
DoCmd.OpenForm Formname[,view][,filtername][,wherecondition][,datamode]
    [, windowmode][, openargs]
```

格式中的可选参数如果空缺，包含参数的逗号不能省略。如果有一个或多个位于末尾的参数空缺，则在指定的最后一个参数后面不需要使用逗号。

该命令参数的作用如下：

① formname：字符串表达式，代表当前数据库中窗体的有效名称。

② view：该参数使用固有常量 acDesign、acFormDS、acNormal、acPreview 之一，默认值为 acNormal 表示在"窗体"视图中打开窗体。

③ filtername：字符串表达式，代表当前数据库中查询的有效名称。

④ wherecondition：字符串表达式，不包含 WHERE 关键字的有效的 SQL WHERE 子句。

⑤ datamode：该参数使用固有常量 acFormAdd、acFormEdit、acFormPropertySettings（默认值）、acFormReadOnly 之一，使用默认常量时，Access 将在一定数据模式中打开窗体。数据模式由窗体的 AllowEdits、AllowDeletions、AllowAdditions 和 DataEntry 属性设置。

⑥ windowmode：指定窗体的打开方式。使用下列固有常量之一：acDialog、acHidden、acIcon、acWindowNormal（默认值）。

⑦ openargs：字符串表达式，仅在 Visual Basic 中使用的参数，用来设置窗体的 OpenArgs 属性。该设置可以在窗体模块的代码中使用。

【例 7.3】以下过程中，通过 DoCmd 调用方法完成在"窗体"视图中打开一个窗体并且移动到一个新记录。

```
Sub ShowNewRecord()
    DoCmd.OpenForm "借阅登记", acNormal
    DoCmd.GoToRecord , , acNewRec
End Sub
```

（3）打开报表操作

打开报表使用 OpenReport 方法，命令格式如下：

```
DoCmd.OpenReport reportname[, view][, filtername][, wherecondition]
                                        [, windowmode][, openargs]
```

命令中的参数含义如下：

① reportname：字符串表达式，代表当前数据库中报表的有效名称。

② view：使用固有常量 acViewDesign、acViewNormal（默认值）、acViewPreview 之一，采用默认常量 acViewNormal 将立刻打印报表。

③ filtername：字符串表达式，代表当前数据库中查询的有效名称。

④ wherecondition：字符串表达式，不包含 WHERE 关键字的有效 SQL WHERE 子句。

⑤ windowmode：指定报表的打开方式，使用固有常量 acDialog、acHidden、acIcon、acWindowNormal（默认值）之一。

⑥ openargs：字符串表达式，仅在 Visual Basic 中使用的参数，用来设置报表的 OpenArgs 属性。

（4）打开查询操作

打开查询的操作格式如下：

```
DoCmd.OpenQuery queryname[, view][, datamode]
```

OpenQuery 方法具有下列参数：

① queryname：字符串表达式，代表当前数据库中查询的有效名称。

② view：固有常量 acViewDesign、acViewNormal（默认值）、acViewPreview 之一。

③ datamode：固有常量 acAdd、acEdit（默认值）、acReadOnly 之一。

（5）关闭对象操作

Close 方法用来关闭对象，命令格式如下：

```
DoCmd.Close [objecttype, objectname], [save]
```

Close 方法具有下列参数：

① objecttype：固有常量 acDataAccessPage、acDefault（默认值）、acDiagram、acForm、acMacro、acModule、acQuery、acReport、acServerView acStoredProcedure、acTable 之一。

② objectname：字符串表达式，代表有效的对象名称，对象类型由 objecttype 参数指定。

③ save：固有常量 acSaveNo、acSavePrompt（默认值）、acSaveYes 之一。

如果将 objecttype 和 objectname 参数都省略，则 Access 将关闭活动窗口。

例如，下面的命令，通过 DoCmd 调用 Close 方法完成关闭"成绩表"报表。

```
DoCmd.Close acReport ,"成绩表"
```

7.2.3　事件

事件是窗体、报表以及在窗体或报表上的控件等可以识别的动作，Access 每个对象的不同控件都可以触发不同的事件。

在第 4 章已经列举过事件的类型，包括键盘事件、鼠标事件、对象事件、窗口事件和操作事件。

对事件的响应有两种方法：一种方法是使用宏对象来设置事件属性；另一种方法是为某个事件编写 VBA 代码过程，完成指定的动作，这就是所谓的事件驱动，这种代码过程称为事件过程或事件响应代码。

1．主要对象事件

Access 主要的对象事件如表 7-2 所示。

表 7-2　主要的对象事件

对象和控件名称	事　件	动 作 说 明
窗体	OnLoad	加载窗体时发生的事件
	OnUnLoad	卸载窗体时发生的事件
	OnOpen	打开窗体时发生的事件
	OnClose	关闭窗体时发生的事件
	OnClick	单击窗体时发生的事件
	OnDblClick	双击窗体时发生的事件
	OnMouseDown	鼠标按下窗体时发生的事件
	OnkeyPress	对窗体键盘按键时发生的事件
	OnkeyDown	对窗体键盘按下键时发生的事件
报表	OnOpen	打开报表时发生的事件
	OnClose	关闭报表时发生的事件
命令按钮	OnClick	单击命令按钮时发生的事件
	OnDblClick	双击命令按钮时发生的事件
	OnEnter	获得焦点之前发生的事件

续表

对象和控件名称	事 件	动作说明
	OnGetFocus	获得焦点时发生的事件
	OnMouseDown	鼠标按下时发生的事件
	OnKeyPress	对命令按钮键盘按键时发生的事件
	OnKeyDown	对命令按钮键盘按下键时发生的事件
标签	OnClick	单击标签时发生的事件
	OnDblClick	双击标签时发生的事件
	OnMouseDown	鼠标按下时发生的事件
文本框	BeforeUpdate	文本框内容更新前发生的事件
	AfterUpdate	文本框内容更新后发生的事件
	OnEnter	获得焦点之前发生的事件
	OnGetFocus	获得焦点时发生的事件
	OnLoseFocus	失去焦点时发生的事件
	OnChange	内容更新时发生的事件
	OnKeyPress	对文本框键盘按键时发生的事件
	OnMouseDown	鼠标按下时发生的事件
组合框	BeforeUpdate	组合框内容更新前发生的事件
	AfterUpdate	组合框内容更新后发生的事件
	OnEnter	获得焦点之前发生的事件
	OnGetFocus	获得焦点时发生的事件
	OnLoseFocus	失去焦点时发生的事件
	OnClick	单击组合框时发生的事件
	OnDblClick	双击组合框时发生的事件
	OnKeyPress	对组合框键盘按键时发生的事件
选项组	BeforeUpdate	选项组内容更新前发生的事件
	AfterUpdate	选项组内容更新后发生的事件
	OnEnter	获得焦点之前发生的事件
	OnClick	单击选项组时发生的事件
	OnDblClick	双击选项组时发生的事件
单选按钮	OnKeyPress	对单选按钮键盘按键时发生的事件
	OnGetFocus	获得焦点时发生的事件
	OnLoseFocus	失去焦点时发生的事件
复选框	BeforeUpdate	复选框更新前发生的事件
	AfterUpdate	复选框更新后发生的事件
	OnEnter	获得焦点之前发生的事件
	OnClick	单击复选框时发生的事件
	OnDblClick	双击复选框时发生的事件
	OnGetFocus	获得焦点时发生的事件

2．计时事件

程序中，定时响应某个事件是常用的功能，VB 中有时间控件 Timer 用来实现定时的功能，而在 VBA 中没有 Timer 控件，其定时功能是通过设置窗体的"计时器间隔（TimerInterval）"属性和添加"计时器触发（Timer）"事件来完成的。

使用方法：先设计计时事件，即为窗体的"计时器触发"属性设计事件过程，然后再设置。

"计时器间隔"时间，每隔一个计时器间隔时间，就会触发一次计时事件响应计时器，不断地重复这个事件，可以实现定时的功能。

【例 7.4】创建一个名为"测试计数"的窗体，窗体上有一个标签控件和两个命令按钮，标签控件用来显示计数值，要求如下：在窗体打开时开始计数，一个命令按钮的标题为"重新计数"，单击该按钮时，计数将重新从 1 开始；另一个命令按钮开始时标题为"暂停"，单击该按钮时，暂停计数，同时其标题显示为"计数"，再单击该按钮时继续计数，同时标题变为"暂停"。

操作步骤如下：

① 在功能区的"创建"选项卡的"窗体"分组中，单击"空白窗体"按钮，打开"空白窗体"的"布局视图"窗格。

② 切换到"设计视图"窗格。

③ 在功能区的"设计"选项卡的"控件"分组中选择"标签"控件，然后向标签中输入标题"1"，将标签的名称设置为 lNum。

④ 向窗体中添加两个命令按钮，按钮的名称分别是 bOK 和 bCLS。

⑤ 单击窗体属性对话框的"事件"选项卡（见图 7–11），设置"计时器间隔"属性的值，该属性值是以毫秒为计量单位的，因此，向该属性的文本框中输入 1000，即设置间隔为 1 秒钟。

⑥ 单击"计时器触发"属性后的"[…]"按钮，弹出"选择生成器"对话框。

⑦ 在对话框中选择"代码生成器"，然后单击"确定"按钮，进入事件过程编辑环境，在该环境中，输入下列的有 Timer 事件、窗体打开事件和两个命令按钮单击事件的代码：

```
Option Compare Database
Dim flag As Boolean                    ' 标记变量，用来控制计数或暂停
Private Sub bCLS_Click()
  lNum.Caption=1                       ' 重新计数时，该标签从 1 开始显示
End Sub
Private Sub bOK_Click()
  flag=Not flag                        ' 单击该按钮时改变标记变量的值
  If flag=True Then
  bOK.Caption="暂停"
  Else
  bOK.Caption="计数"
  End If
End Sub
Private Sub Form_Open(Cancel As Integer)
  flag=True                            ' 设置窗体打开时标记变量、按钮初始状态
  bOK.Caption="暂停"
  bCLS.Caption="重新计数"
End Sub
Private Sub Form_Timer()
```

```
        If flag=True Then                            ' 根据标记变量决定是否更新数据
          Me!lNum.Caption = CLng(Me!lNum.Caption)+1
        End If
End Sub
```

⑧ 单击工具栏中的"保存"按钮,在弹出的"另存为"对话框中输入窗体的名称"测试计数"。该窗体的运行效果如图 7-12 所示。

图 7-11 "事件"选项卡

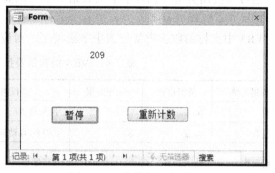

图 7-12 窗体的运行效果

可以看出,运行窗体时,标签上显示开始计数,单击"暂停"按钮时,计数暂停,该按钮名称变为"计数",再单击"计数"按钮时,又继续计数,同时该按钮名称变为"暂停"。

在该模块的代码中,设置和引用控件的属性,使用了下面的格式:

控件名.属性名

例如,下面的语句:

lNum.Caption=1

表示将标签控件 lNum 的标题属性 Caption 设置为 1。

而下面的两条语句:

bOK.Caption="暂停"
bCLS.Caption="重新计数"

表示分别将命令按钮控件 bOK 和 bCLS 的标题属性 Caption 分别设置为"暂停"和"重新计数"。

注意到该代码中倒数第 3 行的代码:

me!lNum.Caption=CLng(me!lNum.Caption)+1

该语句中在控件名 lNum 之前使用了一个名称 me,me 是 Access 中的一个特殊的模块变量,用来表示当前类的一个实例,在本例中代表创建的窗体"测试计数"。在 VBA 中 me 不需要专门的定义就可以直接使用。

由于本例中创建的是窗体,上面的语句与下面的语句效果是一样的:

Form!lNum.Caption=CLng(Form!lNum.Caption)+1

由于本例中的所有控件都是属于一个窗体中的,因此,控件名前的 me 或 Form 都可以省略。

7.3 VBA 的常量、变量、运算符和表达式

本节介绍 VBA 中的基本数据类型、常量、变量、表达式的概念和使用,为结构化程序设计做好准备。

7.3.1 VBA 的基本数据类型

1. 数据类型

在 VBA 中，支持多种不同类型的数据，可以使用类型说明的标点符号即后缀符号来定义数据类型。例如，Total%表示变量 Total 为整型变量，Amount#表示变量 Amount 为双精度型变量。

也可以使用类型标识符来字义数据类型，例如，下面定义的变量 A 为整型变量：

```
Dim A As Integer
```

VBA 中支持的数据类型与表中字段类型的对应关系如表 7-3 所示。

表 7-3　VBA 的数据类型与字段类型的对照

数据类型	类型标识	类型后缀	字段类型	范　　围
整数	Integer	%	字节/整数/	–32 768~32 767
长整数	Long	&	长整数/自动编号	–2 147 483 648~2 147 483 647
单精度数	Single	!	单精度数	负数：–3.402 823E38~–1.401 298E–45 正数：1.401 298E–45~3.402 823E38
双精度数	Double	#	双精度数	负数：–1.797 693 134 862 32E308~ –4.946 564 584 124 7E–324 正数：4.946 564 584 124 7E–324~ 1.797 693 134 862 32E308
货币	Currency	@	货币	–922 337 203 685 477.580 8~ 922 337 203 685 477.580 7
字符串	String	$	文本	0~65 500 个字符
布尔型	Boolean		是/否	True 或 False
日期型	Date		日期/时间	100 年 1 月 1 日~9999 年 12 月 31 日
变体类型	Variant		任何	数字和双精度同 文本和字符串同

使用这些数据类型时，应注意下面的问题：

（1）布尔型数据 Boolean

布尔型数据只有两个值：True 和 False，转换为其他类型数据时，True 转换为–1，False 转换为 0；其他类型数据转换为布尔型数据时，0 转换为 False，其他值转换为 True。

（2）日期型数据 Date

任何可以识别的文本形式的日期数据都可以赋给日期变量，日期数据的前后要用"#"号括起来，例如，#2014/6/11#。

（3）变体类型数据 Variant

变体类型数据是 VBA 中的一种特殊的数据类型，除了定长字符串类型和用户定义的类型外，变化类型可以包含其他任何类型的数据，变体类型也可以包含 Empty、Error、Nothing 和 Null 特殊值。

在定义变量时，可以用"Dim　As [数据类型]"的方法显式地声明变量的类型，也可以在变量名后面加上后缀隐式地定义类型，如果这两种方法都没有使用，则定义的变量默认为变体类型。

2．数据类型转换函数

设计程序时，有时需要将一种类型的数据转换为另一种数据类型，例如，窗体控件"文本框"中显示的数据为字符串型，要作为数值处理时就要先将其转换为数值型。转换可以由转换函数完成，Access 提供的转换函数如表 7-4 所示。

表 7-4　数据类型转换函数

函　　数	转换后的类型	参数表达式取值范围
CBool	Boolean	任何有效数值或字符串表达式
CByte	Byte	0~255
CCur	Currency	–922 337 203 685 477.580 8~922 337 203 685 477.580 7
CDate	Date	任何有效的日期表达式
CDbl	Double	负数：–1.797 693 134 862 32E308~–4.946 564 584 124 7E–324 正数：4.946 564 584 124 7E–324~1.797 693 134 862 32E308
CInt	Integer	–32 768~32 767 小数部分四舍五入
CLng	Long	–2 147 483 648~2 147 483 647 小数部分四舍五入
CSng	Single	负数：–3.402 823E38~–1.401 298E–45 正数：1.401 298E–45~3.402 823E38
CVar	Variant	数值：范围与 Double 相同；文本：同字符串
CStr	String	

使用数据类型转换函数可以将某些表达式的运算结果表示为特定的类型。

3．对象数据类型

数据库中的对象，例如数据库、表、查询、报表等，在 VBA 中也有对应的数据类型，这些对象数据类型由引用的对象库定义，常用的 VBA 对象数据类型和对象库如表 7-5 所示。

表 7-5　VBA 支持的数据库对象类型

数据类型名	对　　象	对　象　库	对应的数据库对象类型
Database	数据库	DAO 3.6	使用 DAO 时用 Jet 数据库引擎打开的数据库
Connection	连接	ADO 2.1	ADO 取代了 DAO 的数据库连接对象
Form	窗体	Access 9.0	窗体，包括子窗体
Report	报表	Access 9.0	报表，包括子报表
Control	控件	Access 9.0	窗体和报表上的控件
QueryDef	查询	DAO 3.6	查询
TableDef	表	DAO 3.6	数据表
Command	命令	ADO 2.1	ADO 取代 DAO.Query Def 对象
DAO.Recordset	结果集	DAO 3.6	表的虚拟表示或 DAO 创建的查询结果
ADO.Recordset	结果集	ADO 2.1	ADO 取代 ADO.Recordset

7.3.2　变量

变量是指在程序运行时其值会发生变化的量。

1. 变量的命名规则

每个变量有一个名称和相应的数据类型，数据类型决定了该变量在内存中的存储方式，而通过变量名可以引用一个变量。

在为变量命名时，应遵循以下原则：

① 变量名只能由字母、数字和下画线组成。

② 变量名只能以字母开头。

③ 变量名不能使用系统保留的关键字，例如 PRINT、WHERE 等。

④ 在 VBA 中的变量名不区分大小写字母，例如 ABC、aBc 或 abc 表示同一个变量。

除了变量名外，在 VBA 中的过程名、符号常量名、自定义类型名、元素名等在命名时都遵循以上规则。

在命名变量时，习惯上通常采用大小写字母混合的方式，例如 PrintText，这样定义的变量名更具有可读性。

2. 变量类型的定义

根据对变量类型定义的方式不同，可以将变量分为两种形式。

（1）隐含型变量

隐含型变量是指在使用变量时，在变量名之后添加不同的后缀表示变量的不同类型。

例如，下面的语句定义了一个整数类型的变量并且赋给变量初值：

```
NewVar%=45
```

如果在变量名称后面没有添加后缀字符来指明隐含变量的类型时，系统默认为 Variant 数据类型。

（2）显式变量

显式变量是指在使用变量时要先定义，后使用，定义变量采用下面的方式：

```
Dim 变量名 As 类型名
```

例如，下面的语句定义了整型变量 NewVar：

```
Dim NewVar As Integer
```

下面的语句定义了定长字符串变量 MyName：

```
Dim MyName as String*10
```

在一条 Dim 语句中也可以定义多个变量，例如，下面的语句将 Var1 和 Var2 分别定义为字符串变量和双精度变量：

```
Dim Var1 As String,Var2 As Double
```

在 Dim 语句中省略了 As 和类型名时表示定义的是变体类型。例如，下面的语句将 Var1 和 Var2 分别定义为变体类型变量和双精度变量：

```
Dim Var1 ,Var2 As Double
```

3. 变量的作用域

定义变量的位置不同，其作用范围也不同，这是指变量的作用域，定义变量的方法不同，变量的存在时间也有所不同，这是指变量的生命周期。

根据变量的作用域，可以将变量分为 3 类：局部变量、模块变量和全局变量。

（1）局部变量

局部变量是指定义在模块过程内部的变量，即在子过程或函数过程中定义的或者是不用

Dim、As 而直接使用的变量。局部变量的作用域是它所在的过程，这样，在不同的过程中就可以定义同名的变量，它们之间是相互独立的。

（2）模块变量

模块变量是在模块的起始位置、所有过程之外定义的变量，运行时模块所包含的所有子过程和函数中都可见，即该模块的各个过程中都可以使用该变量，用 Dim...As 关键字定义的变量就是模块变量。

例如在例 7.4 中定义的变量 flag 就是一个模块变量。

（3）全局变量

全局变量是在标准模块的所有过程之外的起始位置定义的变量，运行时在所有类模块和标准模块的所有子过程和函数过程中都可见，在标准模块的变量定义区域，用下面的语句定义全局变量：

Public 变量 As 数据类型

4. 变量的生命周期

生命周期是变量的另一个特性，又称变量的持续时间，是指从变量定义语句所在的过程第一次运行到程序代码执行完毕并将控制权交回调用它的过程为止的时间。

按照变量的生命周期，可以将局部变量分为动态局部变量和静态局部变量。

（1）动态局部变量

动态变量是指用 Dim...As 定义的局部变量，在每次调用子过程或函数过程时，该变量会被设置为默认值，例如数值类型为 0，字符串变量为空字符串（""），这些局部变量的生命周期与子过程或函数过程的持续时间是一样的。

（2）静态局部变量

静态局部变量是指定义变量时用 Static 代替 Dim，即用下面的语句格式定义的变量：

Static 变量 As 数据类型

静态局部变量的持续时间是整个模块执行的时间，它的作用范围与局部变量一样，生命周期与全局变量一样。

【例 7.5】分析以下的过程 a_Click()，在第二次被调用后变量 a、b 的值：

```
Private Sub a_Click()
    Static a As Integer
    Dim b As Integer
    a=a+1
    b=b+1
End Sub
```

变量 a 和 b 都是在过程内部定义的，都是局部变量，但变量 a 是用 Static 定义的，属于静态变量，变量 b 是用 Dim 定义的，属于动态变量。

第一次调用该过程时，由于未对这两个变量赋初值，系统对它们赋以默认的值 0。这个过程执行结束后，a 和 b 的值均为 1。由于 a 是静态变量，因此 a 不释放，其值被保留下来，而变量 b 被释放，其值不保留。

第二次调用这个过程时，a 的初值是上次调用时保留的值 1，b 的值为初值 0，执行完该过程的最后一条语句后，a 的值为 2，b 的值为 1。

5. 数据库对象变量

Access 数据库对象及其属性，均可以作为 VBA 程序代码中的变量及其指定的值来加以引用。

窗体对象的引用格式如下：

Forms!窗体名称!控件名称[.属性名称]

报表对象的引用格式如下：

Reports!报表名称!控件名称[.属性名称]

上面的格式中如果省略了属性名称，则表示控件的基本属性。

例如，下面是对"学生管理"窗体中名为"编号"的文本框的引用：

Forms!学生管理!编号="990001"

如果名称中有空格或标点符号，则名称要用方括号括起来。例如下面的表示方法：

Forms!学生管理![编　号]="990001"

上面的引用方式书写比较长，当需要多次引用对象时，显得很烦琐，下面使用 Set 语句建立控件对象的变量，这样，在引用对象时就很方便。

首先定义一个控件类型的变量：

Dim txtName As Control

然后为该变量指定窗体控件对象：

Set txtName=Forms!学生管理![编　号]

以后就可以使用下面的方法引用对象：

txtName="990001"

7.3.3　符号常量

在 VBA 中使用的常量可以有两种表示方法，一种是直接表示的，例如，以下分别表示整数、单精度数和字符串：

545、34.123E-2、"computer"

另一种表示方法是用符号来表示常量，这就是符号常量，就像数学上用 π 表示圆周率一样，可以将使用比较频繁的常量用符号常量的形式表示。

符号常量有 3 类：用户定义的符号常量、系统常量和内部常量。

1．用户定义的符号常量

用户定义的符号常量采用下面的格式：

Const 符号常量名称=常量值

其中，符号常量的名称一般用大写命名，以便和变量区分。

例如，下面语句定义了符号常量 PI，其值为 3.1416。

Const PI=3.1416

如果在 Const 前面加上 Global 或 Public，则定义的符号常量就是全局符号常量，这样，在所有的模块中都可以使用。

在定义符号常量时，不需要为常量指出数据类型，VBA 会自动按存储效率最高的方式确定其数据类型。

2．系统常量

系统常量是指 Access 启动时自动建立的常量，包括 True、False、Yes、No、Off、On 和 Null 等，在编码时可以直接使用。

3. 内部常量

内部常量是 VBA 预定义的内部符号常量，主要是作为 DoCmd 命令语句中的参数，内部常量名以 ac 作为开头，例如 acCmdSaveAs。

7.3.4　数组

数组是将一组具有相同属性、相同类型的数据放在一起并用一个统一的名称作为标识的数据类型，这个名称称为数组名。数组中的每个数据称为数组元素，也称为数组元素变量，数组元素在数组中的序号称为下标。

数组元素变量由数组名和下标构成，例如 a(1)、a(3)、a(7)分别表示数组 a 的 3 个元素。

具有一个下标的数组称为一维数组，具有两个下标的数组称为二维数组，类似地，可以有三维或多维的数组。对于多维数组，应将多个下标用逗号隔开。

例如，b(2,1)和 c(3,2,3)分别表示二维数组 b 和三维数组 c 中的元素。

数组在使用之前也要先定义，定义一维数组的一般格式如下：

```
Dim 数组名（[下标下限 to] 下标上限）[As 数据类型]
```

例如，下面定义的一维数组 NewArray 由 5 个整型变量组成，分别是 NewArray(2)~ NewArray(6)。

```
Dim NewArray(2 to 6) As Integer
```

在定义数组时，如果省略了"下标下限 to"，则系统默认的下限值为 0。

例如，下面定义的一维数组 NewArray 由 6 个整型变量组成，分别是 NewArray(0)~ NewArray(5)：

```
Dim NewArray(5) As Integer
```

可以使用下面的语句将数组默认的下标下限设置为 1：

```
Option Base 1
```

也可以使用下面的语句将数组默认的下标下限还原为 0：

```
Option Base 0
```

在定义数组时，如果在圆括号中即下标处加入多个数据，并用逗号隔开，就可以定义多维数组。

例如，下面定义的二维数组 NewArray 由 6 个整型变量组成，分别是 NewArray(2,2)、NewArray(2,3)、NewArray(2,4)、NewArray(3,2)、NewArray(3,3)和 NewArray(3,4)：

```
Dim NewArray(2 to 3, 2 to 4) As Integer
```

又如，下面定义的三维数组 NewArray 由 $5 \times 5 \times 5$ 共 125 个整型变量组成：

```
Dim NewArray(4,4,4) As Integer
```

在 VBA 中可以动态地定义数组，也就是说，对于已经定义的数组，可以通过 ReDim 语句重新定义该数组的维数、元素个数或数据类型。

7.3.5　用户定义的数据类型

当 VBA 提供的标准数据类型不能满足用户需求时，用户也可以定义由若干个标准数据类型或其他自定义类型组成的数据类型，这就是用户定义的数据类型，组成自定义数据类型的每个数据类型称为元素，也可以称为域名或分量。

在定义数据类型时，要说明自定义的类型名称以及自定义类型的组成。

用户定义数据类型的格式如下：

```
Type 数据类型名
    元素 As 数据类型
```

```
    元素 As 数据类型
    元素 As 数据类型
    ...
End Type
```

例如，以下定义了一个表示学生基本信息的数据类型 NewStudent，其中包括了学号、姓名、性别和年龄 4 个元素。

```
Type NewStudent
    txtNo As String*10          ' 学号，10 位定长字符串
    txtName As String           ' 姓名，变长字符串
    TxtSex As String*1          ' 性别，1 位定长字符串
    TxtAge As Integer           ' 年龄，整型
End Type
```

显然，以上定义的数据类型 NewStudent 最适合表示一条数据表中记录的数据。

上面定义了一个新的数据类型 NewStudent，接下来就可以定义属于此数据类型的变量来保存数据。

例如，以下定义了属于 NewStudent 类型的变量 NewStud：

```
Dim NewStud As NewStudent
```

变量 NewStud 可以保存一个学生的信息。

而下面的语句则定义了属于 NewStudent 类型的数组 NewStud1：

```
Dim NewStud1(10) As NewStudent
```

数组 NewStud1 可以用来保存 11 个学生的信息。

在使用 NewStudent 类型的变量时，只能分别使用变量中的每个元素，方法是采用以下的格式：

变量名.元素名

例如，下面是对变量 NewStud 的每个元素进行赋值：

```
NewStud.txtNo="2012041101"
NewStud.txtName="张华"
NewStud.txtSex="男"
NewStud.txtAge=20
```

上面的赋值部分也可以使用关键字 With 进行简化，即写成以下的形式：

```
With NewStud
    txtNo="2012041101"
    .txtName="张华"
    .txtSex="男"
    .txtAge=20
End With
```

7.3.6 运算符

不同的运算符用来构成不同的表达式，完成不同的运算。VBA 中有 4 类运算符，分别是算术运算符、关系运算符、逻辑运算符和连接运算符。

1. 算术运算符

算术运算符用于算术运算，主要包括乘幂 "^"、乘法 "*"、除法 "/"、整数除法 "\"、求模 "Mod"、加法 "+" 和减法 "-" 7 个运算符。

这 7 个运算符中，其中乘法、除法、加法和减法不需要解释，下面对乘幂、整数除法和求

模运算符做一些说明。

乘幂运算符 "^" 完成乘方运算，例如，4^3 的结果是 64，（-2）^3 的结果是-8。

整数除法运算符 "\\" 用来对两个操作数做除法运算并返回一个整数，如果操作数中有小数部分，系统会先取整后再运算，运算结果有小数时也舍去。

例如，10\\3 的结果是 3，10.2\\4.8 的结果是 2。

求模运算符 Mod 返回两个操作数相除后的余数，如果操作数有小数，系统会先四舍五入将其变成整数后再运算，运算结果的符号与被除数相同。

例如，10 Mod 4 的结果是 2，12 Mod -5 的结果是 2，-12.8 Mod 4 的结果是-1。

这 7 个运算符的优先级别从高到低顺序是乘幂、乘除、整数除法、求模、加减法。

本节的表达式和下节介绍的函数可以使用简单的方法进行验证，在 VBE 窗口中，选择"视图"→"立即窗口"命令，可以打开"立即窗口"窗格，在该窗格中输入"print 5 mod 2"，然后按 Enter 键，则在下一行会显示表达式"5 mod 2"的结果 1，如图 7-13 所示。

图 7-13　立即窗口

2．关系运算符

关系运算符用来表示两个值或表达式之间的大小关系，有相等"="、不等"<>"、大于">"、大于等于">="、小于"<"、小于等于"<="6 个运算符。

关系运算符用来对两个操作数据进行大小比较，比较运算的结果为逻辑值，分别是 True（真）和 False（假）。

例如，表达式 10>5 的结果是 True。

表达式 10<5 的结果是 False。

表达式"ab">"aa"的结果是 True。

表达式#2004/12/30#<#2005/5/1#的结果是 True。

所有关系运算符的优先级别相同。

3．逻辑运算符

逻辑运算符对逻辑量进行逻辑运算，主要有逻辑与（AND）、逻辑或（OR）和逻辑非（NOT）3 个运算符。

这 3 个运算符中，逻辑与和逻辑或对两个逻辑量进行运算，运算结果仍为逻辑值，其运算规则如表 7-6 所示的真值表。

表 7-6　逻辑与和逻辑或运算的真值表

A	B	A AND B	A OR B
True	True	True	True
True	False	False	True
False	True	False	True
False	False	False	False

例如，3>2 AND 10>3 的结果是 True，3>2 AND 3>4 的结果是 False。

逻辑非运算符只有一个运算量，结果是对运算量取相反的逻辑值。

例如，NOT（5=1）的结果是 True。

这 3 个逻辑运算符的优先级别从高到低顺序是 NOT、AND、OR。

由逻辑量构成的表达式进行算术运算时，True 值当成–1，False 的值当作 0 来处理。

4．连接运算符

连接运算符的运算量是字符串，其作用是将两个字符串连接起来。

连接运算符有 "+" 和 "&" 两个。

"+" 运算符是当两个运算量都是字符串数据时，将其连接成一个新的字符串。

例如，"abc"+"xyz"的结果是"abcxyz"。

"&" 用来对两个表达式强制进行连接。

例如，"2+3"&"="&(2+3)的结果是"2+3=5"。

以上的 4 类运算符优先级别从高到低顺序是算术运算符、连接运算符、关系运算符、逻辑运算符。

7.4 VBA 中的常用标准函数

VBA 中提供了许多内置的标准函数，可以完成许多操作，这些函数调用的一般形式如下：

函数名（参数表列）

其中，参数表列表示用逗号隔开的各个参数，根据函数作用的不同，参数个数可以是 1 个或多个，也可以没有参数，这就是无参函数。参数可以是常量、变量、表达式或另一个函数的结果。

1．数学函数

数学函数用来完成数学计算功能，常用的数学函数如下：

（1）绝对值函数 Abs(数值表达式)

用来返回表达式的绝对值，例如 Abs(–2.343)的结果是 2.343。

（2）取整函数 Int(数值表达式)

该函数返回不大于数值表达式值的最大整数，例如，Int(3.25)的结果是 3，Int(–3.25)的结果是–4。

（3）取整函数 Fix(数值表达式)

返回数值表达式的整数部分，例如，Fix(3.25)的值是 3，Fix(–3.25)的结果是–3。

可以看出，当数值表达式为正值时，Int 和 Fix 的结果相同。

（4）自然指数函数 Exp(数值表达式)

计算 e 的 N 次方，N 为数值表达式的基本值，该函数返回一个双精度数，例如 Exp(2)的结果是 7.38905609893065。

（5）自然对数函数 Log(数值表达式)

计算以 e 为底的数值表达式值的对数，例如，Log(6)的值是 1.79175946922805。

（6）开平方函数 Sqr(数值表达式)

计算数值表达式值的平方根，例如，Sqr(16)的结果为 4。

（7）三角函数 Sin(数值表达式)、Cos(数值表达式)、Tan(数值表达式)

分别计算数据表达式的正弦值、余弦值和正切值，其中数值表达式是以弧度为单位的角度值，例如，计算 90° 角的正弦值可以表达为 Sin(90*3.1416/180)。

（8）随机数函数 Rnd(数值表达式)

产生一个 0~1 之间的随机数，结果为单精度类型。

函数中的数值表达式称为随机数种子，该种子值决定了产生随机数的方式，如果表达式的值小于 0，每次产生相同的随机数；如果表达式值大于 0，每次产生新的随机数；如果表达式的值等于 0，则产生最近生成的随机数，且生成的随机数序列也相同。

如果省略数值表达式参数，则默认参数值大于 0。

该函数产生的随机数范围是 0~1，在实际使用时，应通过其构成的表达式产生所需范围的数据。例如：

① Int(101*Rnd)：产生 0~100 之间的随机整数。

② Int(100*Rnd+1)：产生 1~100 之间的随机整数。

③ Int(100+201*Rnd)：产生 100~300 之间的随机整数。

2．字符串函数也称为文本函数

（1）字符串检索函数 InStr([Start,]<Str1>,<Str2>[,Compare])

从 Str1 串的 Start 位置开始，检索 Str2 在 Str1 中最早出现的位置，返回整型数。

省略 Start 参数时，从第一个字符开始检索。

Compare 参数用来指定字符串的比较方法，其值可以是 0、1 或 2，其中 0 为默认值，表示做二进制比较，指定 1 表示比较时不区分大小写，指定 2 时做基于数据库中包含信息的比较。

如果 Str1 的长度为 0 或 Str2 串检索不到，则函数返回值为 0；如果 Str2 的串长度为 0，则函数返回 Start 的值。

例如，InStr("12345","45")的值为 4，InStr(3,"abcdABC","a",1)的返回值为 5。

（2）字符串长度函数 Len(字符串表达式或变量名)

函数返回字符串中所包含的字符个数。

对于定长字符串变量，其长度是定义时的长度，与字符串实际值无关。

例如，Len("abcd")的返回值为 4，Len("等级考试")的返回值为 4。

（3）字符串截取函数

字符串截取函数有以下 3 个：

① Left(字符串表达式,N)：从字符串左边截取 N 个字符。

② Right(字符串表达式,N)：从字符串右边截取 N 个字符。

③ Mid(字符串表达式,N1,N2)：从字符串左边 N1 个字符开始截取 N2 个字符。

对于 Left()和 Right()函数，如果 N 的值为 0，则返回零长度的字符串，如果 N 的值大于等于字符串的长度，则返回整个字符串。

对于 Mid()函数，如果 N1 的值大于字符串的长度，返回零长度字符串，如果省略 N2，则返回字符串左边起 N1 个字符开始的所有字符。

例如，已知 Str1="计算机等级考试"，则：

① Left(Str1,3) 的返回结果是"计算机"

② Right(Str1,4) 的返回结果是"等级考试"

③ Mid(Str1,4,2) 的返回结果是"等级"

④ Mid(Str1,4) 的返回结果是"等级考试"

如果在立即窗口中输入：print Left("计算机等级考试",3) 然后按 Enter 键，则在下一行显示结果为"计算机"。

（4）生成空格字符串函数 Space(数值表达式)

产生由若干个空格组成的字符串，字符串长度为数值表达式的值。

例如，Space(5)的结果是"   "，即由 5 个空格组成的字符串。

（5）大小写转换函数

① Ucase(字符串表达式)将字符串中小写字母转换成大写字母。

② Lcase(字符串表达式)将字符串中大写字母转换成小写字母。

例如，Ucase("aBcDe")的结果是"ABCDE"，Lcase("aBcDe")的结果是"abcde"。

（6）删除空格函数

删除空格函数有以下 3 个：

① LTrim(字符串表达式)：删除字符串左边即开始的空格。

② RTrim(字符串表达式)：删除字符串右边即尾部的空格。

③ Trim(字符串表达式)：删除字符串开始和尾部的空格。

例如，已知 str=" ab cde   "，那么：

● Ltrim(str)的返回值是"ab cde   "。

● Rtrim(str)的返回值是" ab cde"。

● trim(str)的返回值是"ab cde"。

3. 日期/时间函数

（1）获取系统日期和时间

这一类函数有以下 3 个：

① Date 返回系统的当前日期。

② Time 返回系统的当前时间。

③ Now 返回系统当前的日期和时间。

（2）截取日期分量函数

截取日期分量的函数有以下 4 个：

① Year(日期表达式)：返回日期表达式年份。

② Month(日期表达式)：返回日期表达式的月份的整数。

③ Day(日期表达式)：返回日期表达式的日的整数。

④ Weekday(日期表达式，W)：返回日期表达式的 1~7 的整数，表示星期。

其中的 Weekday 函数中的参数 W 用来指定一个星期的第一天是星期几，省略时星期日为第一天，即 W 值为 1 或 vbSunday。

将一星期中其他天指定为第一天的 W 值和常数，如表 7-7 所示。

例如，已知 NewDate=#2012/9/1#，这一天为星期六，那么：

① Year(NewDate)：的返回值是 2012。

② Month(NewDate)：的返回值是 9。

③ Day(NewDate)：的返回值是 1。

表 7-7 指定一星期的第一天的常数

符号常数	值	星 期
vbSunday	1	星期日
vbMonday	2	星期一
vbTuesday	3	星期二
vbWednesday	4	星期三
vbThursday	5	星期四
vbFriday	6	星期五
vbSaturday	7	星期六

④ Weekday(NewDate) 的返回值是 7。

⑤ Weekday(NewDate,3) 的返回值是 5，因为该函数指定星期二为第一天。

同样，Weekday(NewDate,vbTuesday) 的返回值也是 5。

（3）截取时间分量函数

截取时间分量的函数有以下 3 个：

① Hour(时间表达式)：返回时间表达式的小时数（0~23）。

② Minute(时间表达式)：返回时间表达式的分钟数（0~59）。

③ Second(时间表达式)：返回时间表达式的秒数（0~59）。

例如，已知 NewTime="22:18:15"，那么：

- Hour(NewTime) 的返回值是 22。
- Minute(NewTime) 的返回值是 18。
- Second(NewTime) 的返回值是 15。

（4）返回包含指定年月日的日期函数

该函数的格式是：

DateSerial（表达式 1,表达式 2,表达式 3）

其中，表达式 1、表达式 2、表达式 3 分别构成了日期的年、月和日。

例如，函数 DateSerial(2012,9,1)的返回值是#2012/9/1#。

4. 类型转换函数

类型转换函数的作用是将数据类型转换成指定的类型。

（1）字符串转换为字符代码函数 Asc(字符串表达式)

返回字符串中首字符的 ASCII 值。

例如，Asc("ABCDE")的返回值为字母"A"的 ASCII 码 65。

（2）字符代码转换为字符函数 Chr(字符代码)

返回与字符代码对应的字符。

例如，Chr(65)返回"A"，Chr(97)返回"a"。

（3）数字转换成字符串函数 Str(数值表达式)

将数值表达式转换成字符串，表达式的值为正时，返回的字符串包含一前导空格。

例如，Str(78)的返回值是" 78"，Str(-12)的返回值是"-12"。

（4）字符串转换成数值函数 Val(字符串表达式)

将数字字符串转换成数值型数字，在转换时会自动将字符串中的空格、制表符和换行符去掉，如果遇到第一个不能识别为数字的字符时，转换结束。

例如，Val("16")的返回值是 16，Val("3 4 5")的返回值是 345，而 Val("123ab45")的返回值是 123。

5. 验证函数

在使用控件进行输入数据时，Access 提供了一些函数来对数据进行检验。例如，函数 IsNumeric 可以判断输入数据是否为数值。这些验证函数的返回值都是布尔型，常用的验证函数如下：

① IsNumeric：判断表达式的运算结果是否为数值，返回 True 表示是数值。
② IsDate：判断一个表达式是否可以转换为日期，返回 True 表示可以转换。
③ IsNull：判断表达式是否为无效数据，返回 True 表示无效数据。
④ IsEmpty：判断变量是否已经初始化，返回 True 表示未初始化。
⑤ IsArray：判断变量是否为数组，返回 True 表示是数组。
⑥ IsError：判断表达是否为一个错误值，返回 True 表示有错误。
⑦ IsObject：判断标识符是否表示对象变量，返回 True 表示是对象。

例如，函数 IsNumeric("abc")的结果为 False，函数 IsNumeric(123)的结果为 True。

7.5 VBA 的程序结构

本节介绍语句的概念，以及程序的 3 种基本结构。

7.5.1 语句

一个程序模块由若干个过程组成，一个过程由若干条语句构成，一条语句是可以完成某个操作的一条命令。按功能不同，可以将语句分为两类：

一类是声明语句，用于定义变量、常量或过程；另一类是执行语句，用于执行赋值操作、调用过程、实现各种流程控制。

根据流程控制的不同，执行语句可以构成以下 3 种结构：

① 顺序结构：按照语句的先后顺序依次执行。
② 分支结构：又称条件结构或选择结构，是根据条件选择执行不同的分支。
③ 循环结构：根据某个条件重复执行某一段程序语句。

1. VBA 程序的书写格式

在书写程序时，要遵循下面的规则：

① 习惯上将一条语句写在一行。
② 如果一条语句较长、一行写不下时，可以将语句写在连续的多行，除了最后一行之外，前面每一行的行末要使用续行符"_"。
③ 几条语句写在一行时，可以使用冒号":"分隔各条语句。

2. 注释语句

对程序添加适当的注解可以提高程序的可读性，对程序的维护带来很大便利。

在 VBA 程序中，可以使用两种方法为程序添加注释：

① 使用 Rem 语句，其格式如下：

```
Rem 注释内容
```
② 在某条语句之后加上英文的单引号，引号之后的内容为注释内容。

3．声明语句

声明语句用来定义和命名变量、符号常量、数组和过程，这是前面已经介绍过的，在定义这些内容的同时，也定义了它们的作用范围和生命周期。

4．赋值语句

赋值语句用来为变量指定一个值，其格式如下：

```
[Let] 变量名=值或表达式
```

格式中的"="称为赋值运算符，该语句的执行过程是，先计算赋值运算符右侧的表达式，然后将其值赋给左侧的变量，其中的关键字 Let 可以省略。

例如，下面的程序段，定义了两个变量并分别为其赋值：

```
Dim Var1,Var2
Var1=345
Var2="abcd"
```

为对象的属性赋值，其格式如下：

```
对象名.属性=属性值
```

为用户自定义类型的变量的各元素赋值，格式如下：

```
变量名.元素名=表达式
```

5．语句标号和 GoTo 语句

语句标号用在某条语句之前，用来标记该语句，在标记语句时，标号名称的后面要加上冒号"："，语句标号的命名规则与变量的命名规则是一样的。

GoTo 语句与标号配合，用来实现程序流程的无条件转向，其格式如下：

```
GoTo 语句标号
```

意思是无条件地转换到其后的语句标号所标记的位置，并从那里继续执行。显然，语句标号主要是配合 GoTo 语句使用的。

一个程序中，如果过多地使用 GoTo 语句，将使程序频繁地跳转，给程序的控制和调试带来很大困难。因此，在设计程序时应尽量避免过多地使用 GoTo 语句，目前，该语句主要用在错误处理的语句中，例如下面的语句：

```
On Error GoTo Label1
```

7.5.2 数据的输入/输出

在编写程序对数据进行处理时，先要输入被处理的数据，在处理之后要对结果进行输出，因此，下面介绍在 VBA 中分别用于输入和输出的两个函数。

1．InputBox()函数

可以使用输入对话框来输入数据，输入对话框中包含文本框、提示信息和命令按钮，当用户输入数据并按下按钮时，系统会将文本框中的内容作为输入的数据。

输入对话框的功能是通过调用 InputBox()函数实现的，InputBox()函数的调用格式如下：

```
InputBox(prompt[,title][,default][,xpos][,ypos] [, helpfile ] [, context ] )
```

函数中除了第一个参数是必需的，其他参数都是可选的，各参数的含义如下：

① prompt：提示字符串，最大长度 1 024 个字符。

② title：字符串表达式，显示在对话框标题栏中的内容，省略时使用应用程序的名称。

③ default：在没有输入数据时，显示文本框中的默认值。

④ xpos：对话框右侧与屏幕左侧的水平距离，默认时对话框在水平方向居中。

⑤ ypos：对话框上侧与屏幕上边的垂直距离，默认时对话框放置在垂直方向距下边约 1/3 位置。

⑥ helpfile：字符串表达式，用于标识为对话框提供上下文相关帮助的帮助文件。该选项要和下一个选项同时使用。

⑦ context：数值表达式，是帮助文件的作者为相应帮助主题分配的帮助上下文编号。

函数的值就是用户向对话框中的文本框输入的数据。

2．MsgBox()函数

输出信息可以使用消息框，消息框是一种对话框，可以用来显示警告信息或其他的提示信息，一个消息框由四部分组成，标题栏信息、消息框中的提示信息、一个图标和一个或多个命令按钮，图标的形状及命令按钮的个数可以由用户设置。

消息框的使用是通过调用 MsgBox()函数实现的，MsgBox()函数的调用格式如下：

字符串变量=MsgBox(prompt[,buttons][,title] [, helpfile] [, context])

MsgBox()函数中除了第一个参数是必需的，其他参数都是可选的。各参数的含义如下：

① prompt：显示在对话框中的提示字符串，最大长度 1 024 个字符。

② buttons：用来指定对话框中按钮的数目及形式、图标的样式，默认值为 0。

③ title：显示在对话框标题栏中的提示字符串，省略时使用应用程序的名称。

④ helpfile：字符串表达式，用于标识为对话框提供上下文相关帮助的帮助文件。该选项要和下一个选项同时使用。

⑤ context：数值表达式，是帮助文件的作者为相应帮助主题分配的帮助上下文编号。

【例 7.6】以下过程使用 InputBox()函数返回由键盘输入的用户名，并在消息框中显示一个字符串。

```
Sub Greeting()
    Dim strInput As String, str As String
    strInput=InputBox("请输入你的名字: ", "用户信息")
    str=MsgBox("你好," & strInput, vbInformation, "问候")
End Sub
```

图 7-14 是在执行该过程时调用 InputBox()的情况，如果向文本框中输入姓名"张三"，然后单击"确定"按钮，则在图 7-15 中会显示调用 MsgBox()函数的情况。在 MsgBox()函数调用中使用了一个符号常量 vbInformation，表示在对话框中显示一个图标❶。

图 7-14　调用 InputBox()函数

图 7-15　调用 MsgBox()函数

图 7-15 所示的对话框中有一个命令按钮"确定"和一个图标，对话框中命令按钮的数目和图标样式可以由 buttons 参数来确定。buttons 参数的值与按钮的对应关系如表 7-8 所示，参数的值与图标样式的对应关系如表 7-9 所示。

表 7-8　buttons 参数的值与按钮数目的对应关系

符号常量	值	在消息框中显示的按钮
vbOkOnly	0	"确定"
vbOkCancel	1	"确定"和"取消"
vbAbortRetryIgnore	2	"终止(A)""重试(R)"和"忽略(I)"
vbYesNoCancel	3	"是(Y)""否(N)"和"取消"
vbYesNo	4	"是(Y)"和"否(N)"
vbRetryCancel	5	"重试(R)"和"取消"

表 7-9　buttons 参数的值与图标样式的对应关系

符号常量	值	显示的图标
vbCritical	16	⊗
vbQuestion	32	❓
vbExclamation	48	⚠
vbInformation	64	ⓘ

如果要在对话框中显示指定的按钮和图标，则应将这两张表中相应的值加起来。

例如，要显示"确定"和"取消"两个按钮，并显示问号图标，则应将这两张表中相应的值加起来，即 1+32，这样，buttons 参数的值就是 33。

本题中 MsgBox() 函数是以语句形式调用的，这时没有返回值。如果作为函数的形式调用，其返回值根据用户按下按钮来确定，具体的值与按钮之间的对应关系如表 7-10 所示。

表 7-10　MsgBox() 函数的返回值

符号常量	值	按下的按钮
vbOk	1	确定
vbCancel	2	取消
vbAbort	3	终止
vbRetry	4	重试
vbIgnore	5	忽略
vbYes	6	是
vbNo	7	否

7.5.3　分支结构

在 VBA 中，构成分支的语句有 If 语句和 Select 语句，此外，还有几个具有分支功能的函数。

1. If 语句

If 语句的基本格式如下：

```
If <条件> Then
    <语句序列>
End If
```

语句的执行过程是这样的，如果条件为真，执行 Then 后面的语句序列；如果条件为假，则不执行 Then 后面的语句序列而直接执行 End If 后面的语句。

例如，下面的语句：

```
If a<0 Then
    Text1.Text="Hello"
End If
```

如果语句序列中只有一条语句，则 If 语句可以写成单行的形式，这时可以省略 End If，例如，上面的语句也可以写成下列的形式：

```
If a<0 Then  Text1.Text="Hello"
```

带有 Else 部分的 If 语句格式如下：

```
If <条件> Then
    <语句序列 1>
Else
    <语句序列 2>
End If
```

语句的执行过程是这样的，如果条件为真，执行 Then 后面的语句序列 1；如果条件为假，则执行 Else 后面的语句序列 2。

例如，下面是带有 Else 的 If 语句：

```
If x>y Then
    z=x
Else
    z=y
End If
```

在上面的格式中，如果在语句序列中，还包含有 If 语句，就构成了条件结构的嵌套。例如下面就是嵌套的结构：

```
If <条件 1> Then
    <语句序列 1>              '条件 1 为真时执行语句序列 1
Else
    If <条件 2> Then
        <语句序列 2>          '条件 1 为假、条件 2 为真时执行语句序列 2
    Else
        <语句序列 3>          '条件 1 为假、条件 2 为假时执行语句序列 3
    End If
End If
```

显然，嵌套结构可以构成多个分支的情况，上面的格式也可以写成下面的简化形式：

```
If <条件 1> Then
    <语句序列 1>              '条件 1 为真时执行语句序列 1
ElseIf <条件 2> Then
    <语句序列 2>              '条件 1 为假、条件 2 为真时执行语句序列 2
Else
    <语句序列 3>              '条件 1 为假、条件 2 为假时执行语句序列 3
End If
```

第二种格式中采用了 ElseIf 构成第 2 个条件，注意这里 Else 和 If 之间没有空格。

【例 7.7】用 If...Else...实现下列符号函数的功能。

$$y= \begin{cases} 1 & , \ x>0 \\ 0 & , \ x=0 \\ -1 & , \ x<0 \end{cases}$$

以下两个程序段分别用两种方法实现该功能：

程序段 1：

```
If x>0 Then
    y=1
Else
    If x=0 Then
        y=0
    Else
        y=-1
    End If
End If
```

程序段 2：

```
If x>0 Then
    y=1
ElseIf x=0 Then
    y=0
Else
    y=-1
End If
```

【例 7.8】在"教学管理.accdb"数据库中创建一个名为"验证密码"的窗体，窗体中有一个标签、一个文本框和一个命令按钮。要求如下：

① 标签控件的标题为"输入密码"，命令按钮的标题为"判断"。

② 假定密码是 abcde，单击"确定"按钮后，如果输入的密码正确，则可以打开"学生"表。

③ 如果密码不正确，弹出消息框，消息框中显示"密码错误"的提示，同时消息框中有两个按钮"重试"和"取消"。单击"重试"时，允许重新输入密码，再进行判断；单击"取消"时退出 Access。

按以上要求创建窗体，并为"确定"按钮编写单击事件代码。

操作步骤如下：

① 在功能区的"创建"选项卡的"窗体"分组中，单击"空白窗体"按钮，打开"空白窗体"的"布局视图"窗格，然后切换到"设计视图"窗格。

② 向窗体中添加一个"文本框"控件，这时，窗体上添加了一个标签和一个文本框，然后向标签中输入标题"输入密码"，文本框命名为"txt"，文本框的"输入掩码"属性设置为 PASSWORD。

③ 向窗体中添加一个"命令按钮"控件，将命令按钮的标题改为"判断"，名称改为 btn。

④ 打开窗体的属性对话框，单击"格式"选项卡，然后将"滚动条"属性设置为"两者均无"，将"导航按钮"属性设置为"否"。单击"其他"选项卡，将窗体的"模式"属性设置为"是"，目的是在没有关闭该窗体之前，不能打开其他的窗口。

⑤ 单击选择添加的命令按钮，在弹出的属性对话框中，单击"事件"选项卡"单击"属性中的代码生成器按钮，进入事件过程编辑环境。在该环境中，输入以下代码：

```
Private Sub btn_Click()
Dim i As Integer
If txt="abcde" Then
    DoCmd.Close
    DoCmd.OpenTable "学生"              ' 密码正确时打开"学生"表
Else
    i=MsgBox("密码错误", 5)            ' 参数 5 表示显示"重试"和"取消"
    If i=4 Then                        ' 选择"重试"时，返回值是 4
```

```
            txt=""                        ' 文本框清空
            txt.SetFocus                  ' 文本框获得焦点
        Else
            Quit                          ' 退出 Access
        End If
    End If
End If
End Sub
```

⑥ 单击功能区中的"保存"按钮，在弹出的"另存为"对话框中输入窗体的名称"验证密码"，然后单击"确定"按钮。

该窗体的运行结果如图 7-16 所示，如果输入的密码不正确，则显示如图 7-17 所示的消息框。

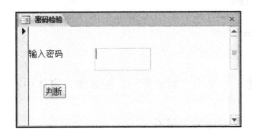

图 7-16 "验证密码"窗体的运行结果

图 7-17 密码错误时的信息

上面的嵌套结构已经构成了 3 个分支，类似地，还可以再嵌套更多的条件。

【例 7.9】创建一个名为"分数检测"的窗体，窗体中有一个标签、一个文本框和一个命令按钮。要求如下：

① 标签控件的标题为"分数"，命令按钮的标题为"检测"。

② 单击"检测"按钮后，对文本框中的数据进行检测，要求检测以下情况：

● 文本框中不能为空。

● 数据不能是非数值数据。

● 数据必须在 0~100 之间。

输入的数据不满足条件时，在消息框中显示相应的提示，满足条件时显示"数据验证 OK！"。

③ 为"检测"按钮编写单击事件代码。

操作步骤如下：

① 在功能区的"创建"选项卡的"窗体"分组中，单击"空白窗体"按钮，打开"空白窗体"的"布局视图"窗格，然后切换到"设计视图"窗格。

② 向窗体中添加一个"文本框"控件，这时，窗体上添加了一个标签和一个文本框，然后向标签中输入标题"分数"，文本框命名为 txt。

③ 向窗体中添加一个"命令按钮"控件，将命令按钮的标题改为"检测"，名称改为 btn。

④ 打开窗体的属性对话框，单击"格式"选项卡，然后将"滚动条"属性设置为"两者均无"，将"导航按钮"属性设置为"否"。

⑤ 单击选择添加的命令按钮，在打开的属性对话框中，单击"事件"选项卡"单击"属性中的代码生成器按钮，进入事件过程编辑环境。在该环境中，输入以下代码：

```
Private Sub bnt_Click()
If  Me!txt="" Or IsNull(Me!txt) Then
        MsgBox "分数不能为空！"
    ElseIf  IsNumeric(Me!txt)=False Then
```

```
        MsgBox "分数必须输入数值数据！"
    ElseIf Me!txt < 0 Or Me!txt > 100 Then
        MsgBox "分数应在 0~100 之间！"
    Else
        MsgBox "数据验证 OK！"
    End If
End Sub
```

⑥ 单击功能区中的"保存"按钮，在打开的"另存为"对话框中输入窗体的名称"分数检测"，然后单击"确定"按钮。

该窗体的运行结果如图 7-18 所示，向文本框中输入分数后，单击"检测"按钮就可以在消息框中显示对输入数据的判断。图 7-19 显示的是几次不同输入时的结果。

图 7-18　"分数检验"窗体的运行结果

图 7-19　不同输入时的显示结果

本例中使用了 4 个分支，当嵌套的结构较多时，使用 If 语句的格式会使程序变得很复杂，这时，更好的方法是使用下面介绍的 Select 语句。

2. Select 语句

Select 语句可以很方便地实现多个分支的情况，其使用格式如下：

```
Select Case 表达式
    Case 表达式表列 1
        语句序列 1
    Case 表达式表列 2
        语句序列 2
    …
    Case 表达式表列 n
        语句序列 n
    Case Else
        语句序列 n+1
End Select
```

上面结构中的语句序列 1、语句序列 2、…、语句序列 n+1 共构成了 n+1 个分支。

格式中的"表达式表列"写法比较复杂，形式较多，可以是下面几种方法之一：

① 单一数值，例如 Case 3。

② 一行并列的多个数值，数值之间用逗号隔开，例如 Case "A","B","E"。

③ 用关键字 To 隔开的两个数值或表达式，用来表示一个范围，前一个值必须比后一个值小，例如 Case "a" To "z"。

④ 用关键字 Is 连接关系运算符 =、<>、>、>=、<、<=，关系运算符后跟变量或具体的值，例如 Is<25。

该语句的执行过程是这样的，先计算表达式的值，然后依次和每个 Case 表达式的值进行比较，遇到匹配的值时，程序会转入相应的 Case 语句序列即分支中。执行完该序列后，整个 Select 语句结束。

Case 语句的匹配测试是按顺序进行的，如果有多个分支的值与表达式相匹配，则只执行第一个符合 Case 条件的相关语句序列，其他符合条件的分支不会再执行。

如果没有找到匹配的条件，并且有 Case Else 语句，就会执行在 Case Else 语句中的语句序列，执行后在 End Select 结束该语句的执行。

【例 7.10】使用 Select 结构完成下列计算，根据销售额 intSales 计算资金数 intBonus。如果销售额小于 10，则资金为销售额的 10%；如果销售额大于或等于 10 但小于 20，则资金为销售额的 15%；如果销售额大于或等于 20，则资金为销售额的 25%。代码如下：

```
Select Case IntSales
    Is<10
        IntBonus=.10*intSales
    Case Is<20
        IntBonus=.15*intSales
    Case Else
        IntBonus=.25*intSales
End Select
```

3. 实现分支功能的函数

除了 IF 和 Select 语句外，VBA 还提供了 3 个函数，也可以完成分支选择功能。

（1）IIf()函数

IIf()函数的调用格式如下：

```
IIf(条件式,表达式1,表达式2)
```

根据"条件式"的值决定函数的返回值，如果"条件式"的值为真（True），函数返回"表达式 1"的值，如果"条件式"的值为假（False），则返回"表达式 2"的值。

例如，以下赋值语句使用 IIf()函数将变量 a 和 b 中较大的值存放在变量 Max 中。

```
Max=IIf(a>b,a,b)
```

（2）Switch()函数

Switch()函数的调用格式如下：

```
Switch(条件式1,表达式1[,条件式2,表达式2...[,条件式n,表达式n]])
```

根据"条件式 1""条件式 2"、…、"条件式 n"的值确定返回值，计算时由左到右进行判断，在第一个相关的条件式值为真（True）时，将相应的表达式作为函数值返回。

例如，以下赋值语句使用 Switch 函数实现数学上的符号函数的功能。

```
y=Switch(x>0,1,x=0,0,x<0,-1)
```

（3）Choose()函数

Choose()函数的调用格式如下：

```
Choose(索引式,选项1[,选项2, ...[,选项n]])
```

根据"索引式"的值返回选项列表中的某个值，"索引式"的值为 1 时，函数返回"选项 1"的值；"索引式"的值为 2 时，返回"选项 2"的值；依次类推。

函数中，"索引式"的值应该在 1 和可选择项目个数之间，这样才能返回其后的选项值，如果不在这个范围，函数返回无效值（Null）。

例如，以下的赋值语句使用 Choose()函数根据 x 的值为变量 y 赋值。

```
y=Choose(x,m,n,m+n,m-n)
```

上式中，如果 x 的值为 1，则 y 的值为 m；如果 x 的值为 2，则 y 的值为 n；如果 x 的值为 3，则 y 的值为 m+n；如果 x 的值为 4，则 y 的值为 m-n。

7.5.4 循环结构

使用循环结构可以在满足一定条件下重复执行一行或几行代码，重复执行的代码称为循环体。在 VBA 中可以使用以下语句实现循环结构。

```
For...Next
Do...Loop
While...Wend
```

1. For...Next 语句

For...Next 语句的使用格式如下：

```
For 循环变量=初值 To 终值 [Step 步长]
循环体
    [Exit For]
Next [循环变量]
```

For 语句的执行过程如下：

① 循环变量取初值。

② 循环变量与终值比较，根据比较结果确定循环体是否执行，分为以下 3 种情况：

● 步长>0：如果循环变量的值<=终值，循环继续，执行③；否则退出循环。

● 步长=0：如果循环变量的值<=终值，进入死循环；否则一次也不执行循环体，退出循环。

● 步长<0：如果循环变量的值>=终值，循环继续，执行③；否则退出循环。

③ 执行循环体。

④ 循环变量=循环变量+步长，程序跳转到②。

如果步长为 1，则关键字 Step 和步长都可以省略，如果终值小于初值，步长应为负值，否则循环体一次也不执行。

在循环体中可以有条件地使用 Exit For 语句，作用是满足某个条件时提前结束循环体的执行，并退出循环。

如果循环变量的值在循环体内没有被改变，则循环体的执行次数可以使用下面的公式计算：

$$循环次数=（终值-初值+1）/步长$$

计算结果如果不是整数，则循环次数为计算结果的整数部分加 1。

例如，如果初值为 1，终值为 10，步长为 3，则循环次数=(10-1+1)/3=3.333，所以，循环次数为 4 次。

在实际使用中，For 循环结构还经常与数组配合，即通过循环变量控制数组的下标，这样可以方便地使用数组元素。

【例 7.11】将小写字母 a~z 存放到一维数组中。代码如下：

```
Dim I as Integer
Dim Str(1 to 26) as string*1
For I=1 To 26
    Str(i)=chr$(I+96)          '小写字母"a"的 ASCII 码为 97
Next I
```

2．Do…Loop 语句

Do…Loop 语句构成的循环有 Do…While…Loop 和 Do…Until…Loop 两种形式。

Do…While…Loop 形式的使用格式如下：

```
Do While 条件式
循环体
    [Exit Do]
Loop
```

语句的执行过程如下：

① 计算"条件式"，当"条件式"为真时，执行②，否则，结束循环。

② 执行循环体。

③ 遇到 Loop 跳转到①。

在循环体中可以有条件地使用 Exit Do 语句，目的是使循环提前结束并退出循环。

【例 7.12】用 Do…While…Loop 语句计算自然数 1~100 的和。代码如下：

```
Dim I as Integer
Dim Sum as Integer
I=1
Do While I<=100
    Sum=Sum+I
    I=I+1
Loop
```

与 Do…While…Loop 形式相对应的，还有一个 Do…Until…Loop 形式，其使用格式如下：

```
Do Until 条件式
    循环体
    [Exit Do]
Loop
```

语句的执行过程与 Do…While…Loop 语句相似，唯一不同的是，在该结构中，当条件式的值为假时重复执行循环，直到条件式为真时结束循环。

上面两种格式的共同特点是先判断条件式，后执行循环，也可以将这两种结构中的条件式放在循环结构的末尾，即先执行后判断。这样，Do…Loop 语句又有下面两种写法：

Do…While…Loop 形式的另一种写法如下：

```
Do
    循环体
    [Exit Do]
Loop While 条件式
```

Do…Until…Loop 形式的另一种写法如下：

```
Do
    循环体
    [Exit Do]
Loop Until 条件式
```

3．While…Wend 语句

While…Wend 循环的格式如下：

```
While 条件式
    循环体
Wend
```

可以看出，While…Wend 循环与 Do…While…Loop 的结构类似，不同的是，在 While…Wend
循环的循环体中不能使用 Exit Do 语句。

7.5.5　程序运行时的错误处理

在编写程序时，不可避免地会出现错误，VBA 提供了 On Error 语句和 Err 对象，用来控制
程序发生错误时的处理。

1. On Error 语句

On Error 语句可以使用的格式如下：

```
On Error GoTo 标号
On Error Resume Next
On Error GoTo 0
```

第一种格式中，在遇到错误发生时程序转换到标号所指定的位置代码，通常在标号之后是
错误处理程序。

第二种格式中，遇到错误时忽略错误，并继续执行下一条语句。

第三种格式用于关闭错误处理。

例如，在程序中，通常采用以下程序段的格式，当程序出错时，会调用错误处理过程：

```
On Error GoTo ErrHandler            '发生错误，跳到 ErrHandler 位置
    …
    …
ErrHandler:                         '标号 ErrHandler 的位置
    Call ErrorProc                  '调用错误处理过程 ErrorProc
    …
```

2. Err 对象

除了使用 On Error 语句处理错误，VBA 还提供了一个 Err 对象、一个 Error()函数和一个 Error
语句帮助了解错误的信息。

Err 对象的 number 属性用来返回错误代码，例如：MsgBox Err.Number 可以显示错误代码。

Error()函数可以根据代码返回对应的错误名称，例如：MsgBox　Error(11)可以显示错误代码
为 11 的错误名称，其显示结果如图 7-20 所示。图 7-21、图 7-22 分别显示了错误代码为 15 和
17 的错误名称。

图 7-20　Error(11) 结果　　　图 7-21　Error(15)结果　　　图 7-22　Error(17)结果

Error 语句的作用是模拟产生错误，目的是检查错误处理语句的正确性。

例如，下面的语句模拟产生代码为 11 的错误：

```
Error 11
```

7.5.6　VBA 程序的调试方法

在 VBE 编程环境下有一套完成的调试工具和方法，使用这些工具和方法可以方便、准确地找到程序中的问题所在。

1.设置断点

断点是过程中的某个特定位置，当程序运行到断点时，可以暂停程序的执行。

一个程序中可以设置多个断点，在选择了语句行后，设置和取消断点可以使用下列方法之一：

① 单击"调试"工具栏中的"切换断点"按钮 。

② 选择"调试"菜单中的"切换断点"命令。

③ 按 F9 键。

④ 单击该行对应的窗口的左侧。

图 7-23 中设置了 3 个断点。

2.调试工具

在 VBE 环境下，选择"视图"→"工具栏"→"调试"命令，可以打开"调试"工具栏，如图 7-24 所示。

各按钮的作用如下：

① 运行：运行或继续运行中断的程序。

② 中断：用于暂时中断程序的运行。

③ 重新设置：用于中止程序调试运行，返回到编辑状态。

④ 逐语句：用于单步跟踪操作，每操作一次，程序执行一步。

⑤ 逐过程：与逐语句相似，只是遇到调用过程语句时，不会跟踪到被调用过程的内部，而是在本过程内单步执行。

⑥ 跳出：用于被调用过程内部正在调试运行的程序提前结束，返回到主调过程中调用语句的下一条语句。

其他几个按钮用来打开不同的窗口。

图 7-23　设置了断点的程序　　　　　图 7-24　调试工具栏

3．不同的调试窗口

在 VBE 中还有几个用于调试的窗口，如图 7-25 所示。

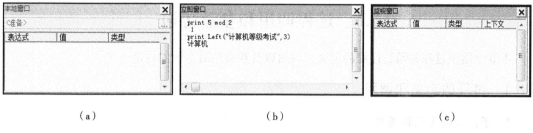

图 7-25 不同的调试窗口

（1）本地窗口

单击调试工具栏中的"本地窗口"按钮，可以打开本地窗口，该窗口内部用来显示所有在当前过程中的变量声明及变量的值。

（2）立即窗口

单击调试工具栏中的"立即窗口"按钮，可以打开立即窗口，在中断方式下，可以在该窗口中直接输入一些语句，例如 print 2，则可以立即在该窗口中显示语句执行的结果。

在运行状态下可以作为运行结果的输出窗口。

（3）监视窗口

单击调试工具栏中的"监视窗口"按钮，可以打开监视窗口，该窗口在中断状态下才可以使用，用来监视表达式，了解变量或表达式的值的变化情况。

该窗口由四部分组成，分别是"表达式""值""类型"和"上下文"，"表达式"中列出监视的表达式，"值"列出在切换成中断模式时表达式的值，"类型"中列出监视表达式的类型，"上下文"则列出了监视表达式的作用域。

选择"调试"→"添加监视"命令，可以弹出"添加监视"对话框，如图 7-26 所示。在对话框中可以输入监视的表达式。

在代码运行时，可以使用监视窗口跟踪表达式、变量和对象的值。

（4）快速监视窗口

在中断模式下，先在程序代码区选择某个变量或表达式，然后单击调试工具栏中的"快速监视"按钮，则可以打开"快速监视"对话框，如图 7-27 所示。

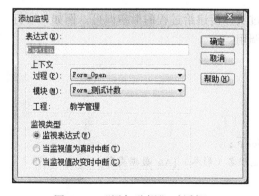

图 7-26 "添加监视"对话框

图 7-27 "快速监视"对话框

该窗口用于观察选择的变量或表达式的当前值，达到快速监视的效果。

7.6 过程调用和参数传递

本节介绍子过程和函数过程的定义、调用以及在调用时参数的传递方式。

7.6.1 过程的定义和调用

1. 子过程的定义和调用

子过程的定义使用 Sub 语句，定义格式如下：

```
[Public|Private][Static] Sub 子过程名（形式参数）
    [子过程语句]
    [Exit Sub]
    [子过程语句]
End Sub
```

使用 Public 表示该过程可以被任何模块中的任何过程访问；使用 Private 时，表示该过程只能在声明它的模块中的过程使用；没有使用 Public 或 Private，过程默认为 Public。

使用 Static 时，表示在两次调用之间保留过程中的局部变量的值。

形式参数简称形参，用来接收调用过程时由实参传递过来的参数。

子过程的调用可以使用两种形式：

```
Call 子过程名（[实际参数]）    或    子过程名 [实际参数]
```

上式中的实际参数简称实参，是传递给形参的数据。

如果使用 Call 来调用一个需要参数的过程，则形参要放在括号中，如果省略了关键字 Call，则形参外面的括号也必须省略。

例如，下面的命令可以打开窗体"借阅登记"：

```
DoCmd.OpenForm "借阅登记"
```

将此命令放在一个子过程中，用来打开窗体，其中要打开的窗体名用形参表示，编写的子过程如下：

```
Sub OpenForms(strForm As String)    ' 形参 strForm 为变长字符串
    DoCmd.OpenForm strForm
End Sub
```

如果调用该过程打开窗体，只需要将窗体名通过实参传递给过程的形参即可。例如，要打开名为"借阅登记"的窗体，可以使用下列的过程调用：

```
Call OpenForms("借阅登记")
```

或使用下列不带 Call 的调用：

```
OpenForms "借阅登记"
```

2. 函数过程的定义和调用

函数过程的定义使用 Function 语句，定义格式如下：

```
[Public|Private][Static] Function 函数过程名（形参)[As 数据类型]
    [函数过程语句]
        [函数过程名=表达式]
    [Exit Function]
        [函数过程语句]
            [函数过程名=表达式]
End Sub
```

其中的 Public、Private 和 Static 的作用与子过程中是一样的，如果将一个函数过程说明为模块对象中的私有函数过程，则不能从查询、宏或另一个模块中的函数过程调用这个函数过程。

格式中的 [As 数据类型]用来指定函数返回值的类型。

格式中的 [函数过程名=表达式]用来定义函数返回的值。

函数过程的调用只能使用下列一种形式：

函数过程名　（[实际参数]）

由于函数有返回值，实际使用函数调用时，通常有两种用法：一种是将返回值赋给某个变量，也就是使用下面的格式：

变量名 = 函数过程名　（[实际参数]）

另一种方法是将函数的返回值作为另一个过程调用中的实参。

【例 7.13】以下函数 MaxValue()用来返回形参 Val1、Val2 的最大值。

```
Public Function MaxValue(Val1 As Integer, Val2 As Integer) As Integer
    If Val1>Val2 Then
        MaxValue=Val1              ' 函数名=表达式   定义函数返回的值
    Else
        MaxValue=Val2              ' 函数名=表达式   定义函数返回的值
    End If
End Function
```

如果将 2 个变量 X 和 Y 中的最大值赋给变量 Z，可以使用下面的调用方法：

```
Z=MaxValue(X, Y)
```

如果要将 3 个变量 A、B 和 C 中最大值赋给变量 Z，可以使用下面的调用方法：

```
Z=MaxValue(MaxValue(X, Y),Z)
```

上面的调用形式中，函数 MaxValue(X，Y)的结果作为另一次函数调用的实参。

【例 7.14】创建一个窗体，窗体名为"字符串反序"，窗体上有两个标签控件、两个文本框和一个命令按钮。要求如下：在一个文本框中输入一个字符串，单击命令按钮后，在另一个文本框中将前一个文本框中的字符串按相反的顺序显示。

操作步骤如下：

① 在功能区的"创建"选项卡的"窗体"分组中，单击"空白窗体"按钮，打开"空白窗体"的"布局视图"窗格，然后切换到"设计视图"窗格。

② 向窗体中添加一个"文本框"控件，这时，窗体上添加了一个标签和一个文本框，然后向标签中输入标题"转换前"，将文本框的名称改为 Old。

③ 向窗体中再添加另一个"文本框"控件，这时，窗体上添加了一个标签和一个文本框，然后向标签中输入标题"转换后"，将文本框的名称改为 New。

④ 向窗体中添加一个命令按钮，将命令按钮的标题改为"转换"，命令按钮的名称改为 Conv。

⑤ 打开窗体的属性对话框，单击"格式"选项卡，然后将"滚动条"属性设置为"两者均无"，将"导航按钮"属性设置为"否"。

⑥ 单击选择添加的命令按钮，在打开的属性对话框中，单击"事件"选项卡"单击"属性中的代码生成器按钮，进入事件过程编辑环境。在该环境中，输入以下代码：

```
Option Compare Database
Private Sub conv_Click()
```

```
      Me!new=fun(Me!OLD)                      ' 调用 fun()函数
End Sub
Function fun(s1 As String) As String    ' fun()函数用来将字符串反序
   Dim s2 As String                     ' 变量 s2 用来保存反序后的字符串
   For i=1 To Len(s1)
      s2=Mid(s1, i, 1) + s2
   Next i
   fun=s2                               ' 函数的返回值就是反序后的字符串
End Function
```

⑦ 单击功能区中的"保存"按钮，在弹出的"另存为"对话框中输入窗体的名称"字符串反序"。

该窗体的两次运行结果如图 7-28 所示。

图 7-28　字符串反序窗体的运行结果

7.6.2　参数传递

调用一个过程时，可以向过程传递一个或多个参数，因此，在定义过程时，相应地要定义一个或多个形参，多个形参之间要用逗号隔开。

1．形参的完整定义

在定义过程时，对每个形参的完整的定义格式如下：

[Optional][ByVal|ByRef][ParamArray]varname[()][As type][=defaultvalue]

其中，形参名 varname 是必需的，形参名的命令与变量命名规则相同，形参名之前各项含义如下：

① Optional：该选项是可选的，如果使用了 ParamArray，则任何参数都不能使用该选项。

② ByVal：可选项，表示该参数按值传递。

③ ByRef：默认的选项，表示该参数是按引用传递。

④ ParamArray：可选项，只用于形参的最后一个参数，指明最后这个参数是一个 Variant 元素的 Optional 数组。使用该选项时可以提供任意数目的参数，该选项不能与 ByVal、ByRef 或 Optional 一起使用。

形参名 varname 之后各项含义如下：

① As type：可选项，表示传递给该参数的数据类型。

② defaultvalue：可选项，表示形参的默认值，可以是任何常数或任何常数表达式。

2．参数传递的方式

一个含有形参的过程被调用时，主调过程中必须通过实参向形参变量传递数据，这就是参数传递。其中的实参可以是常量、变量或表达式，并且实参数目和类型应该与形参的数目和类型相匹配。

例如，对于函数 MaxValue()，下面的调用形式都是正确的：

```
Z=MaxValue(3, 4)                    ' 实参为常量
```

```
Z=MaxValue(a, b)                    ' 实参为变量
Z=MaxValue(3+a, a+b)                ' 实参为表达式
Z=MaxValue(MaxValue(X, Y),Z)        ' 实参为另一个函数调用的结果
```

如果实参是变量，在向形参传递参数时，有两种形式的传递：传值调用和引用调用。

（1）传值调用

在定义变量时，无论是实参变量还是形参变量，系统都会为变量分配相应的内存空间。

传值调用是指在过程定义时，形参被说明为按值传递 ByVal，这样，在调用过程时，实参变量和形参变量各占不同的内存单元，只是将实参的值传递给相应位置上的形参，而在被调过程内部，对形参所做的任何操作引起的形参值变化均不会对实参产生影响，这时的数据传递具有单向性，因此称为传值调用的单向作用形式。

（2）引用调用

引用调用是指在过程定义时，形参被说明为按引用传递 ByRef，这样，在调用过程时，形参变量也使用实参变量所占的相同的内存单元，因此，在被调过程内部，对形参的任何操作引起的形参值的变化会影响实参的值，这时的数据传递具有双向性，因此称为调用的双向形式。

由于实参可以是常量、变量或表达式 3 种形式之一，如果实参是常量或表达式，即使形参是按引用传递 ByRef，实际传递的只是常量的值或表达式的值，这时，参数传递中的按引用传递 ByRef 的双向形式不起作用。只有在实参是变量名、形参是按引用传递 ByRef，这时传递的才是实参的地址，引用调用中的双向才会起作用。

【例 7.15】参数的值传递形式，以下是使用按值传递（ByVal）的子过程 Sub1。

```
Public Sub sub1(ByVal Val1 As Integer, ByVal Val2 As Integer)
    Dim a As Integer
    Dim b As Integer
    a=Val1+Val2
    b=Val1-Val2
    Val1=a                          ' 形参 Val1 发生改变
    Val2=b                          ' 形参 Val2 发生改变
End Sub
```

如果变量 a、b 的值分别是 3、4，则进行下面的调用：

```
Call sub1(a, b)
```

调用过程 sub1 后变量 a、b 的值仍然是 3 和 4。

【例 7.16】参数的引用传递形式。

如果将过程的第一行写成以下的引用传递方式：

```
Public Sub sub1(ByRef Val1 As Integer, ByRef Val2 As Integer)
```

过程中的其他语句不变。

假设变量 a 和 b 的值还是 3 和 4，则进行下面的调用：

```
Call sub1(a, b)
```

调用过程 sub1 后变量 a、b 的值分别是 7 和 –1。

变量 a、b 的值改变的原因是实参为变量名且传递方式为引用传递的调用，这样，在子过程中形参 Val1 和 Val2 的值发生的改变要影响到实参的值 a、b。

小　结

　　模块对象用 VBA 语言编写，Access 中的模块分为类模块和标准模块两类。

　　宏操作的功能也可以在模块对象中通过编写 VBA 语句来实现，已创建好的宏可以转换为等价的 VBA 事件过程或模块。

　　一个模块由声明和执行过程两部分组成，过程分为函数过程和子过程两类。

　　VBA 提供了可视化的面向对象的编程环境，Access 中的表、查询、窗体、报表等是数据库的对象，控件是窗体或报表中的对象，属性、方法和事件构成了对象的基本元素。

　　DoCmd 是 Access 的一个重要的对象，通过该对象，可以调用 Access 内部的方法，实现在 VBA 程序中对数据库进行操作。

　　VBA 的基本数据类型有整数、长整数、单精度数、双精度数、字符串等。

　　数组是将一组具有相同属性、相同类型的数据放在一起并用一个统一的名称作为标识的数据类型。

　　VBA 中有 4 类运算符，分别是算术运算符、关系运算符、逻辑运算符和连接运算符。

　　根据流程控制的不同，有 3 种结构：顺序结构、分支结构和循环结构，构成分支的语句有 If 语句和 Select 语句，实现循环结构的语句有 For Next、Do...Loop 和 While...Wend。

　　在 VBE 编程环境下进行程序调试时，可以使用设置断点、"调试"工具栏中的按钮和不同的调试窗口。

　　含有形参的过程被调用时，如果实参是变量，在向形参传递参数时，有两种形式的传递：传值调用和引用调用。

习　题

一、选择题

1. 下列关于过程的说法中，错误的是（　　　）。
　　A. 函数过程有返回值
　　B. 子过程有返回值
　　C. 函数声明使用 Function 语句，并以 End Function 语句结束
　　D. 子过程声明使用 Sub 开头，并以 End Sub 结束

2. 关于模块和宏，以下说法中正确的是（　　　）。
　　A. 模块和宏都可以很灵活地对错误进行处理
　　B. 宏参数不是固定的，可以在运行宏时更改
　　C. 将窗体或报表导入到其他数据库中时，同时导入它们的宏
　　D. 宏不支持嵌套的 If...Then 结构

3. 字节型数据的取值范围是（　　　）。
　　A. −128~127　　　　　B. 0~255　　　　　C. −256~255　　　　D. 0~32 767

4. 下列关于模块的说法中，错误的是（　　　）。
　　A. 模块基本上由声明、语句和过程构成
　　B. 窗体和报表都属于类模块

  C. 类模块不能独立存在

  D. 标准模块包含通用过程和常用过程

5. 关于 VBA 中的事件，下列说法中正确的是（　　　）。

  A. 每个对象的事件都是不相同的

  B. 事件可以由程序员定义

  C. 事件都是由用户的操作触发的

  D. 触发相同的事件，可以执行不同的事件过程

6. 由下面的语句定义的二维数组 A，其元素个数是（　　　）。

```
Dim A(3 to 5,4) As Integer
```

  A. 10　　　　　　　B. 12　　　　　　　C. 15　　　　　　　D. 16

7. 以下事件中，键入 Shift 键时，触发的是（　　　）事件。

  A. KeyPress　　　B. KeyDown　　　C. KeyUp　　　　D. Click

8. 以下过程运行后，变量 X 的值是（　　　）。

```
Sub Fun()
    Dim X as Integer
    X=2
    Do
        X=X*3
    Loop While X<15
End Sub
```

  A. 2　　　　　　　B. 6　　　　　　　C. 15　　　　　　　D. 18

9. 下列的 Sub1 过程运行后，变量 N 的值是（　　　）。

```
Private Sub Sub1()
    Dim N As Integer
    N=5
    Call GetData(N)
End Sub
Private Sub GetData(ByRef k As Integer)
    K=K+Sgn(-1)
End Sum
```

  A. 3　　　　　　　B. 4　　　　　　　C. 5　　　　　　　D. 6

10. 已知字符串 A="计算机应用基础"，下列各项中可以返回子串"应用"的是（　　　）。

  A. Mid(A,4,2)　　　　　　　　　B. Right(Left(A,5),2)

  C. Left(Right(A,4),2)　　　　　　D. A、B 和 C 均可

11. 下列各选项中，不是鼠标事件的是（　　　）。

  A. DblClick　　　　　　　　　　B. KeyPress

  C. MouseDown　　　　　　　　　D. MouseMove

12. 函数 Right(Left(Mid("Access DataBase"),10,3),2),1)的返回值是（　　　）。

  A. a　　　　　　　B. B　　　　　　　C. t　　　　　　　D. 空格

13. 函数 Len(Trim("ABC"&Space(2)&"计算机"))的返回值是（　　　）。

  A. 4　　　　　　　B. 8　　　　　　　C. 12　　　　　　　D. 16

14. VBA 中定义符号常量可以使用关键字（　　　）。

  A. Const　　　　　B. Dim　　　　　　C. Public　　　　　D. Static

15. 在函数调用时，要实现某个参数的"双向"传递，就当说明该形参为"引用传递"调用形式，应设置的选项是（ ）。

    A. ParamArray   B. Optional   C. ByVal   D. ByRef

16. VBA 的定时操作中，在设置窗体的计时器间隔属性值时，计量单位是（ ）。

    A. 分钟   B. 秒   C. 毫秒   D. 微秒

17. VBA 的逻辑值进行算术运算时，True 值被看成是（ ）。

    A. 1   B. –1   C. 0   D. 任意值

18. 对于符号常量的类型，下列说法中正确的是（ ）。

    A. 必须指明数据类型

    B. 不需要指明数据类型，VBA 会自动按存储效率最高的方式来确定其数据类型

    C. 不需要指明数据类型，因为常量本身没有数据类型

    D. 指明不指明均可

19. 已定义的函数 f(m)，其中形参 m 是整型，要调用该函数，传递的实参是 5，并将返回的函数值赋给变量 t，以下正确的形式是（ ）。

    A. t=f(m)   B. t=Call f(m)   C. t=f(5)   D. t=Call f(5)

二、填空题

1. Access 中有两种类型的模块，分别是_____和_____，窗体模块和报表模块属于这两类中的_____。

2. VBA 中的过程有两类，分别是 Sub 过程和 Function 过程，这两类过程的主要区别是 Sub 过程没有_____。

3. VBA 编程环境中的窗口有_____、_____和_____。

4. 在过程调用时，参数的传递方式有_____和_____两种。

5. 在过程调用时，按值传递使用的关键字是_____，按引用传递使用关键字是_____。

6. 在 VBA 中过程可以分为_____和_____两种。

7. VBA 的运行机制是_____。

8. VBA 的程序控制结构包括顺序结构、_____结构和_____结构。

9. VBA 的定时操作功能是通过窗体的_____事件过程完成的。

10. VBA 中打开窗体的命令语句是_____。

三、操作题

1. 数据库"教学管理"中有一个"成绩表"，表中有学号、姓名、成绩、等级 4 个字段，已输入的记录中"等级"字段为空，创建报表"成绩"，报表中包括学号、姓名、成绩 3 个字段，然后编写程序实现在打开报表时，根据成绩字段的值修改等级字段，修改方法是当成绩大于等于 85 时，等级为"优秀"，成绩在 60~84 时，等级为"及格"，60 分以下为"不及格"。

2. "学生情况"表中有"学号""姓名""性别""年龄"等字段，创建"查询学生姓名"的窗体，要求如下：

（1）窗体中添加两个标签和两个文本框，两个标签分别显示"请输入学号"和"学生姓名"。

（2）向窗体中添加命令按钮，按钮的标题为"查找"，为该按钮编写单击事件代码，作用是向第一个文本框中输入学生学号后，单击该按钮后，在"学生情况"表中查找到该学生

　　的姓名后，将姓名显示在另一个文本框中。查找姓名的操作要求用 Dlooiup()函数完成。

3.　创建"计算圆面积"的窗体，要求如下：

（1）窗体中有两个文本框，一个用来输入圆的半径，一个用来显示圆的面积。

（2）窗体中有一个"计算"按钮，为该按钮编写代码，单击该按钮时，将圆的面积计算后
　　　显示在"圆的面积"文本框中。计算时，如果半径小于 0，则面积值为 0。

4.　创建"求最大值"的窗体，在两个文本框中分别输入两个数，然后在"最大值"文本框
　　中显示这两个数中较大的一个，要求计算最大值时使用函数 Iif()实现。

5.　创建"判断闰年"的窗体，在文本框中输入一个年份，单击"判断"按钮后，在消息框
　　中显示该年是否为闰年的信息。

6.　已有"学生信息"窗体，现对该窗体进行修改，添加两个命令按钮，并为这两个按钮编
　　写单击事件代码，要求如下：

（1）添加"检验姓名"按钮，当"姓名"字段的输入值为空时，单击该按钮后在消息框中
　　　显示信息"姓名不能为空"。

（2）添加"关闭窗体"按钮，单击该按钮时，退出该窗体。

7.　创建"倒计时"窗体，窗体中有一个标签控件、一个文本框控件和两个命令按钮。要求
　　如下：

（1）标签控件显示"倒计时"，文本框中显示从 120 s 开始的倒计时，即每隔 1 s，文本框
　　　中显示的秒数减 1，打开窗体时开始倒计时。

（2）两个命令按钮一个用于"暂停"和"继续"倒计时，另一个用于重新倒计时，即单击
　　　后从 120 s 开始重新进行减 1。

参 考 文 献

[1] 陈雷，陈朔鹰. 全国计算机等级考试二级教程：Access 数据库程序设计（2013 年版）[M]. 北京：高等教育出版社，2013.

[2] 全国计算机等级考试命题研究组. 南开题库:二级 Access 数据库程序设计[M]. 天津：南开大学出版社，2013.

[3] 江若玫，陆丽娜. 数据库技术及应用（Access 2007）[M]. 北京：科学出版社，2012.

[4] 李雁翎. 数据库技术（Access）经典实验案例集[M]. 北京：高等教育出版社，2012.